図説 われらの太陽系　1

総論・外部太陽系

寺沢敏夫 訳

朝倉書店

THE ATLAS OF THE SOLAR SYSTEM

PATRICK MOORE

GARRY HUNT

IAIN NICOLSON

PETER CATTERMOLE

© Mitchell Beazley Publisher 1983

Published in association with
The Royal Astronomical Society

Edited and designed by
Mitchell Beazley International Ltd.
87-89 Shaftesbury Avenue,
London W1V 7AD

Japanese edition rights was
arranged through Motovun Tokyo

監修者序

　人類が最初の文明を築いたのは，今から1万年ほど前のことだが，その頃から人類は既に天文現象について関心を持っており，太陽，月，惑星などの運行について，かなり程度の高い知識を持っていたようにみえる．天文学の起源が文明の起源とともにあるといわれる理由は，そうした知識が，当時の人類の生活にとって大事な役割を果たしていたからであったと考えられる．その後，長い歳月が経ち，人類はニュートンを頂点とした科学革命の時代を経験し，この宇宙における天文現象の力学的な面について理解する方法を発見したのであった．

　今世紀に入ってから発展した相対論と量子論は，これらの天文現象の理解を，現代物理学に則した面から飛躍的に進歩させたが，それでも最初の頃は，人類が持っていた宇宙を観測する手段は，すべてがいわゆる可視光を利用するものであった．可視光から離れた他の波長域の光——電磁波——を利用した観測手段は，第二次世界大戦以後，急速に開発された．そうして，現在では，最も波長の短い領域の光であるガンマ線から硬軟両エックス線，極端紫外線，紫外線，可視光をはさんでさらに赤外線，遠赤外線，電波に到る，ほとんど全波長域の電磁波により，宇宙に生起するいろいろな現象が，観測・研究されている．このようなことを可能にしたのは，大気圏外に人工衛星や人工惑星を送りだし，ガンマ線やエックス線，赤外線などの地表に届かない波長域の電磁波による観測が行われるようになったからである．

　現代は，これらの観測を通じて宇宙の探究がものすごいスピードで進展している時代である．その結果，太陽や太陽系の諸惑星，その他に関する理解も，詳細な観測結果とその研究に基づいて大いに進み，私たちの持つ宇宙像，自然像は，旧来のものから完全に書き替えられてしまっている．

　この『図説　われらの太陽系』のシリーズは，このように大躍進をした現代の宇宙科学研究の最前線における成果を，たくさんの写真とグラフを用いて，わかりやすく解説することを目的としている．実際に手にとってみればわかるように，太陽とその子供たちである惑星群，その他の諸天体のすべてについて十分理解できるように，このシリーズは実にていねいに上手に編集製作されており，私たちの知りたいと思うことがらが，ほとんど余さずに掲載されている．また，収録されているすばらしいカラー写真をみると，宇宙の神秘にじかにふれているかのように感じられてくる．このようなわけで，このシリーズの製作が大きな成功を収めたのは，まったく当然のことだといってよいであろう．実際，このシリーズの原書は多くの読者の支持をえているのである．

　このたび，このシリーズが，第一線に立つ多くの日本の科学者の協力をえて日本語に移され，ここに日本語版が完成されたことは，現代の宇宙科学の進展に関心を持つ日本の多くの人々にとって，たいへん幸いなことであるといってよいと私は考えている．たくさんの若い人々にこのシリーズが読まれ，将来の日本における宇宙科学の大きな発展の原動力になってほしいものだと，私は秘かに期待しているのである．

神奈川大学教授

桜　井　邦　朋

序

　天文学は最古の科学である．この学問は人類がこの地球上で進化し，彼らが空をみあげたという事実に由来する．5万年にわたって，人類は天空について研究してきたが，その知性は日ごと夜ごとにみるものを理解しようと試みるに十分なものであった．そうして，彼らがみたり自分たちの観察から推測したことが，多くのところで彼らの生活に驚くべき影響を及ぼしてきたことは，まず疑いがない．

　人類の文明が空を雲におおわれた惑星——こんなことは疑わしいが——上でもし発達したのだとしたら，今から40年ほど前までは，地球自体が宇宙だと人類は考えたことであろう．大きなレーダー・アンテナや高空を飛ぶ飛行機やロケットによる探査を通じてのみ，この不透明な雲の上に無際限とも思われる宇宙が横たわっていることを示す事実の断片を学んだにすぎなかったことであろう．

　現代の西欧文明は，コペルニクス，ケプラー，ガリレオ，ニュートンなど，空の観察にうちこんだ人々の大きな影響を受けてきた．理解が可能な合理的な宇宙に住むのだというわれわれの信念と，科学・技術文明とは，太陽，月，惑星などの周期的な挙動とそれらの大部分を，自己の万有引力の法則と運動の三法則によって説明するニュートンの才能とから生まれている．時報，航法，測地，運動学，信仰や哲学の諸系列，宇宙論と相対論，あるいは，人類の他の多くの活動や関心は，天空についてのわれわれの研究の影響を直接受けてきたのである．

　今までに3回天文学的な革命があった．最初のものは天空の注意深い裸眼による研究で，少なくとも5千年も長く続いたが，紀元1610年にガリレオが空を望遠鏡により系統的に研究し始めた時に終わってしまった．第2番目の革命ではカメラとスペクトル分光器が主役を演じたが，それはパロマー山にある200インチのヘール望遠鏡のような望遠鏡が蒐集する巨大な量の情報とともにその絶頂期に到達した．1957年10月4日に，軌道をめぐるスプートニク1号とともに，第3の天文学的な革命が始まった．現在では，地球大気の上の軌道に観測装置を上げ，全電磁スペクトルについて，宇宙は調べられるだけでなく，マリナー，パイオニア，ボイジャーなどのシリーズのような宇宙探査機を太陽系の諸惑星にまで送れるのである．天文学的な情報の流れは今や奔流のように入りこみ，宇宙に関するかつてのアイデアの多くを時代遅れにしてしまっている．

　このようなわけで，これら大量の新しい情報についての資料と，これらからもたらされた宇宙の本質に関する新しい理解とをとりあげて考案した図版集のシリーズを作るよい時期がきているように思われるのである．このシリーズ中のどの図版も，ミッチェル・ビーズリー出版社が選んだ著者により書かれているので，みてよくわかる図表と最新の写真を使用した諸天体の現代像が本文に描かれているはずである．各著者の文章は，王立天文学会教育委員会が選んだその道の専門家によって注意深くチェックされ，質が高められている．各書物の最終的なテキストは，それゆえ，それぞれの主題についての現代的な知識を真にもたらすものであり，今後多年にわたり権威ある著作として残るものと考えられるのである．

グラスゴー大学教授
王立天文学会教育委員会委員長
アーチー・E・ロイ

目　　　次

総　　論
　宇宙のスケール　　　　　　　　　6
　太陽系のスケール　　　　　　　　8
　太陽系の起源　　　　　　　　　　10
　惑星の進化　　　　　　　　　　　12
　太陽系の探索　　　　　　　　　　14
　比較惑星学　　　　　　　　　　　16
　生命の探求　　　　　　　　　　　18

外部太陽系
　天　王　星　　　　　　　　　　　20
　天王星の環　　　　　　　　　　　22
　天王星の衛星　　　　　　　　　　24
　海　王　星　　　　　　　　　　　26
　冥　王　星　　　　　　　　　　　28
　彗　　　星　　　　　　　　　　　30
　ハレー彗星　　　　　　　　　　　34
　流　　　星　　　　　　　　　　　36
　隕　　　石　　　　　　　　　　　38

観測の歴史と現状
　天　文　学　者　　　　　　　　　40
　太陽探査機　　　　　　　　　　　48
　月　探　査　機　　　　　　　　　49
　水星と金星の探査機　　　　　　　50
　火星探査機　　　　　　　　　　　51
　木星と土星の探査機　　　　　　　51
　スカイラブと太陽活動極大期ミッション　52
　無人月探査機による観測　　　　　54
　月への有人飛行　　　　　　　　　56
　マリナー10号　　　　　　　　　　58
　ヴェネラとパイオニア・ヴィーナス　60
　マリナー9号とバイキング　　　　　62
　ボイジャー　　　　　　　　　　　64
　アマチュアのための観測の手びき　66
　数　値　表　　　　　　　　　　　69

索　　引　　　　　　　　　　　　　80

総　論
宇宙のスケール

　われわれは無限に拡がった宇宙の中に生きている．地球は人類にとってかけがえのないものかもしれないが，宇宙全体からみればとるにたらないほど微々たるものである．その意味では太陽も同様である．太陽なしには地上の生命が存在できないとはいうものの，太陽それ自体はごくありふれた星であり，明るく見えるのは地球に近いからにすぎない．太陽と地球との平均距離は1億5,000万kmである（これを1天文単位と呼ぶ）．一方，最も近い恒星までは数10兆kmもへだてられている．

　太陽が属している星の集団は（われわれの）銀河系として知られている．銀河系にはさまざまな種類の数1,000億個の星がある．あるものは太陽よりずっと大きな星であり，あるものはずっと小さい．表面温度もさまざまであり，こと座のヴェガやオリオン座のリゲルのような熱い星は青白く輝いているが，表面温度が約6,000℃の太陽は黄色く光っている．オリオン座のベテルギウスのような冷たい星は橙から赤橙色に光っている．大きさも，太陽をまわる地球軌道をすっぽり含んでしまうほどの星から，地球よりも小さい星までさまざまである．

銀河集団の宇宙

　星は銀河（この節では「われわれの」銀河の外にある系外銀河のことを述べる）の中にのみ存在する．宇宙全体には数多くの銀河があり，その銀河の中には多くの，太陽と似たような星々がある．裸眼で見える銀河には南天のマゼラン雲があり，北半球から見えるものにはアンドロメダ銀河がある．大きな光学望遠鏡によるアンドロメダの写真にはその渦巻き構造が写っているが，残念ながらわれわれの見る角度が悪いのでその美しさはそこなわれている．アンドロメダまでの距離は220万光年なので，われわれは，その200万年以上昔の姿を見ていることになる．「光年」とは大きな距離を表わすのに便利な単位で，光が1年間に進む距離である．光は1秒間に30万km進むので，1光年は9兆4,600億kmになる．太陽に最も近い恒星はケンタウロス座のプロキシマで4.2光年の距離にある．

　銀河は単独で存在することはまれであり，ふつう2,3個から数1,000個以上というさまざまの数から成るグループになって見出される．このグループの中での銀河の分布は規則的ではないが，互いに重力を及ぼしあっており，ばらばらになることはない．質量をもった物体は，どんなに小さいものでも，周囲に重力場を生ずる．地上で重量の原因となるのが重力による引力である．銀河のグループ内に働く重力の作用は，すべての構成メンバーの銀河質量をその中心に（たとえ中心には何の物質も存在しなくても）集めた場合に働く重力と同等である．

　銀河集団のさしわたしは数1,000万光年の程度である．われわれから遠く離れた宇宙の研究から，これらの銀河集団はさらに「超銀河集団」と呼ばれるより大きな単位の集団を形成していることが確かになってきた．われわれの銀河系は局所群という名の疎な銀河集団に属し，その構

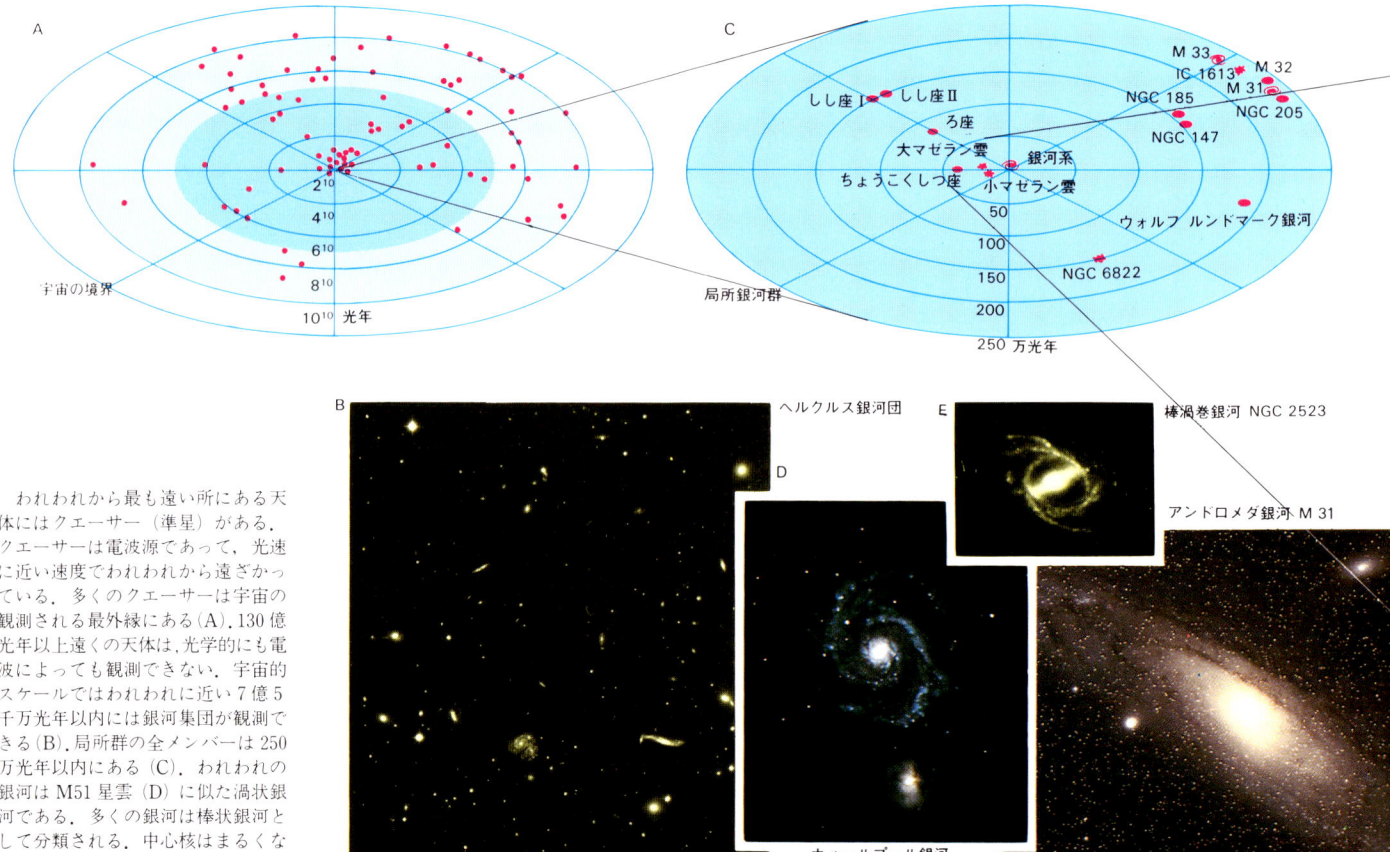

　われわれから最も遠い所にある天体にはクエーサー（準星）がある．クエーサーは電波源であって，光速に近い速度でわれわれから遠ざかっている．多くのクエーサーは宇宙の観測される最外縁にある(A)．130億光年以上遠くの天体は，光学的にも電波によっても観測できない．宇宙的スケールではわれわれに近い7億5千万光年以内には銀河集団が観測できる(B)．局所群の全メンバーは250万光年以内にある(C)．われわれの銀河はM51星雲(D)に似た渦状銀河である．多くの銀河は棒状銀河として分類される．中心核はまるくなく，細長い(E)．われわれの隣のアンドロメダ銀河(F)はわれわれの銀河系に似た渦状銀河である．

成メンバーのうちでは2番目か3番目に大きい．この銀河集団は30ほどのメンバーから成り，アンドロメダ銀河，三角座の渦状銀河M33，不規則形状のマゼラン雲を含んでいる．局所群の他の銀河はすべて，小質量の，ずっと小さな星系である．

われわれの銀河のさしわたしは10万光年であり，中心部にふくらみをもった偏平な形をしている．銀河面に沿って眺めると，多くの星は同じ視線上に並ぶ．このために夜空で銀河が帯状に見えるのである．銀河系の星はその見かけほど混みあっているわけではない．銀河系の本当の中心は星間塵の雲によりさえぎられて見えないが，われわれから約3万光年離れていることがわかっている．太陽とそれに従う惑星は1本の渦巻の腕の端の近くに位置している．銀河系は回転しており，太陽は約2億2,500万年で中心を一まわりする．

現在の望遠鏡で見える範囲には約10億個の銀河がある．銀河の形はさまざまであるが，最もよく知られているのが渦巻形状であろう．渦巻にも，ゆるく巻いたものときつく巻いたものがある．他の形状としては，ほとんど球状のものから細長く伸びた楕円体の形状などがある．またまったく対称性を持たない不規則形状をした銀河もある．大部分の矮小銀河は不規則形状をしている．

恒星と惑星

ふつうの恒星はきわめて熱いガスの球であり，その奥深くで核反応を起こしてエネルギーを創り出し，自ら輝いている．太陽の場合，中心部の温度は1,400万℃かおそらくそれ以上にもなっている．内部の温度が1,000万℃以下の天体では核反応は進行せず，明るく輝くことはできない．

恒星はそのスペクトルにより分類される．星の構成成分による吸収線や輝線を輻射スペクトル上に示すことができる．構成成分はまた表面温度とも関連する．恒星の表面温度は星の進化の段階と結びついている．星の進化の道筋は，その起源となった星雲物質の初期質量に強く依存しており，重い星の進化は軽い星の進化とは異なっている．

太陽はまったく平均的な恒星であるといえる．太陽は9つの惑星と他の多くの小天体から成る惑星系を持っている．惑星は太陽のまわりの軌道をまわり，似たように惑星の衛星はその母惑星のまわりの軌道をまわっている．軌道上を運動する天体と母天体の間には重力が働いて運動の中心へ向かう向心力を生み出し，天体の軌道運動を維持している．回転の速度はほぼ一定だが，方向は連続的に変わっている．これは天体が加速されていることを意味する．もしも重力がなくなれば，軌道上の天体は直線運動を続けて飛び去ってしまうであろう．

基本的観測

太陽系の天体に関する情報は，光学観測により得られてきた．この基本的な観測を解析することにより物理的な系の大きさや，化学組成を求めることができる．

惑星の位置を綿密に観測することにより，その軌道をきわめて正確に決めることができる．3点の位置観測により，軌道上の位置を予測できる．惑星までの距離がわかれば，その見かけの角直径から実際の大きさが計算できる．惑星の質量は，もしその惑星に衛星があれば，きわめて正確に決定できる．それらの間の相互作用が質量と関係するからである．もし衛星がなければ，その惑星に最も近い天体へ及ぼす影響を用いて計算される．質量と天体の大きさから平均密度が決まり，質量と半径から表面での重力加速度が決まる．この加速度が脱出速度を決める．

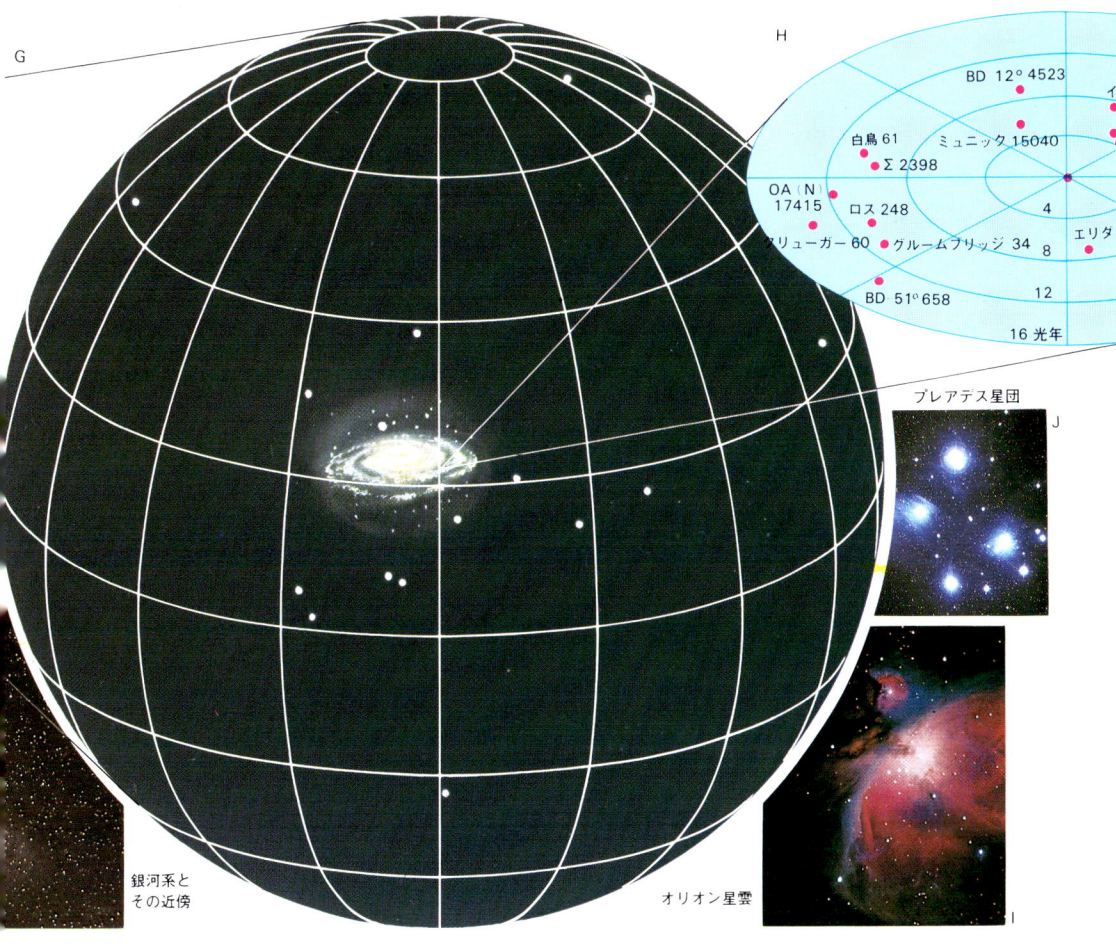

銀河系とその近傍

オリオン星雲

われわれの銀河は，濃い中心部のふくらみと，ゆるやかな渦状腕，それらをとり囲む物質のハローによって特徴づけられる（G）．銀河全体が10万パーセク（1パーセクは3.26光年）まで拡がったコロナ状物質（矮小銀河，球状星団を含む）にとり囲まれているという証拠がある．太陽の近傍の星の大部分は小さな赤色矮星である（H）．星々は銀河のいたる所で塵とガスの雲（星雲）から生まれつつある．そのような場所の一つがオリオン星雲（I）であり，明るい多重星オリオン座シータ（θ）星によって照らされて輝いている．散開星団であるプレアデス（J）の主な星々も高温の明るい星で，ガス星雲に囲まれている．

太陽系のスケール

太陽系を構成するのは，太陽，9つの大惑星（水星，金星，地球，火星，木星，土星，天王星，海王星，冥王星），それらの惑星の衛星群，多数の小天体(小惑星，彗星，流星体)，それにいくばくかの惑星間空間ガスと惑星間空間塵である．太陽は群を抜いて大きな天体であり，その重力場は他の天体の運行を支配している．ガスと塵にとっては太陽の磁場や輻射が重要な役割を果している．

太陽の直径は139万2,000 kmで，地球の109倍，最大の惑星である木星と比べてもほぼ10倍の大きさである．質量は1.9891×10^{30} kgで，地球の33万倍，木星の1,000倍以上であり，実に太陽系質量の99.8%以上を占めている．一方，体積は地球の130万3,000倍であり，質量と比べてみると，その密度は地球よりも小さいことがわかる．実際，密度は$1,410$ kg・m^{-3}であり，地球物質の1/4にも及ばない．これは2つの天体の構造と構成物質の違いを反映している．

惑星軌道と距離

1609年，ケプラー（Johannes Kepler）は，惑星が太陽をその一方の焦点とする楕円上を運行していることを見出した．この法則は，ケプラーの法則と呼ばれる，惑星運動を支配する3つの法則の第1のものであ

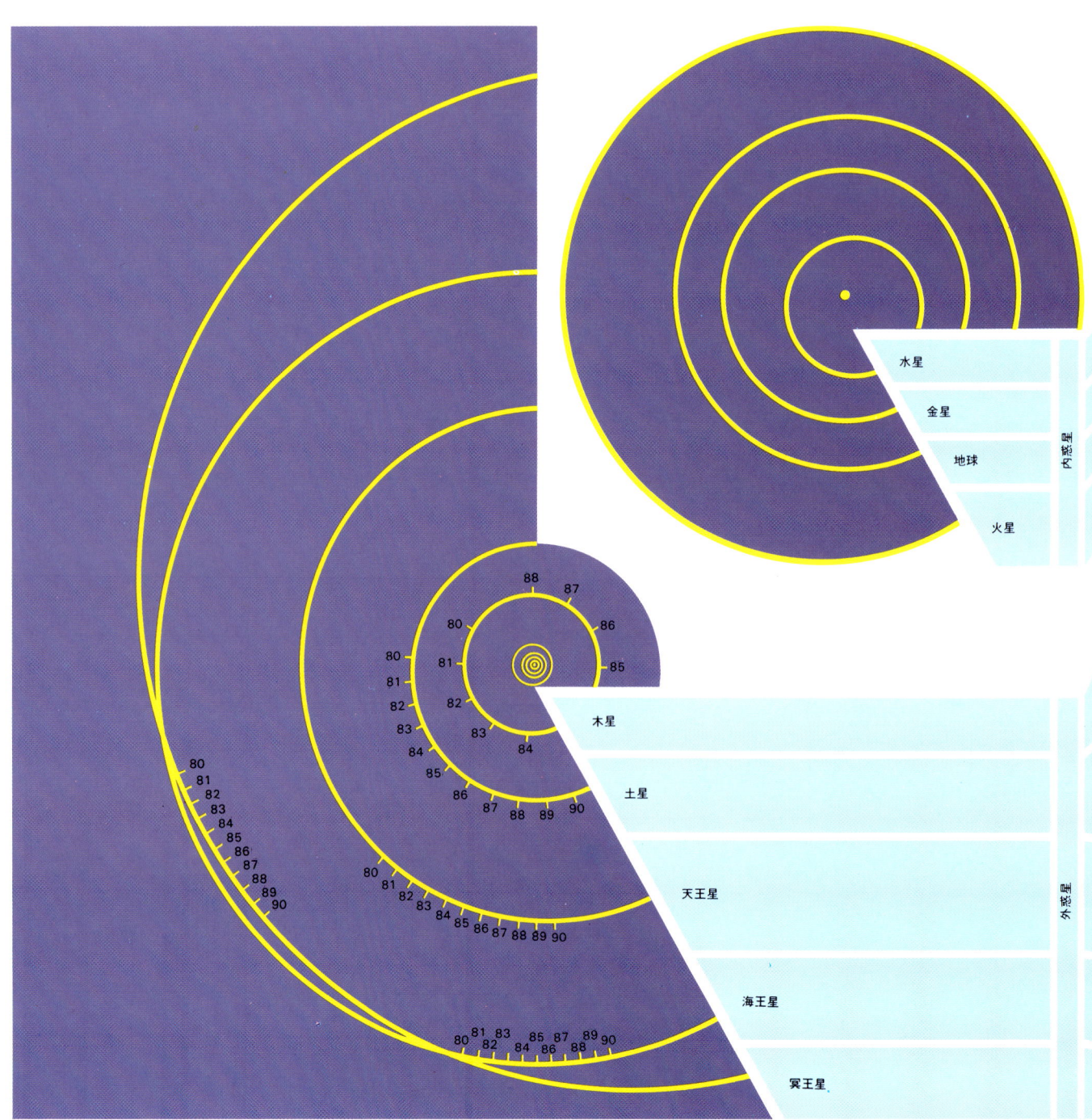

る．厳密にいえば，太陽と惑星は，全太陽系の質量中心，いいかえれば「重心」のまわりを公転していると考えるべきであり，この中心は太陽の中心とは一致していない．第2の法則は，惑星と太陽を結ぶ線，動径ベクトル，は一定時間に一定の面積を掃引する，というものである．つまり，惑星が太陽に近づけば，遠くにいた時よりも速く動かねばならない．太陽に最も近い軌道上の点は近日点，最も遠い点は遠日点と呼ばれる．第3の法則は惑星の公転周期 P と，太陽からの平均距離 a の関係を示している．1年を時間の単位とし，1天文単位を距離の単位にとると，その関係は $P^2 = a^3$ である．

楕円の大きさと形は2つの量，長軸の長さと離心率，によって決まる．これらの量は，惑星軌道の大きさ，形，向き，そして任意の時刻における惑星の位置を決めるのに必要な6つの軌道要素のうちの2つである．

惑星の配置

地球軌道より内側に軌道をもつ惑星は内惑星と呼ばれ，他は外惑星と呼ばれる．外惑星が地球から見て太陽と反対側にあるときは，衝の位置にあると呼ばれる．また，地球から見た外惑星と太陽のなす角度，離角が90°の時は（上，下の）弦の位置にあるという．外惑星・内惑星とも，太陽と同一方向の直線上にある時は，合の位置にあるという．内惑星については，内合（地球と太陽の間に位置）と外合（太陽の反対側に位置）の2つの場合がある．

惑星どうし，惑星と衛星，惑星と太陽との相対位置によって起こる現象には位相変化や食などがある．

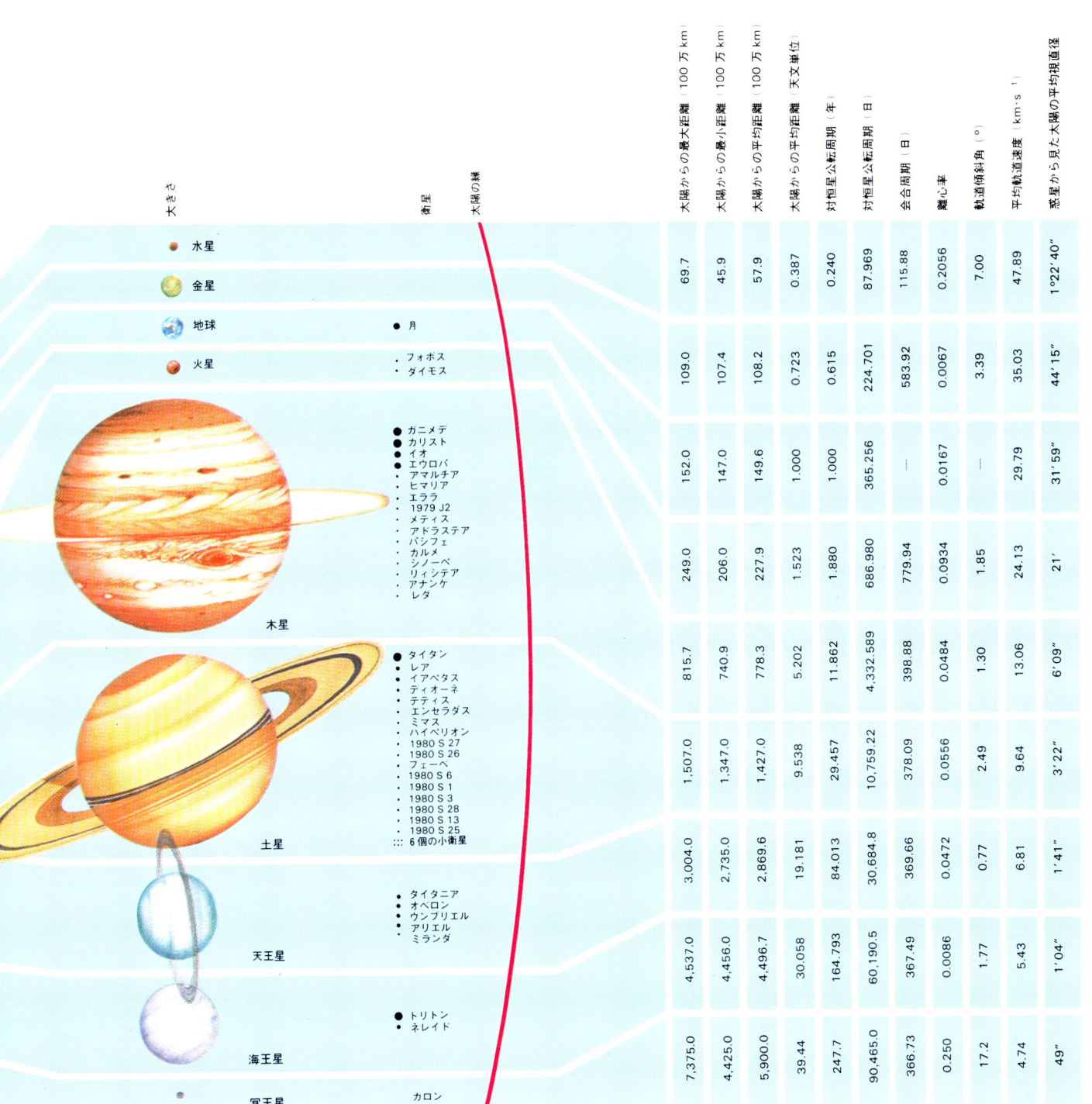

9

太陽系の起源

現代の宇宙論によれば、宇宙の年齢は約130億年、太陽系の年齢は約45億6,000万年である。太陽系は広大な宇宙空間のわずかな一部分を占めるにすぎない。われわれが見ることのできる範囲には10^{11}個の恒星系（銀河）が存在すると考えられている。現在では、宇宙のすべての物質はビッグ・バンの瞬間に誕生したと考えられる。その有力な証拠は恒星間空間を満たす2.7°K背景輻射である。宇宙の主要構成物質は水素とヘリウムである。それより重い元素は、恒星内で作られた後、超新星爆発や星の進化上の赤色巨星期の質量損失により恒星間空間へ還元されたものと考えられている。

原始太陽系星雲

太陽系は原始太陽系星雲という形で創始された。ごく最近まで、その星雲の組成は、水素、ヘリウム、希ガスを除いては、ある種の隕石に似たものであったと、一般に考えられていた。しかし、最近の研究、とくに^{16}Oの同位体組成の研究から、組成異常の存在すること、また原始太陽系星雲は組成的に一様ではなかったことが、見出された。この組成異常は、近くで起きた超新星の爆発で供給された物質により作られたものである、とする考えがある。この超新星爆発が原始太陽系星雲の凝縮の引き金を引き、太陽系自体の形成を導いたというのである。また同位体組成異常は、超新星の膨張する外殻で作られた原始太陽系微粒子に起源をもつ、とする考えもある。この場合、超新星は1つではなく2つあり、それらが互いに作用しあったと考えるのが妥当であろう。

どちらの説が究極的に正しいとしても、多くの宇宙論学者は、ラプラス（Pierre Laplace）らの見解に立ち戻って、初めには回転するガス雲（星雲）があったと考えているのである。このガス雲の形状や内部運動は重力と回転による力により決定されている。時が経つにつれ重力による引力が卓越し収縮が始まるであろう。その結果として、角運動量を保存するようにガス雲の回転速度が増大する。時とともにガス雲は円板状に偏平化し、その中の物質はゆっくりと中心へ移動し、しだいに原始太陽に降着する。原始太陽はしだいに自分自身の重力でつぶれていき、より高密度かつ不透明になる。それにつれて、より多くの物質がより小さな体積へと圧縮されていく。これにより原始太陽の内部の温度が上昇し、やがて熱核反応が始まる。こうして、この星はわれわれがよく知っている姿に似たものとなるのである。

星雲はその進化の途上でどのくらい熱くなるのだろうか。たとえば、宇宙塵やガスの粒子が完全に蒸発してしまうほど（1,800°K程度）熱くなり、凝縮の途中で一連の物質（ある種の隕石中で見出されるような凝縮物質）を作り出したのだろうか。それとも、星雲は300°K程度になっただけで、それ以上には熱くはならなかったのだろうか。原始太陽系星雲が十分かき混ぜられてはいないことが隕石の研究から明らかになっている。隕石は多くの場合種々の粒子の団塊から成っており、それらの粒子の中には、一度融けたものもあれば、一度も高温になっていないものもある。最も原始的な隕石（C1、炭素質コンドライト）の化学組成は太陽系の組成とほぼ同じである。母天体内で熔融や変成を受けたことを示す融点の高い物質の例もあるが、他の物質は団塊の形成後に加熱されたように見える。もし星雲全体がかつて非常に熱かったとするならば、^{16}O同位体分布の異常は均一化されてしまったであろう。均一化されていないという事実や隕石の証拠から、原始太陽系星雲は一度も非常な高温になったことはないこと、また同位体組成異常をもつ粒子は星雲が固体化した段階でつけ加えられたことが示唆される。

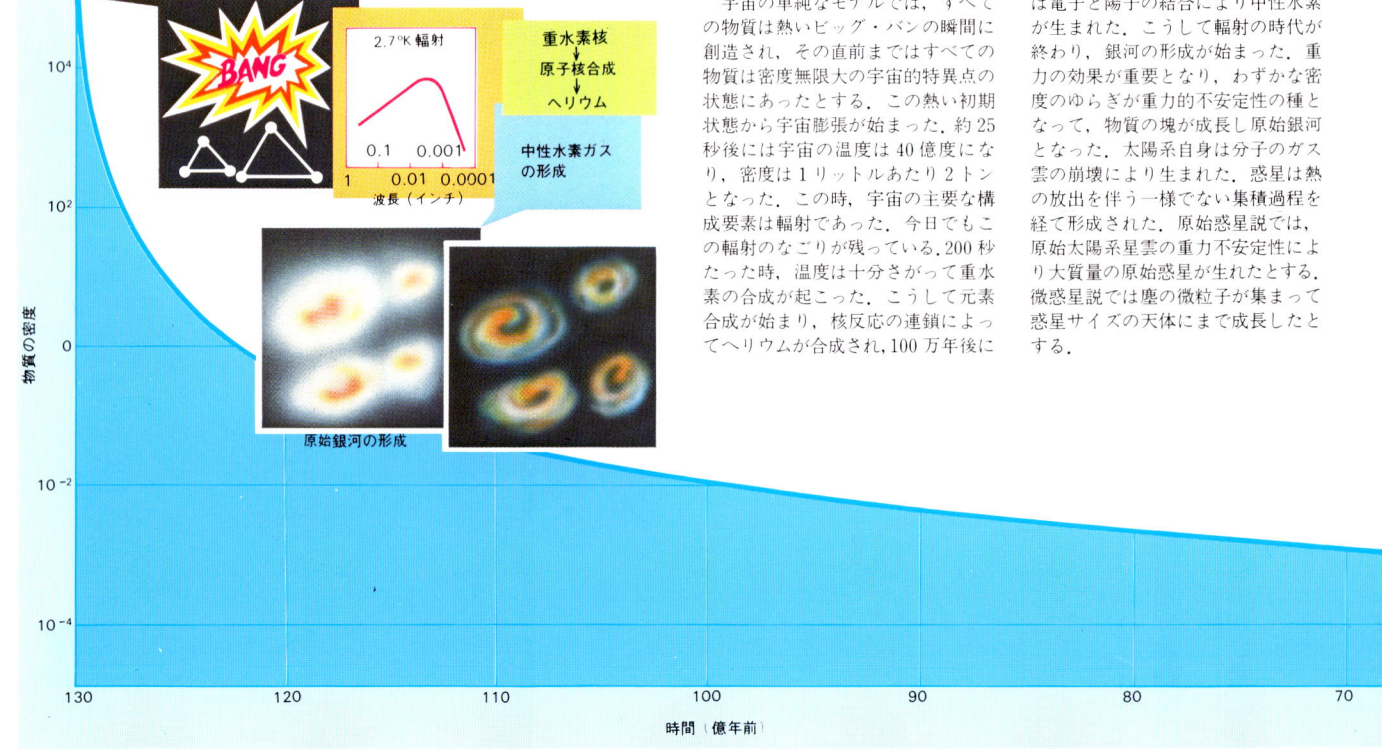

宇宙の単純なモデルでは、すべての物質は熱いビッグ・バンの瞬間に創造され、その直前まではすべての物質は密度無限大の宇宙的特異点の状態にあったとする。この熱い初期状態から宇宙膨張が始まった。約25秒後には宇宙の温度は40億度になり、密度は1リットルあたり2トンとなった。この時、宇宙の主要な構成要素は輻射であった。今日でもこの輻射のなごりが残っている。200秒たった時、温度が十分さがって重水素の合成が起こった。こうして元素合成が始まり、核反応の連鎖によってヘリウムが合成され、100万年後には電子と陽子の結合により中性水素が生まれた。こうして輻射の時代が終わり、銀河の形成が始まった。重力の効果が重要となり、わずかな密度のゆらぎが重力的不安定性の種となって、物質の塊が成長し原始銀河となった。太陽系自身は分子のガス雲の崩壊により生まれた。惑星は熱の放出を伴う一様でない集積過程を経て形成された。原始惑星説では、原始太陽系星雲の重力不安定性により大質量の原始惑星が生れたとする。微惑星説では塵の微粒子が集まって惑星サイズの天体にまで成長したとする。

原始惑星説と微惑星説

次に起こった過程については十分解明されているとはいえないが、ある段階で核となるものが発達し、それらがしだいに、われわれが現在惑星として知るものへ降着していったことは明らかである。多くの理論が提案されたが、現在、論ずる価値のあるものはたった2つ、原始惑星説と微惑星説である。前者は、星雲内の重力的不安定により大質量の原始惑星が作られたとする。後者では、宇宙塵に始まり、衝突による団塊形成を通じ、mmサイズからkmサイズの大きさ、そして小惑星の大きさから惑星の大きさへと至る成長過程を考える。

巨大なガス状の惑星、とくに木星と土星については、前者の説が部分的なりとも適用しうると考えられるが、地球型惑星の場合には微惑星説をとるべきであろう。内部太陽系から少なくとも土星まで、大規模な衝突があったことを示す証拠がいくつも存在し、微惑星説を支持している。観測される惑星軌道の傾斜は大きな衝突の効果として説明することができる。

隕石からの証拠

塵からcmサイズの微粒子に成長するには弱い静電気力があれば十分であると考えられている。次の成長段階の研究には、隕石が重要な証拠を提供する。大部分の隕石は少なくとも20種類の鉱物を含んでいるが、それらは互いに平衡状態にはない。つまりこれらの鉱物は平衡状態での凝縮過程で作られたものではない。この事実は破壊と再形成を繰り返した複雑な成長過程が存在したことをうらづけている。あらゆる種類の隕石の組成を研究することにより、その組成の多様性を説明するためには多様な化学組成をもった複数の母天体を想定する必要があることが明らかになった。こうした多様性は小惑星にも見られるものである。このように、多様性が存在することは一般的な法則のようであり、原始太陽系星雲の進化のごく初期には非一様性があり、微惑星の成長過程では多様な構成成分がいろいろな割合で集積したのであろう。その際の構成物質の分布は惑星ごとに異なり、そのことが各惑星ごとに特徴的な性格を与えることになった。

もう一つ忘れてならない要因は、太陽系の中心で起こった太陽の形成とそれによるエネルギーの放射である。木星と土星はともに、太陽に近い水素-ヘリウム比をもち、ほとんど氷からできた衛星系をもっている。初期の太陽系のこの部分の温度は300°Kを超えることがなかったのであろう。一方、太陽により近い領域では、水素、ヘリウム、希ガスは、地球や月のような大きさの天体にとりこまれる前にとり除かれてしまったと考えられる。ある考え方では、太陽の成長初期に非常に強い太陽風を吹き出すおうし座T型星段階があり、その時に太陽風によって太陽系の内部領域にあったこれらの物質を吹き払ってしまったとする。おそらく同様にして地球や内惑星の原始大気も吹き払われてしまったであろう。

重力の効果は塵から惑星への成長過程で最も重要であったが、ひきつづく個々の惑星の進化にとって欠くことのできない役割を果した別の要因がある。それは、惑星にとり込まれた放射性同位元素、とくに^{26}Alの崩壊であり、それによって発生した熱は熔融を引き起こすようになるまでしだいに蓄積されていく。こうした天体では、シリケイトが多いマントルと、鉄とニッケルが多いコアの部分に、化学組成の分化が起きる。この過程は惑星の歴史の初めの1億年間で起きたであろう。この段階では多量の水素が還元性の環境を作り出していたが、原始太陽系星雲が吹き払われるにつれ、酸化的環境が優るようになった。同時に揮発性の強い成分は次第に失われたであろう。

集積過程の最終段階では、生まれたばかりの惑星への大規模な衝突が物質の再分布に影響を与えたであろう。初期の頃には衝突に伴うクレーター形成は太陽系のどこでも見られる現象であったのである。その後、熔融と化学的分化が中心核の発達と組成混合の過程で重要となった。その結果、科学者が現在惑星内に存在すると考えている内部構造が作り出されることとなった。

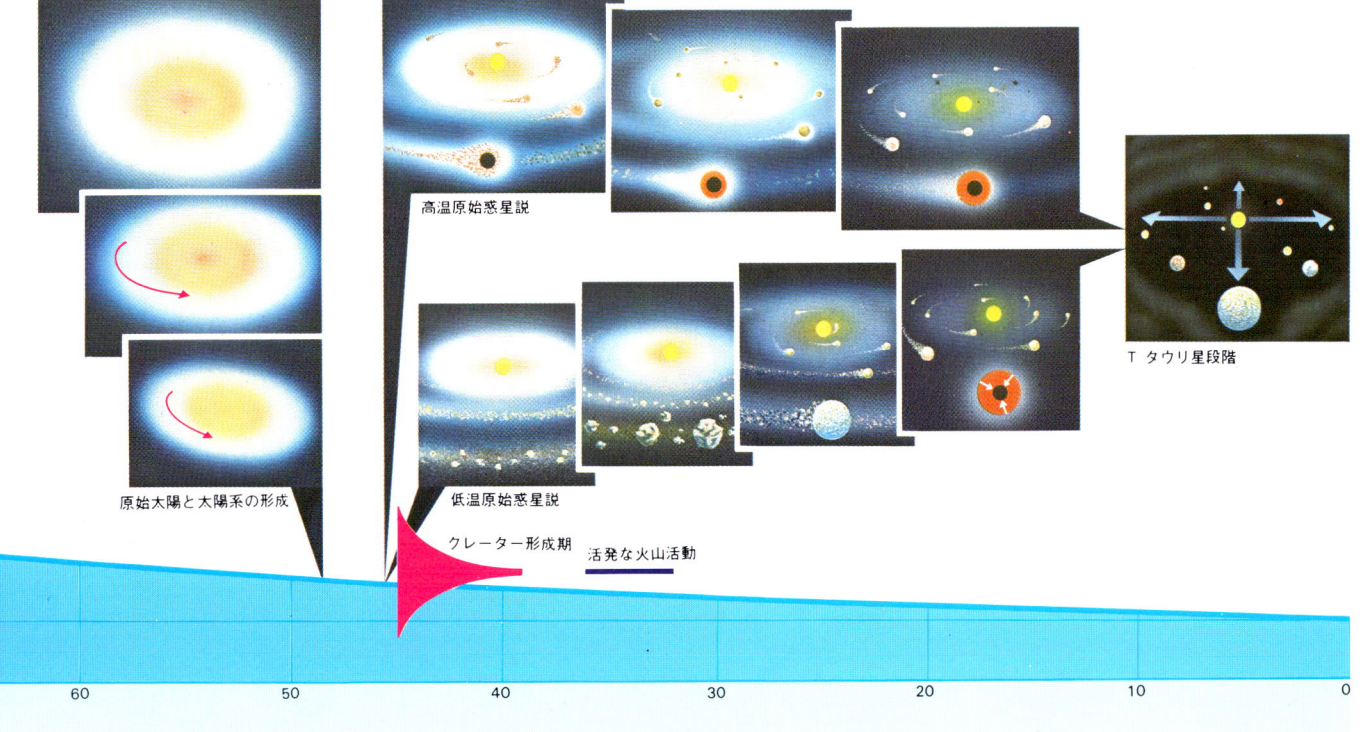

惑星の進化

最初の集積の後，すべての惑星は変化をとげてきた．この変化は，クレーター形成，化学的分化，熔融，火山活動，脱ガス過程，構造変成，といった多様な動的過程によりもたらされたものである．外部の巨大惑星に比べれば，内惑星の変化の方がよくわかっている．

クレーター形成

クレーターの形成は太陽系の歴史の初期にはいたる所で見られる現象であった．その最も完全な記録は，侵食の最も少ない月面上に見出される．クレーター形成を研究するのに適した場所は，35億年前に玄武岩質の熔岩により覆われた月の海に見出される．ある大きさのクレーターの数は，その直径の二乗に反比例している．したがってクレーターを作り出した物体の分布も何らかの法則に従うはずである．隕石や，惑星・月に衝突した物体の大きさの範囲は，小惑星帯の小惑星と同じであることが明らかにされてきた．これはクレーターが，小惑星サイズから隕石サイズの物体の落下により形成されたことの強力な証拠である．

衝突によるクレーター形成（図1）は次のようにして起こる．

(1A) 落下物が表面に衝突し，標的と落下物自体に衝撃波が伝わる．この結果，落下物は蒸発してしまい，また物質が高速で放出される．

(1B) 次の段階では物質の放出は低速になるが，クレーターが穿たれる．

(1C) 中心より物質が冠毛状に放出される．

(1D) 最後に放出された物質が表面に落下し，クレーターの縁を高く盛り上げる．

年代のずっと古い月面上の高地にあるクレーターの研究により，クレーター形成率は時間的に変化していることが示された．40億年前にはクレーターの形成率は現在の数100倍から数1,000倍も高かったが，30億年前に急に低くなっている．この事実から，大衝突期（great bombardment）が存在し，その期間に原始太陽系星雲以来残っていた物質が惑星によって一掃されたことが想像される．より詳細な計算によれば，もしすべての内惑星で月と同程度の強さのクレーター形成があったとすると，その形成に関与した物体の数は現在の小惑星帯の小天体総数の半分くらいとなる．この数は，太陽系形成初期から残っていた物質の総量からすればわずかな量にすぎないので，このようにクレーター形成を説明することは困難ではない．

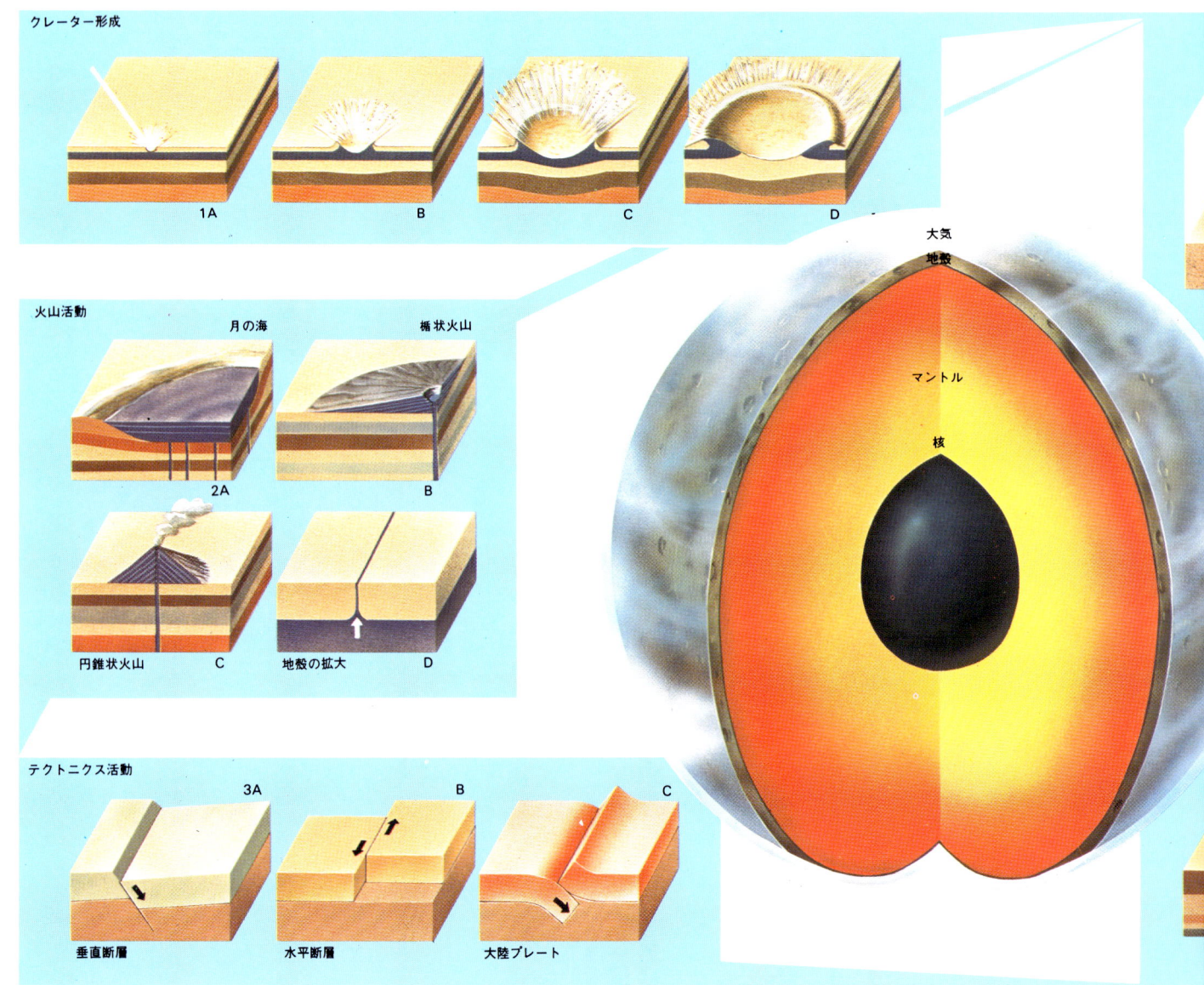

この時期に地球もひどいあばた面になったに違いない．ある科学者達は，数多くの衝突は，その後地殻に発達した非一様性の形成に少なくとも部分的に関与していると考えている．しかし，その後起こった浸食やテクトニクス（地質学的構造変動）等の動的過程により，大部分のクレーターの傷痕は地球上からは消し去られてしまった．一方，水星，火星，そして木星と土星の衛星にも初期のクレーター形成の痕が残っている．金星の場合は厚い雲で隠されているが，レーダによる観測から火山性地形やクレーターが見つかっており，やはり小天体との衝突で作られたものであるようだ．惑星間にみられる細かい相違は，惑星の進化の速度の相違や，衝突の痕跡がその後浸食・破壊や火山活動による影響を受けたか否かによっている．

化学的分化

集積段階につづき，惑星内部の進化が始まり劇的な変化が起こった．この変化の結果は惑星により違っている．月の場合には，集積により解放された重力エネルギーと ^{26}Al のような放射性元素の崩壊による熱エネルギーは月の少なくとも半分を熔かすのに十分であった．そして小さなコアが形成され，内部にあった揮発性物質はたちまち宇宙空間へ失われてしまったと思われる．月内部に融けた物質が存在したことが原因となって，玄武岩質のマグマが表面まで上昇し，あちこちに見られる火山活動（図2）が生じた．月面上でもともと盆地であったいくつかの場所には厚く熔岩がたまり，月の海を作り出した(2A)．熔岩の噴出の仕方は一通りではない．熔岩の粘性が小さい場合，楯状火山を作った(2B)．ある場合には円錐状に噴き出し，火成岩の層状構造を作った(2C)．また，地殻が膨張している所では，熔岩は地殻の割れ目を伝ってしみ出した(2D)．

地球での進化の様相は月とはいささか異なっていた．熔融とコアの分離の段階で，原始太陽系星雲に比べカリウムの含有量が1/4に減じた．また鉄，ニッケル，コバルトは下降してコアに集まった．こうした地球における化学的分化は月に比べずっと著しい．この段階で大部分の物質は熔融していた．融けたマグマはまわりの物質より比重が小さいので，再び表面へ向け上昇し，原始地殻を形成したのである．

惑星進化の初期には内部からの熱の輸送は主に熱伝導によるものであった．しかし，内部が融けるにしたがって，液体コア内での物質の移動は対流運動を引き起こして，熱の輸送を速めた．こうして惑星の冷却はより速く起きるようになった．この対流の結果，地殻の変成や，褶曲や断層（垂直断層（図3A）と水平断層(3B)）といった地殻変動，そして大陸プレートの移動（3C）が引き起こされた．

液体コアをもった惑星が自転している結果，磁場の生成が起こりうる．地球の内部は非常に大きなスケールのダイナモのようにふるまい，一度作られた内部電流は持続されると考えられている．似たようなダイナモ効果は木星や土星に，そしてずっと小さなスケールだが水星にも観測されている．一方，火星と金星ではダイナモ効果は見出されていない．

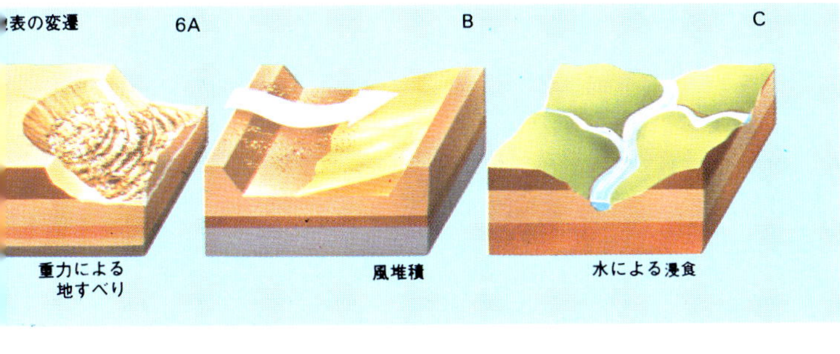

惑星大気

惑星の大気が，正確にいつ，またどのようにして生まれたかを知ることは難しい．しかし原始大気が現在の大気とは大いに異なっていたことは確かである．蓄積されたガスは，脱ガス過程として知られる，惑星内部からの滲出の過程により供給された．ガスの大部分は火山爆発を通じ供給されたことは間違いなかろう．地球の場合，原始大気は水蒸気，水素，塩化水素，一酸化炭素，二酸化炭素，窒素を含んでいたであろう．H_2 の大部分は，すべての内惑星と同じように，失われた．O_2 は長く解離状態にはあり得ず，メタンや一酸化炭素等のガスや，地殻の結晶質物質と結合した．遊離した多量の O_2 の生成は緑藻類のような生命体の発達を待たねばならなかった．

太陽系内の惑星の位置も大気の運命に影響を及ぼした．金星は窒息性の二酸化炭素大気の層をもつが，それは地球よりずっと高温の環境にさらされてきた結果である．地球の場合には二酸化炭素は再結合して石灰岩，石炭，石油等の地殻物質を形成した．水星は太陽に近すぎてガスを保持することはできなかった．また火星は小さすぎてはじめに形成された揮発物質の大部分をとどめておくことはできなかった．一方で巨大惑星は大きな質量をもっているため水素大気をとどめている．

大気がさらに受ける変成（図4）の原因には，クレーター形成時の揮発物質供給(4A)，火山からの脱ガス(4B)，大気内での岩石との化学反応(4C)，蒸発と凝縮をくり返す大気の循環(4D)等がある．現在の惑星の光学スペクトル（図5）は，異なった進化の道筋を反映して内惑星(5A)と外惑星(5B)とでは異なっている．

また，岩石は浸食を受け，その分布が変わる．ほぼ完全に浸食→堆積のサイクルをくり返し，また再び熔融することもあるだろう．こうして惑星の地殻の外観は変動しつつある（図6）．重力のもとで物質は落下・地すべりの運動をする(6A)．風は岩石を浸食し別の場所へ輸送する(6B)．水の流れは多くの特徴的形状を表面に穿つ(6C)．

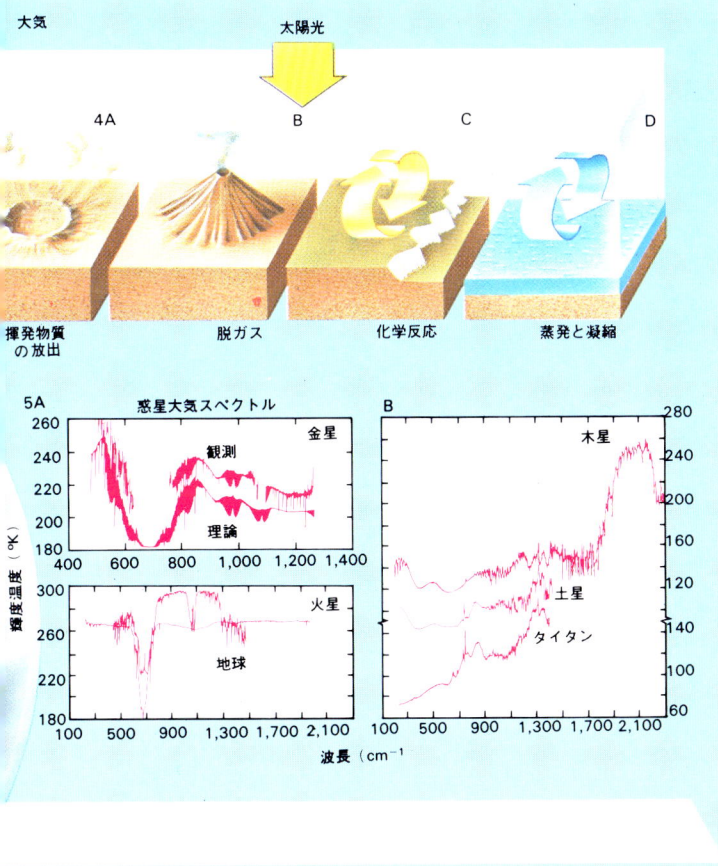

太陽系の探索

地球以外の世界に到達しようとする考えは決して新しいものではない．2世紀の昔にギリシャの諷刺作家，サモサタ島のルーシァンは月世界旅行の物語を書いた．別の宇宙旅行譚はドイツ人天文学者ヨハネス・ケプラーにより書かれ，1634年に出版された．ケプラーの話の中では，宇宙飛行士は親切な悪魔によって月へ運ばれる．そして20世紀になると虚構のファンタジーは急に科学的なうらづけのあるものに変わった．30年を経ないうちにわれわれの科学の最前線はすべての太陽系を包含することとなった．

軌　　道

1957年10月4日，初めての人工衛星，ソビエトのスプートニク1号が打ち上げられ宇宙時代の幕を開いた．その後，精巧な地球軌道の人工衛星が打ち上げられるのと平行して，月への探査が行われた．月探査のクライマックスは1969年7月に人類初の足跡が月面に記された時である．この探査の技術的意義は決して過少評価できないものである．

他の惑星へ探査機を送るためには正確なタイミングと精度が要求される．月へ探査機を送るためには，軌道・速度の狂いはそれぞれ 16 km，毎時 26 km 以内でなければならない．地球軌道を越えて探査機を送る時，出発時には地球軌道に接し，到着時には目的の惑星の軌道に接するような楕円軌道を選ぶと最も重い搭載量を運ぶことができる．この軌道はホフマン軌道として知られるが，そのためには発射されてから目的の惑星に到達するまで太陽を半周するよう時期を調整する必要がある．この時期が打ち上げの窓と呼ばれるものである．

ホフマン軌道は1962年に金星へ，1965年には火星へ，1973年には木星へ到達するために採用された．しかし，より遠くの惑星へ到達するためには，特殊な軌道をとる必要がある．莫大な飛行距離の一方で搭載可能な燃料には限りがあるため，探査機を重力的に後押しする軌道が使われる．この軌道の原理は近くの惑星をフライバイ（近傍通過）する際，その重力を使って探査機を加速し，次の惑星へ向かわせるということである．この原理を初めて用いた探査機はマリナー10号であった．地球の重力を脱出する際，マリナーは十分減速されて近日点で金星軌道に到達する楕円軌道にのせられた．金星との相互作用がなければ，マリナーは

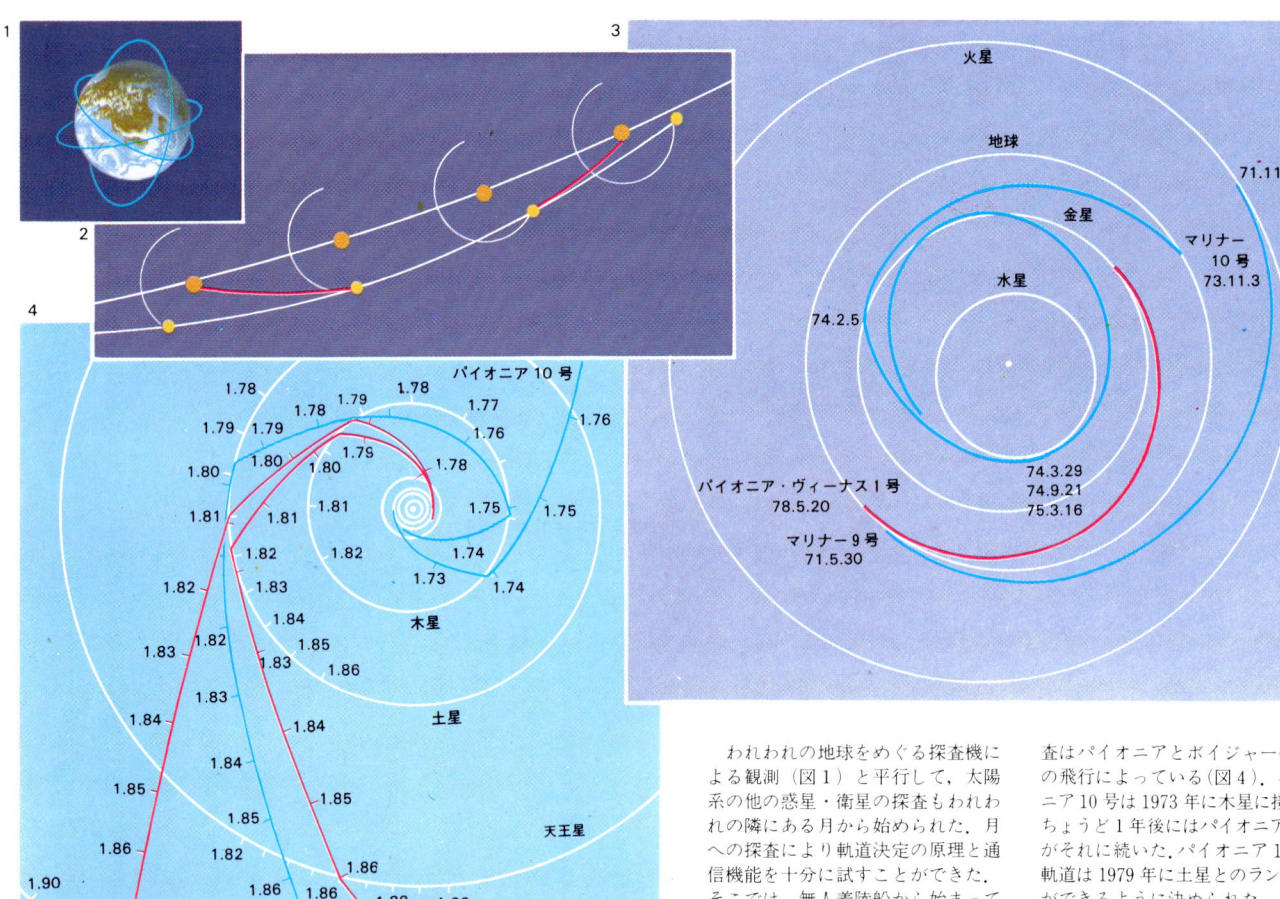

われわれの地球をめぐる探査機による観測（図1）と平行して，太陽系の他の惑星・衛星の探査もわれわれの隣にある月から始められた．月への探査により軌道決定の原理と通信機能を十分に試すことができた．そこでは，無人着陸船から始まって宇宙飛行士の往復旅行にいたる，さまざまの複雑な探査計画が実行された（図2）．地球型惑星の探査（図3）は1962年のマリナー2号の金星接近成功に始まり，8年後には最初の金星軟着陸船が情報を送ってきた．1973年にはマリナー10号が金星の重力の助けを借りて水星に3回の近接飛行を行った．1975年には4年前のマリナー9号に続き，バイキング1号が火星に軟着陸を行った．外惑星の探査はパイオニアとボイジャーの4つの飛行によっている（図4）．パイオニア10号は1973年に木星に接近し，ちょうど1年後にはパイオニア11号がそれに続いた．パイオニア11号の軌道は1979年に土星とのランデヴーができるように決められた．2つのパイオニア探査機はともに太陽系の外へ向けて現在も飛びつづけている．ボイジャー2号の方が先に打上げられたのだが，ボイジャー1号の方がより経済的なルートをとり，1979年に木星，1980年に土星へと先に到着した．ボイジャー2号の軌道は，1989年の海王星との接近により完結する"グランド・ツアー"を可能にするようにとられている．

同じ楕円上を飛び続け地球軌道へ戻ってきたはずである．外から金星に近づく際，後方から惑星を横切ることによって，金星の重力場によってマリナーを十分減速し，今度は水星軌道まで到達する新しい楕円上に投入することができた．ひとたびこの楕円上にのった後，マリナーは太陽重力によって自動的に水星軌道まで運ばれたのである．その際，マリナーの太陽のまわりの軌道周期は，水星と会合するよう調整された．

この原理が検証されたため，20世紀の最も野心的な飛行が可能になった．1977年には176年に一度というまれな外惑星の整列現象が起きた．このためグランド・ツアーと呼ばれる飛行計画が可能になった．この計画では，探査機は木星，土星，天王星へと順に送られ，おそらく海王星へも到達可能であろう．1977年8月20日に打ち上げられたボイジャー2号は，木星に1979年7月，土星に1981年8月に到達した．この探査機はさらに，天王星に1986年1月に，海王星には1989年に到達するよう計画されている．

通信系

月へ人間を着陸させることや，金星や火星への軟着陸は，それぞれの探査計画固有の技術的成果といえる．しかし，軌道を決定し，探査機を制御し，かつ通信を確保するという技術的課題はすべてに共通な問題である．重量制限のため探査機に搭載される送信機の出力はきわめて限られたものになる．ボイジャーの場合，出力は最大でも30Wであって，地球表面で受信する時の信号強度は10^{-18} W/mにしかならない．さらに，莫大な距離のため，受信するまでに40分の遅れが存在する．

また，ある程度の信号の干渉や歪みは避けることができない．コマンド信号のような情報はきわめて高い正確さを要求される．一方，ビデオ信号のようなものは比較的ノイズに強く，地上での計算機処理によって誤りを除くことができる．最も正確さを要する信号を処理するためには高度な情報処理技術が使われる．一方で，ノイズに強い信号はずっと経済的に伝達することができる．ボイジャーの場合，通信回線には波長13cmのSバンドと波長4cmのXバンドの2波が使われている．Xバンドはもっぱら地球への送信に使われる一方，Sバンドは双方向の通信に使われている．他のすべての探査機同様，軌道追尾はキャンベラ，マドリード，ゴールドストーンにある国際的な地上局のネットワークにより担われている．探査機が常時どれか1つの地上局の視野にあるように，地上局の経度が選ばれている．今日までの最も野心的な探査機であるボイジャーは予見可能な未来における最後の大規模な惑星フライバイ計画である．次の10年間には，衛星や惑星大気の研究は，世界初の軌道上望遠鏡となるスペース・テレスコープの有効性にかかっている．

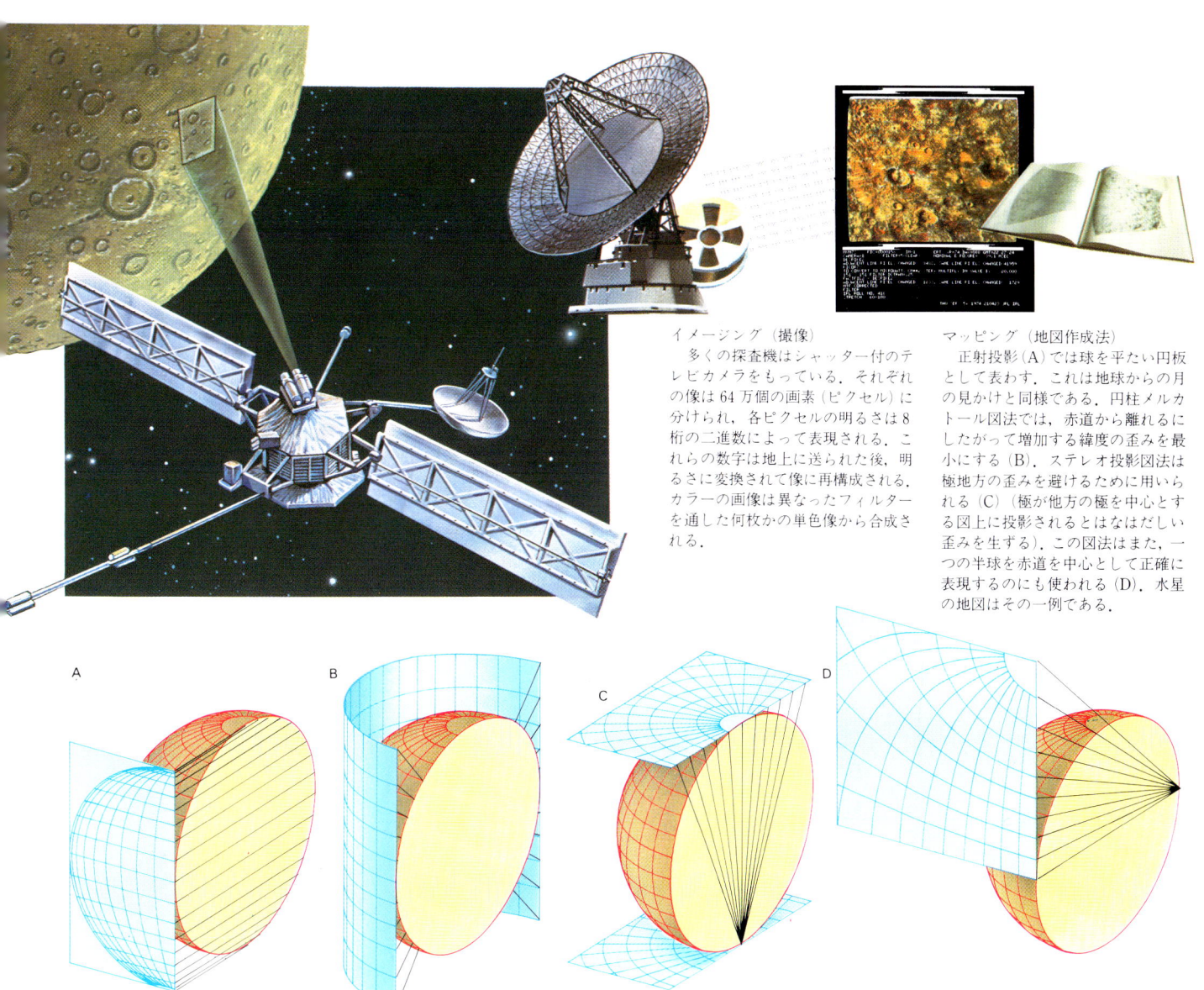

イメージング（撮像）

多くの探査機はシャッター付のテレビカメラをもっている．それぞれの像は64万個の画素（ピクセル）に分けられ，各ピクセルの明るさは8桁の二進数によって表現される．これらの数字は地上に送られた後，明るさに変換されて像に再構成される．カラーの画像は異なったフィルターを通した何枚かの単色像から合成される．

マッピング（地図作成法）

正射投影(A)では球を平たい円板として表わす．これは地球からの月の見かけと同様である．円柱メルカトール図法では，赤道から離れるにしたがって増加する緯度の歪みを最小にする(B)．ステレオ投影図法は極地方の歪みを避けるために用いられる(C)（極が他方の極を中心とする図上に投影されるとはなはだしい歪みを生ずる）．この図法はまた，一つの半球を赤道を中心として正確に表現するのにも使われる(D)．水星の地図はその一例である．

比較惑星学

太陽系の惑星の中で地球だけが有機生命体を支えている．人類は人類自身の起源とその進化の舞台となった岩石質の惑星の起源を理解するため際限のない探究を続けている．人類は直接触れることのできない対象，地球の隣りの惑星からかなたの恒星まで，あくことなく知識を追い求めてきた．そして宇宙の物体はさまざまな存在形態をとることを理解し，またまったく客観的にみて，地球は宇宙全体からすればとるにたらない地位にあることを知った．幸いなことにこうした理解は，惑星の起源・進化・衰退の謎に挑戦する人類の決意をにぶらせはしなかった．

月の景観から学んだこと

最近の四半世紀に，月に関するわれわれの知識は大幅に増大した．これは，表面の写真の詳しい研究と，実際に月の岩石を地球に持ち帰った結果により，もたらされたものである．そしてその結果，地球の最も近い隣人である月の歴史について新しい，時にはまったく予期しなかったような事実が明らかにされた．たとえば，47億年前の月の形成につづく7億年以内に地殻が作られたが，その時，膨大な量の岩石の破片の降下にさらされたことがある．岩石の大きさは大部分，小さな小惑星くらいであった．この初期のクレーター形成期は大衝突期として知られるようになった．

高速の衝突により，月の表面は打ち砕かれ熔かされた．大気のもとでの風化がなかったので，初期のこうした活動は表面に刻印され今日まで残っているのである．技術の進展により地球よりずっと遠くまで行くことが可能になり，水星，火星や大部分の木星と土星の衛星にも，似たような衝突期があったことが明らかになった．レーダーを用いた地形探査により，雲に覆われた謎の惑星，金星にも，衝突によるクレーターと思われる円形の構造が見つかっている．

地球でも同じような衝突期があったに違いないが，地質時代を通して起きた地殻変動により，その記録は消し去られてしまった．たとえば，直径25kmのクレーターは5億年くらいで消滅するという推算がなされている．宇宙の探査が始まるまでは，地質学者は地球のこの時期については何も知らなかったといってよい．現在では一部の地質学者は，初期のこのクレーター形成は，地球の原始地殻の変動の開始を引き起こし，その後の地殻の進化にも大きな役割を果したのではないかと考えている．

人類が月に降り立って岩石を集めてきてからは，放射性元素を用いた年代測定により，惑星形成史に時間の目盛を入れることができるようになった．驚くべき発見は月への衝突期が40億年ほど前に終ってしまったことである．その後，火山活動期が38億年前から32億年前まで続き，月の地中深くから昇ってきた熔岩が深くえぐれていた盆地に流れ込み，一部を暗い色の玄武岩で覆った．こうして地球の衛星は現在見られるような姿になったのである．

遍在する火山

惑星表面の変遷はその内部における熱の発生と輸送によるところが大きい．惑星進化史における形成期には，衝突による，放射性元素の崩壊と同程度の膨大な熱の発生があった．今日では惑星はその形成にあたって一度熔けたと思われている．内惑星の場合，熱はマントルを通って表面に達し，宇宙空間へと失われてゆく．ある場合には放射性元素の崩壊が続き，地質時代にわたって惑星内部は熔けたままになる．地球の場合には内部の熱は表面の変形に影響を及ぼし続けたが，月や水星の場合には外層はすぐに冷えてしまい，内部の過程は表面に影響しなくなって久しい．

月の海を作った玄武岩は地球上にも広範に分布しており，現在でも大洋の下の地表の裂け目から湧き出し続けている．水星，火星，金星を調べたところ，大昔にはこれらの惑星でも火山活動が盛んであったことがわかっている．火星表面の衝突によるクレーターの統計から，この惑星では激しい火山活動は35億年から30億年前に起きたことが示された．火星の火山活動は月よりもずっと長く続いたことは明らかであり，巨大な楯状火山が形成された．これらの火山は今日ではまったく活動を停止しているが，5億年から6億年前（地球上に生命が発生した頃）までは活発であったとする見解もある．

火星と金星に送り込まれた着陸船は岩石の化学分析を行った．火星を探査したバイキングは，玄武岩と，鉄の成分に富む土壌の存在を明らかにした．一方，金星に着陸したソビエトのヴェネラは玄武岩質の岩石ばかりでなく地球の石墨に似た岩石も見出した．1982年には，金星の雲の下で爆発が起きたことが報告された．金星の火山が今も活発であるとすれば，ひじょうに興味深いことである．

火山の特徴的形態は，熔岩中の揮発成分の状態と鉄とシリコンの組成比により影響を受ける．これらは熔岩の粘性（流れに対する抵抗）を決めるからである．一般的にいって，熔岩の粘性と揮発性が高いほど景観に与える影響が大きい．地球上では，玄武岩は鉄に富み，揮発成分が少ない．このような玄武岩は，起伏の少ない大きく拡がった火山地形を作る．

大気の状態も，表面重力同様，火山の形態に影響を与える．たとえば，地球の場合，円錐状に積もった火山灰の傾斜は30°まで達するが，月ではたった1～2°にすぎない．月では大気の抵抗がないため火山灰が長時間遠くまで飛んでいくからである．その結果，月面上の円錐火山の高さは地上の似たような火山の1/10しかないが，直径は少なくとも4倍以上ある．重力が地球の1/3ほどしかない火星では，大きな火山の頂上のカルデラは地球よりも大きい．重力が弱いため地球よりも大規模な崩壊地形ができるからであろう．

地球の海底をなし，大陸を作る地殻の下にある玄武岩は月のどんな岩石よりもずっと年代が新しい．地球の初期に長く続いた火山活動の痕跡はとうに消し去られてしまった．しかし火山活動が起こったことに間違いはなく，近隣の惑星の研究により地球形成期の歴史に光をあてることができるだろう．確かだと思われるのは，地球では，月のような玄武岩に埋められた盆地は形成されなかったことである．盆地は形成されたとしても，玄武岩に埋められるずっと前に侵食により変形してしまうであろう．

プレート・テクトニクスは地球だけのものか？

地球では火山活動の分布はプレート・テクトニクスの概念で説明できる．この理論によれば，地殻は可塑性の層の上に浮んだ15枚のプレートに分割できる．火山はだいたいこのプレートの境界近くに位置している．地球の外からも見ることができる他の証拠には，褶曲山脈，地溝帯，島弧，海嶺の存在がある．他の惑星にも一見したところでは似たような特徴がありそうだが，見間違いやすいので注意しなければならない．たとえば，火星のマリネリス峡谷は地球の東アフリカ地溝帯とよく似ているし，タルシス山脈の火山が近くにあることもテクトニクスの活動を示唆する．しかし，褶曲山脈のような圧縮を受けた地形はまったくないし，火山も孤立したマグマの上昇点にあるように思える．火星には地殻がプレートに分かれているという証拠は見出されておらず，地質学者は火星の地殻は地球よりずっと厚くて硬いと考えている．

同様に水星にも，大きな陸塊が移動したという証拠はない．押されて歪んだ形になったクレーターを伴う断層が網状になっているだけである．月にもテクトニクスの活動は見出されておらず，厚く硬い殻をもっていると考えられている．しかし金星は少々違うようだ．レーダーによる観

測で褶曲山脈や弧状山脈，大きな地溝らしきものが見出されている．金星は高い表面温度をもち，密度も地球と同じくらいであるので，内部は表面のかなり近くまで地球同様に熔けているのであろう．これは水星や月，火星とは異なっている．

水星，月，火星の3天体は，大きさが小さいため，マントル内で対流が起こるのに必要となる高い温度をずっと昔に失ったのであろう．大きさの点では金星は地球に近い．地球ではもともとの地殻が薄くてばらばらに分裂できたのかもしれない．あるいは，他の惑星では地殻の下の領域の温度・圧力・組成が適していないため，地球のようにその上を地殻のプレートがわずかな摩擦で滑ることができないのかもしれない．

気候変動

マリナーとバイキングの火星探査により，惑星気候とその変動の理解がおおいに進んだ．火星に，広大な網目状の溝と，それを結ぶ小さな川が存在することが見つかって，過去には火星表面には液体としての水があり，表面を削ったことがあったことがわかった．この時期は，衝突期よりは後だが，主要な火山活動の始まる前の，火星進化のきわめて初期であったと思われる．

現在の火星の表面の状態では，低温でありすぎて，水が存在することはできない．溝が形成された頃に火星の大気が希薄であったとは考えられないので，気候システムにも大きな変化があったに違いない．気候の変動は，火星の極域に薄い層状になって堆積している物質の存在からも示唆される．このように岩石が層状になっていることは，溝の形成の後にも何らかの気候の変動があった証拠になるといえる．この層をより詳しく調べれば，氷河時代の原因の解明にも光があてられるであろう．原因は歳差運動なのか，それとも太陽輻射の変動か，あるいは，大気中に多くの塵を吹き上げ太陽輻射に対する透明度を下げた火山活動期に由来するのだろうか．気象学者はこの問いに対する答を渇望している．

外部太陽系

惑星活動において火山活動が重要な役割を果すことは確立された事実である．しかし，木星のガリレオ衛星の1つ，イオにも活火山が存在するというボイジャーの発見は，予期されたものではなかった．内部太陽系の範囲ではマグマは主にシリケイトから成るのだが，イオでは熔岩は硫黄から成っている．火山活動は定常的に起こっていて，その表面はひじょうに速く再生されている．他にはこんな世界はないだろう．イオの表面は，これまで探査機が訪れた固体表面をもつ天体の中で，最も年代が新しい．

木星の月はまた，分裂しクレーターのできている地殻を持っている．破砕面やひびわれはサン・アンドレアス断層ほど壮大とは限らないが，われわれから遠く離れた世界でもテクトニクス活動が起きていることの証拠である．それらは明らかに最近まで（そしてたぶん現在も）活動的であった．

地球から遠く離れた惑星についてのわれわれの知識は十分というにはほど遠く，科学者達はボイジャー探査機が天王星と海王星に到着するのを待ち望んでいる．地球型の惑星に比べ，外部太陽系についてのわれわれの知識はずっと乏しい．巨大外惑星も地球や地球型惑星と同じ宇宙の雲から集積したものであることは明らかであるが，どのようにしてまたなぜ，そのように巨大なガス状惑星となったかは謎である．同様に謎なのは，金星，地球，火星の大気となった揮発性物質が集積した過程と正確な年代である．それらの物質は，太陽系の内部に落ち込んだ冷たい軽い物質が内惑星によって掃き集められたものだろうか．それとも，それらの惑星の中心核やマントルを作ったのと同じ物質から作られたものだろうか．生命は後になって集積した揮発性物質から生まれたとする観点からすれば，これらの問いは生命の起源を探るためにも解決されねばならない．

木星と土星の詳しい比較をするための資料としては，大気・磁気圏・衛星系についての十分な情報が得られてはいるが，いくつかの基本的な問題が残っている．木星大気のあの派手な色は何に由来するのか．木星や土星から出る非常な電波輻射の機構は何か．ボイジャーによるこれらの惑星の衛星についての観測はこの岩と氷の世界についての興味の尽きない新しい事実を教えてくれたが，その熱的状態や化学組成についてのわれわれの理解の多くは，確立された事実ではなく，推定によるものである．

同じように天王星と海王星も比較の対象になっているが，われわれの知識には大きな空白がある．天王星は木星型惑星の中でただ一つ内部に熱源をもっていない．海王星の衛星は最も奇妙なものであり，重い衛星トリトンが逆行軌道にある．また最も未知の部分の多い太陽系のメンバー，冥王星については，その性質さえ謎である．冥王星はその衛星カロンと合わせて二重惑星となっていると考えるべきなのか，それとも一人前の立派な惑星と考えてよいのだろうか．

結　語

地球についての問題に立ち帰ってみよう．われわれは地球型惑星のなかでなぜ地球がいちばん活動的であるのかという問いに答える必要がある．おそらくその答は，地球の地殻が薄いこと（月や火星に比べずっと薄いことは確かであるし，おそらくは金星や水星よりも薄い）に帰せられるのであろう．しかし，金星の内部構造については何も知られていない．金星が地球と最もよく似た惑星である以上，この点は解明されねばならない．

実際，地球と金星は大きさと密度の点でひじょうに似ている．どちらも太陽系の内部にあり，進化の初期の集積の時期には似たような物質から形成されたであろう．それならばなぜ異なった大気をもつのだろうか．何が大気の進化を決める要因なのだろうか．金星もいぜんとして活動的な天体であって，地球のような大陸をもつのだろうか．金星に関するこれらの問いに答えることは，地球の集積過程を理解することと深く関わっている．

地球についての知識は，地球の近くの惑星のみならず，ずっと遠くの太陽系のメンバーを理解するためにも使われている．反対に，地球の初期の歴史についての理解は，過去20年間に近傍の惑星の研究から得られたことに多くを負っている．もはや地球を単独の存在として見ることはできず，惑星系の一員として見なければならない．

太陽系の一族の中には異常に大きな多様性がある．内惑星，外惑星，小惑星，彗星，隕石と，互いにずいぶん違った性質をもってはいるが，その起源や密度には関連したものがある．この関連の結果，共通点を見出すこともできるのである．「真理は汲めども尽きぬ」という格言は人類の太陽系の探究に最もふさわしい格言であろう．

生命の探求

古代の人間は地球を宇宙の中で至上の地位にあると信じていた．古代人にとって地球は唯一無二のものであり，平らな不動の世界であって，全天がそのまわりを24時間で1周していた．地球が球形であり，他の世界が存在すると知った時，地球外生命に関する興味が生まれたのは自然なことである．宇宙時代となってもこの興味は失われたことはなく，地球外生命に関する議論は以前よりずっと盛んである．

近くにあって地上の観測者が肉眼ですら細かい表面上の特徴が見わけられる月が生命の探求の対象として選ばれたのも当然のことであった．暗い部分は海とみなされ，明るい部分は陸とされた．ギリシャの文筆家プルターク（Plutarch）はその広く知られた著作「月の顔」の中で，月面にはゆるやかな谷と狭く深い谷があると述べている．最初ではないにせよ，ごく初期の空想科学物語は，紀元2世紀にギリシャの諷刺家，サモサタのルーシァン（Lucian）が著したものであろう．その中で彼は，船員たちがジブラルタル海峡を通過する際に竜巻にのみ込まれ月まで放り上げられた冒険譚をくりひろげる．船員たちは月で月の王と太陽の王の間の戦争に巻き込まれるのである．

この作品は「真実の歴史」と題されていたが，彼は幻想譚であると強調しており，まじめに受け取られることは予期していない．しかし月に住人がいるという考えはずっと後世まで続いた．たとえば，他ならぬケプラーが書き，彼の死後の1634年に出版された「夢物語」があげられる．この話の主人公は仲よくなった悪魔によって月世界まで旅行する．この物語は，17世紀の科学とファンタジーの混合物であるが，実のところはコペルニクスの宇宙観を支持するために書かれたのである．しかしケプラーが月の住人を描いた時，彼は月にも人が住むと信じていたのかも知れない．

時代が下って，偉大な天文観測者ハーシェル（William Herschel）にまつわる話がある．彼は月には住人がいると信じていたし，太陽にすら住人がいて，明るい表面の下の心地よく暖かい領域に住んでいると信じさえした．こうした考えは当時でも広く支持されてはいなかったし，ハーシェルの論文のそうした一節のいくつかは王室天文学者マスケライン（Nevil Maskelyne）によって出版前にこっそり削除されたことが記録にある．しかし地球外生命の可能性については真剣に考えられていた．

月の大ボラ話

1830年代にはニューヨークの新聞ザ・サンの記者によって有名な「月の大ボラ話」が書かれた．当時，ウィリアム・ハーシェルの息子のジョン・ハーシェル（John Herschel）が南アフリカにおいて最初の重要な南天掃引観測を行っていた．この頃の通信は遅く，不確実であったので，ザ・サンの記者ロック（Richard Alton Lock）はこのチャンスを利用した．彼は連載記事の中で，ハーシェルの望遠鏡で月面の模様が詳しく見え，水晶の山や黄色い動物や人間もしくは人間らしきものが見出されたと報じたのである．さらに石ころの多い海岸をすごい速さで転げてゆく不定形生物がいるとまで述べた．この連載記事はすぐに作り話であることがわかったが，少なくともいくらかの人々はロックの書いたことを信じたであろう．ニューヨーク・タイムズまで，この発見は可能性があり，もっともらしいことだと報じたし，ある宗派の人々は月の人々をキリスト教に改宗させるための最良の方法を探しさえしたのである．

また別の大まじめな提案は天文学者のグルートハイセン（Franz von Paula Gruithuisen）によりなされた．1836年に彼は暗い巨大な防壁をもった月の都市を見つけたと主張したのである．グルートハイセンが指摘した月面上の場所には不規則な山脈が見えるだけであって，彼は想像力の虜になってしまったのだろう．彼にとってこれは初めてのことではなかった．彼によれば，金星の灰色の光は，新議員の選出を祝ってそこの住人によって点火された大きな森の火事だというのである．

月から火星へ

19世紀の間の観測によって，月には空気も水もないことがわかった．そこでは生物は生きていけないことは明らかであり，人々の関心は火星へ移った．火星は月よりもずっと好条件に見えたのである．少なくとも火星には空気があり，白い極冠の存在は表面に水があることを示すように思えたからである．サハラ砂漠に規則的にたいまつを燃やすとか，強力なサーチライトによるとかいった，火星へ信号を送るためのいろいろな方法が考案された．中でも1870年代のフランス人のクロー（Charles Cros）のアイデアはおもしろい．巨大なガラスを作って太陽光を火星の砂漠に集め，そこに文字を書こうというのである．1902年にはグッツマン（Guzman）というフランス女性が他の世界の生物との最初の接触に成功した科学者に莫大な賞金を提供すると申し出た．しかし火星は除外された．火星人を呼び出すのは簡単すぎると考えられたのである．グッツマン賞は今までのところ誰にも授与されていない．

その時代の指導的天文学者により火星人存在説が擁護されていたのは何10年も前のことではない．1877年にミラノのスキアパレリ（Giovanni Schiaparelli）は新しい火星の地図を描き，人工物のように見える溝（canali）があることを報告した．アリゾナに大天文台を建てたローウェル（Percival Lowell）は運河（canal，イタリア語から英語へと直訳されたのである）が惑星大の灌漑システムであることを確信していた．1909年に彼は，「火星の住人がどんなものかはまったく不確かであるが，住民がいることは確かなことだ」と書いている．ローウェルのこの明らかに極端な考えは多くの論駁を呼んだが，運河をめぐる論争が最終的に結着をみたのは1965年にマリナー4号が火星へ行った後のことである．

地球の生命

いまだ地球以外の宇宙のどこかに生物がいるとの証拠はない．大多数の意見では，生命は地球の歴史のごく初期に無機物から進化して生まれたとしている．しかしこの説にはいろいろな反論がある．80年前，ノーベル賞受賞者のスウェーデンの化学者アレニウス（Svante Arrhenius）は彼の汎種理論を提唱した．彼の考えでは生命は隕石によって地球にもたらされたとする．この考え方では，解決することより新たに生ずる問題の方が多いので，この説は支持を集めなかったが，最近，ホイル卿（Fred Hoyle）とウィックラマシンゲ（Chandra Wickramasinghe）によって装いを新たにして復活させられた．彼らによれば，生命は彗星によって地球にもたらされたとする．彼らの見解によれば，非生命体からの生命の生成は連鎖現象から成り，その鎖の1つ1つはそれ自身がひじょうに確率の低い現象であるとする．したがって地球のような小さな世界で起こったことは考えにくく，宇宙空間のような広大な場所で起こるに違いないと考える．この考えの基礎には現代の天文学によって明らかにされた星間空間における複雑な有機分子の存在の事実がある．ノーベル賞受賞者でありDNAの発見者の1人であるクリック（Francis Crick）の考えはもっと極端である．彼は，宇宙のかなたの知性体により生命の種が地球へ移植されたとし，その考えを直接的汎種説（パンスパーミヤ）と称している．

地球の生命の起源すらはっきりわからないので，生命が銀河系や他の世界にも分布しているかどうか判断するのはもっと難しい．生命は条件さえ整えば自然と発生するものだろうか．火星上で有機体を見出せばこの問いに答えられるものと期待されたが，バイキングの軟着陸船は火星生命の存在の徴候を何ら示さなかった．したがってわれわれの知識はまだ推測の域を出ていない．

地球外生命の形態

生命を探し求める時，われわれの知っている形態の生命に限定するのが合理的であろう．われわれの経験によれば，すべての生命は炭素を基礎にしている．炭素は他の原子と結びつく能力をもち，生命体の基礎となる複雑な分子を作り上げることができる．似たような可能性をもつ元素はシリコンである．空想科学小説に登場する多くの生命体はシリコンでできている．

宇宙のかなたでまったく異なった元素種が見つかるという可能性はありそうもない．われわれの知る最も遠い存在，銀河やクェーサーすら，地球で身のまわりに見出される元素と同じ元素で構成されているというのが現在の観測技術の示すはっきりした結論である．自然に存在する最も重い元素（ウラニウム）より重い元素が人工的に合成されているが，それらは生命を構成するには不向きであろう．したがって異種の生命形態が存在する可能性はほとんどなく，もし存在するとなれば現代科学には何か間違いがあることになるだろう．

太陽系の生命

宇宙時代以前には，大多数の天文学者は，ローウェルのいう火星人は存在しないとしても，おそらく火星には，暗く見える海の部分を満たす低級な植物体が存在するだろうと考えていた．北アイルランドで働いていたエストニア人の天文学者エピック（Ernst Öpik）の考えは巧妙なものであった．彼の指摘によれば，火星の大気には塵が浮いており，もし暗く見える領域が塵を排除する能力をもつ何物かでできているのでなければ，惑星全体が単色の黄土の色あいで染まってしまうだろうというのである．現在では暗い部分は盆地ではなく，植物に覆われてもいないことが知られているが，当時としてはエピックの説はひじょうに説得力があったのである．

金星については，多くの人が生命の存在する確率がより高いと考えた．アレニウスは金星は2億2,500万年前の地球の石炭紀に似ていると考え，そこには温暖な湿地帯があって植物がうっそうと茂り，トクサの類が栄えトンボの類の昆虫が飛びまわっているとした．1950年代には，アメリカの指導的天文学者，ホイップル（F. L. Whipple）とメンゼル（D. H. Menzel）が，金星が部分的かあるいは完全に水に覆われている可能性を唱えた．もし，そうであれば，金星の状態は数億年前の地球の状態とあまり違わないことになる．地球と同じように金星の海でも生命の発達が可能であるという説も唱えられた．しかし1965年マリナー2号が，金星は極端に熱く生命には適さない環境であることを示した．

巨大惑星は表面はガス状で内部は主として液体状であり，生命が存在する可能性のありそうもない環境である．しかしセイガン（Carl Sagan）らは，たとえば木星の場合，外側の雲は冷たく，中心部は10,000℃を越えるから，その中間には地球と同じくらいの温度をもつ領域があると論じている．そうすると木星本体内部に生命が発生するだろうか．このような考えは否定はできないものの，あまり可能性はないように思われる．

環境の地球化

太陽系における生命は上に見たように地球に限られているようだ．原始的な生命すら他の場所には存在しそうもない．しかし，過去において生命が存在しその後絶滅したかもしれないという可能性は，まったく別の問題である．太陽の光度が増大する前には，温度も高くなりすぎず，金星にも生命が存在できたかもしれない．火星にもある時好ましい時期があって生命が発生したかもしれないが，そこには十分濃い大気が存在できないので，進化はゆっくりしていたことだろう．

惑星の環境を生命にとって適したものにすることは，できないだろうか．環境の地球化と称されるこのような過程は，今でこそ空想以外の何物でもないが，将来はまったく無理なことではなくなるかもしれない．その場合，金星が最適な候補地となるだろう．生命を支える環境として金星の不利な点は，高温で水がなく，濃硫酸の強い雲があることである．豊富な酸素はあるが，多種の分子中に化合物として結びついている．しかしセイガンによれば，大気に種をまくことにより現在あるありがたくない分子から酸素を遊離させることができるという．この結果，温室効果をくい止め，温度を下げ，金星環境を改変することができるだろう．火星は，たとえ地球型の大気を導入してもそれを保っていられないので，有力候補にはならないだろう．このような環境の地球化が成功しない限り，太陽系の地球以外の場所で生命が存在するためにはまったく人工的な環境が必要となる．

他の太陽の惑星

太陽以外の他の恒星に惑星を探すことは天文学者にとって重大な課題であり，われわれの太陽の構成メンバーの研究の次にくるべき段階であろう．惑星系は全宇宙の中でどのくらい一般的な存在であるのか，また他の惑星系の中の世界に生命体が存在する可能性はどのくらいあるのか．われわれの太陽系では地球にしか生命が存在しないという事実は，他の太陽系に生命が存在しないという証拠にはならない．きっと多くの生命が存在するに違いない．しかし，ごく少数の権威者は地球上の生命は唯一無二のものだと考えている．ある科学者たちは，生命の創造はひじょうに確率の低い現象が続けて起きねばならず，したがってひじょうにまれなことだとしている．もう一方の極にある考え方は，ホイル卿のように，生命の構成物質は宇宙の空間に存在しており，その中を動く彗星のような天体は，十分時間をかければ，生命物質をその進化に適したどのような世界へも輸送することができるとするものである．

地球外生命の存在の決定的な証拠は直接接触することである．現在，唯一可能な方法は無線通信である．早くも1960年には，ウェスト・バージニアにあるグリーン・バンクの電波天文学者達によって，オズマ計画が実行された．ある周波数を選んで太陽に似た2つの近くの恒星，クジラ座 τ 星とエリダヌス座 ε 星からの規則的な信号を検出しようと試みたのである．結果は否定的だったが，実験は試みる価値のあるものだったので，それ以来さらに進んだ計画が実行されてきた．1972年に打上げられ，太陽系を脱出する初めての宇宙探査機となるパイオニア10号には，太陽系を離れるパイオニアの軌道と，地球の生命に関する基本的情報を描いた1枚の額がはめこまれた．

恒星の運動を正確に測定すれば連れの惑星が見つかるだろう．そのまわりをまわる伴星をもつ恒星は，天空を横切って運行する時，ふらつきを見せるであろう．この現象は19世紀中頃，全天で最も明るい星シリウスについて初めて観測された．シリウスよりずっと軽い太陽近傍の恒星で，伴星をもつと考えられるものがいくつか見出されている．かつて惑星をもつことによる大きなふらつきを見せると思われていた5.9光年のところにあるバーナード星については，今では少々疑われておりそのデータには不確かな点が多い．他の惑星系の候補としては，ラランド21185星（8.2光年），エリダヌス座 ε 星（10.8光年），白鳥座61番星（11.0光年），DB＋42°4305星（16.9光年）があげられている．惑星らしき伴星を直接検出するためには，主星のまばゆい光を防ぎ，ずっとかすかな単数もしくは複数の伴星を見ることのできる，きわめて精巧な装置が必要となる．

さて未来はどうなるだろうか．地球が永遠にその存在を保つことはないだろう．50億年後には太陽は進化の赤色巨星段階に入る．地球の海洋は煮えたぎり，大気も惑星からはぎ取られてしまう．現在とその時点までの間の数分の一の期間だけでも，地上の生命が存続するか否か，また人類が太陽系を越えた世界まで探査に乗り出すか否か，こうした問いには想像をたくましくして答える他ない．どちらの考えも，先の見込みは刺激的であるとはいえ，必ずしも勇気を鼓舞するものではないかもしれない．

外部太陽系

天王星

　太陽系の7番目の惑星，天王星は1781年ハーシェルにより，全天の望遠鏡による掃引観測中に発見された．彼はただちに恒星でないことを知ったが，はじめは彗星と考えた．後にこの新しい惑星は天王星 (Uranus) と名づけられたが，この名はギリシャ神話における天の人格神，世界の支配者に由来する．あまりに遠いので研究は困難であったが，高速の自転，低い密度，光学的に厚い大気という特徴から，巨大惑星の1つと分類されている．しかし天王星は（海王星と同様），大気中にほとんど軽元素をもたず，木星や土星と比べメタンの割合がずっと多い．望遠鏡を通してみると，天王星は青みがかった緑色の4秒角ほどの直径をもつ円板として見える．地球大気の上層まで達する気球上の最も大きな光学装置をもってしても表面の特徴は観測できていない．

　太陽から天王星までの距離は遠日点の30億400万kmから近日点27億3,500万kmまで変わり，太陽のまわりを1周するのに84.01年を要する．いちばん最近の遠日点通過は1925年であり，次は2009年である．いちばん最近の近日点通過は1966年であり，次は2050年である．1966年には天王星は最も近い時で地球から25億8,600kmの距離にあった．

　天王星からの太陽は地球から見た月の1,000倍から1,300倍明るい．天王星は最も条件のよいときは十分明るいが，海王星は衝にあるときにやっと肉眼で見えるにすぎない．

　天王星の自転軸の傾きは太陽系の中で独特のものである．自転軸は98°傾いており，あまりそうはいわれないが，数字の上では逆行回転していることになる．この軸はだいたい公転面内にあるため，1公転に2回，軸は太陽方向と直交する．この時期の中間には極地方の一方が太陽にその面を向ける．天王星の南北半球間には熱交換はほとんど起きないと思われており，太陽に向いた極は周辺より20%ほど多く加熱される．実際，極の受けとる熱は赤道より多く，極は天王星中最も暖かい場所になっている．

　表面に目につく特徴がないので天王星の自転周期を測ることは難しい．惑星の自転につれて異なった明るさの領域が可視円板上を通り過ぎていくことによる明るさの変動があるか否かについて観測結果は一致していない．現在の自転周期の決定は円板の両側でのスペクトル線のドップラー効果の差に基づいているが，不確実性がないわけではない．過去数年の研究からは自転周期23.9時間とされている．

天王星の構造

　天王星の赤道直径は51,800kmであり，海王星より5%弱大きい．しかし天王星の方が15%ほど軽く，木星質量の5%しかない．そして，天王星の密度は，1.2g/cm³である．しかし，巨大外惑星として天王星と海王星はいずれも木星・土星よりは高い密度をもち，組成上の違いを示唆している．木星と土星はほとんど水素とヘリウムからできているのに対

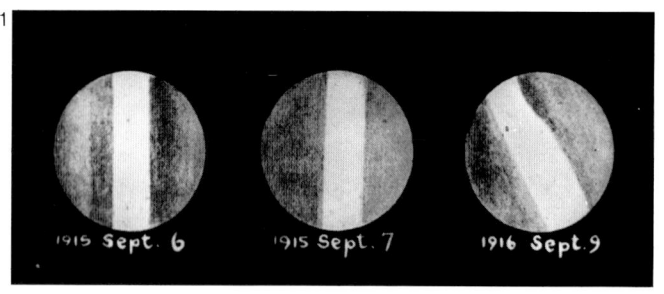

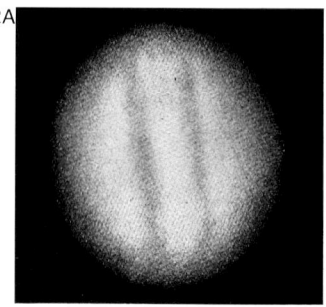

図1 ウォーターフォード (R.L. Waterford) のスケッチ

　フォア・マーク天文台の25cmクック屈折望遠鏡による観測から，ウォーターフォードはこの惑星の何枚かのスケッチを残した．最初の2枚は1915年9月に描かれ，3枚目は1年後に描かれた．木星や土星に見られたのと似た，かすかな帯状構造が見られる．帯の形は惑星の特異な軸の傾きを反映している．

図2 アントニアディ (E.M. Antoniadi) のスケッチ

　1924年，アントニアディはパリ郊外のムードン天文台の84cm屈折望遠鏡で天王星を観測した．彼もかすかな表面の模様を認め，それを記録した (A)．雑誌 L'Astronomie に掲載されたスケッチは，極に正対した図 (B) と赤道に正対した図 (C) の両方を含む．もし模様があったとしても，そのコントラストは5%以下である．

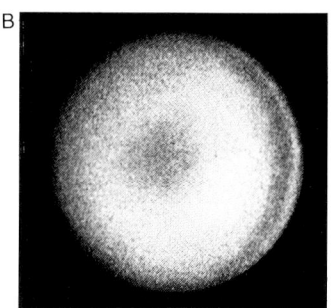
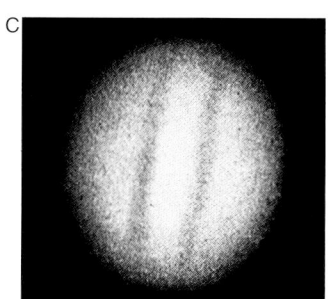

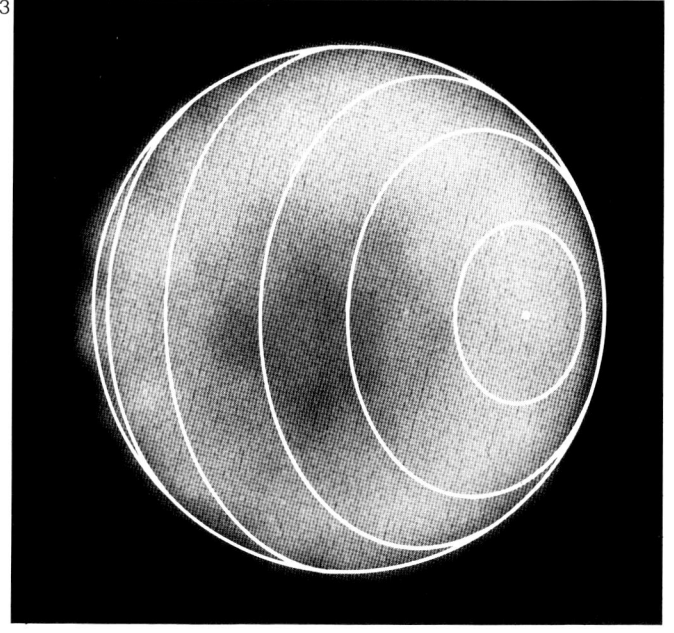

図3 現在の写真観測

　天王星の地上からの写真像や，青色写真像には，何の表面の特徴も見られない．気球からの可視光による像も何らの表面の模様も示さない．1976年にとられたこのメタン・バンドの像は明るさが一様でないことを示している．この図は北極域を示す．周辺部が明るいのは，おそらくメタンの氷の結晶から成る高い高度のもやによるものであろう．

し，天王星と海王星はたぶんより重い元素，すなわち，酸素，窒素，炭素，シリコン，鉄などからできている．天王星は三重の内部構造をもつと考えられている．すなわち，最も内側は重元素（主にシリコンと鉄）からなる岩石質の中心核，次に水とメタン，アンモニアから成るマントル，そしていちばん外には水素とヘリウムからなる低密度の地殻があると考えられている．これらの層の正確な割合は知られていない．天王星の中心核はおそらく流体化していて，対流運動を起こしているだろう．この結果，磁場の励起が考えられるが，まだ測られてはいない．

内部の熱源に関しては天王星は特異性をもっている．木星や土星はともに，初期の重力収縮から貯えられた熱と，重い物質と軽い物質の重力的分離に伴う熱という熱源をもつ．このことから，これらの巨大惑星は，形成初期には高温でより明るく光っていたといえる．そして，内部における対流と熱伝導の結果，冷却が起こった．海王星は木星・土星と同じように余分な熱を放出しているようである．これに対し天王星の場合，唯一の熱源は吸収された太陽光のみであるようで，有効温度は $57°K$ にすぎない．

他の巨大外惑星と同様，天王星には固体表面というものはない．内部構造のモデルのほとんどは，水，メタン，アンモニアの氷でできたマントルを想定している．この上に水素とヘリウムが重力により圧縮されて乗っかり，地殻と呼ばれるべきものを形成する．この領域は徐々に大気へと移行するであろう．天王星の上に模様が見えるとすれば，それは大気中に浮かぶメタンの雲によるものであろう．

天王星の大気

巨大外惑星の大気は還元的な（水素の豊富な）大気であることが特徴で，地球型惑星の酸化的な（酸素の豊富な）大気と対比される．天王星のスペクトルは，赤色や近赤外領域では，水素と強いメタンの吸収線で特徴づけられる．赤の波長域のメタンによる吸収が，惑星が青みがかった緑に見える最大の原因である．他の大気成分についての情報はひじょうに乏しい．アンモニアは可視光域では見つかっておらず，マイクロ波領域では，予想されたよりも少ない量を示している．このことは低層大気でアンモニア硫化物が形成されているためかもしれない．硫黄は硫化水素から形成されたと思われるが，直接の測定はない．

大気組成については天王星と海王星は似ているが，構造は異なっている．天王星の大気は低温で，かなりの深さまで透明である．コールド・トラップを作り出す成層圏における温度逆転は弱い．これは，自転軸が傾斜しているため，各半球が天王星の1年間のかなりの期間太陽による加熱を受けないためであろう．天王星の大気にはもやはまれで，観測にかかる雲もほとんどない．

雲がないために，大気の層構造に関する直接の手がかりはない．しかし，対流圏上層ではメタンの液滴が形成されている可能性がある．アンモニアや硫化アンモニウムは大気のより深い所で形成されるであろう．雲の帯についての観測や，暗い極域と明るい領域を分ける赤道域の2つの薄い帯状領域の観測について報告はされているが，存在自体についてもいまだ決定的証拠になっているとはいいがたい．

天王星は内部に熱源をもたないので，大気の循環は太陽による加熱が一様でないことにより起きる．天王星のあたりでは太陽放射は比較的弱いので，大気内で大きなスケールの運動が起こるとは考えられない．小規模な大気の運動についても証拠はない．

図4 大きさの比較
天王星と海王星は似たような大きさであり，地球の4倍ほど大きい．

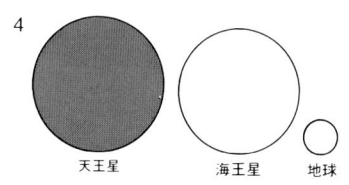

図5 天王星の見え方の変化
この図では，1公転周期（84地球年）の間の天王星の見え方の変化を示す．他の惑星は自転軸をほぼ公転面に垂直にして自転しているが，天王星の自転軸はほぼ公転面内にあるため，時には地球に直接極を向ける．その21年後，赤道域がわれわれの視野を横切り，さらに21年後にはもう一方の極が見られる．このような傾斜は特異な季節変化を作り出す．

図6 天王星の内部構造
天王星は，金属とシリケイトから成る岩石質の中心核と，メタン，アンモニア，水から成る氷状のマントルをもつと思われている．水素とヘリウムは地殻を作り，徐々に大気層となる．

天王星の物理的データ	
赤道直径	51,800 km
離心率	0.024 ?
質量	8.6978×10^{25} kg
体積（地球を1として）	64
密度（水を1として）	1.25
表面重力（地球を1として）	0.93
脱出速度	21.1 km·s^{-1}
赤道自転周期	24±3 時間
自転軸の傾き	97.86°
表面反射率	0.34～0.5

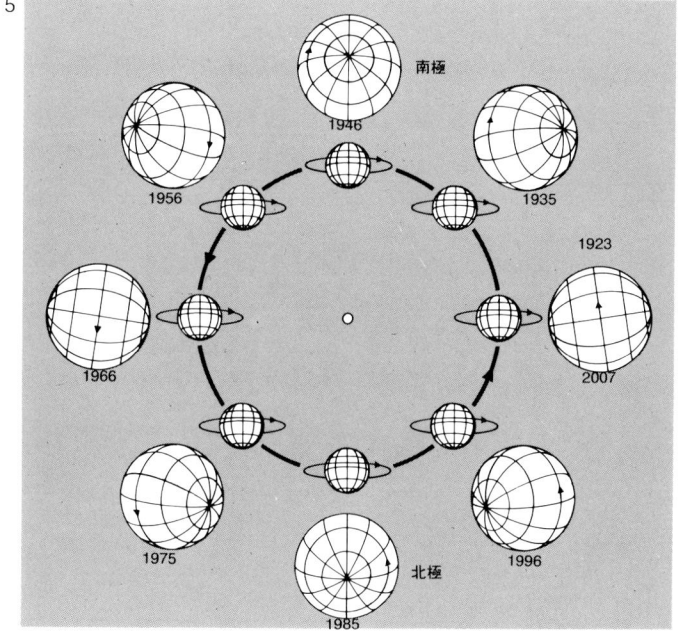

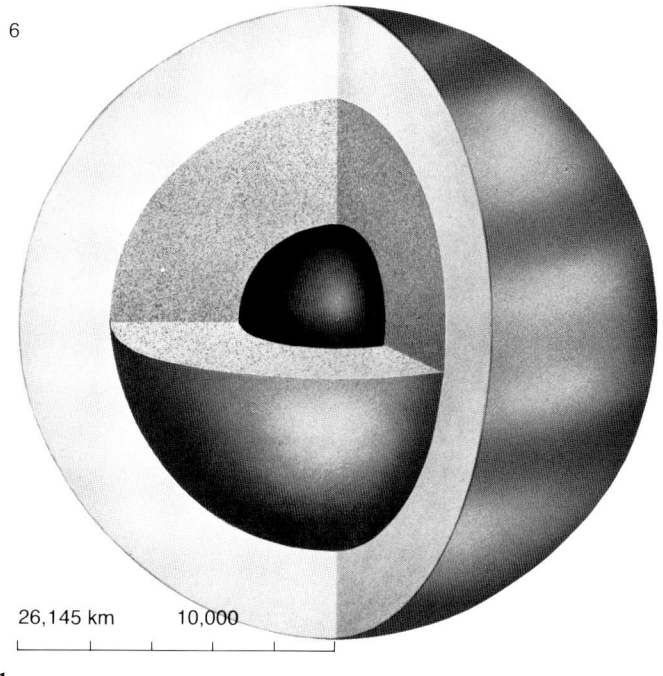

天王星の環

環をもつことがわかった3番目の惑星が天王星である．環は，1977年に天王星による恒星 SAO 158687 の掩蔽を観測していた科学者により発見され，ひじょうな驚きをもって迎えられた．掩蔽の予期された35分前にこの恒星は惑星の近くにある何らかの物体により隠されたように5回もまたたいたのである．掩蔽のあと，再びまたたきが起こり，最初のまたたきと対称性をもつことがわかった．こうして天王星のまわりに環の系があることが明らかになった．

掩蔽は全部で9つの環があることを示した．この環は惑星半径で1.6から1.96倍の範囲にあり，天王星から近い順に 6, 5, 4, α, β, η, γ, δ, ε と名づけられた．環は25万kmの円周をもつが，幅は広くはない．ほとんどが10km以下の幅であり，最外部の環 ε のみが幅100kmである．少なくとも6つの環は真円ではなく，0.001から0.01の離心率をもっている．また幅は一定ではない．ε 環の幅は20kmから100kmの間で変化しており，天王星からの距離も800kmほど変化している．

こうした楕円形のふくらみは，天王星が偏平であるために天王星のまわりを歳差運動する．しかし，ふくらみの各部分が天王星から異なった距離にあり，したがって異なった速度で回転する結果，ならされて円状になるはずである．しかし，実際にはこのようにはなっておらず，環の離心率は保存されている．このことが衛星による力学効果なのかどうかについてはいまだ結論が出されていない．

環の特徴

土星の環と同様，天王星の環も空隙をもっている．環の境界は鋭く明瞭で，まだ同定されていない衛星による力学的効果の存在を示唆する．こうした衛星の直径は10km程度で，地球からは直接には観測できないと思われる．環と空隙の分布は大きな衛星，アリエル(Ariel)，タイタニア(Titania)，オベロン(Oberon)による重力の効果かもしれない．

天王星の環は，土星の環と違って，ずっと反射が弱い．土星の環は氷で覆われており明るく光を反射するが，天王星の環は炭素の塵で覆われているようであり，入射する光の数%しか反射しない．したがって，他の太陽系の小天体のようには，水やアンモニア，メタンの霜で覆われていることはないのであろう．

恒星が完全には掩蔽されなかった事実は環を構成する粒子の直径が5kmを越えないことを示す．ε 環についてさらにおもしろい特徴は，密度が環の中心へ向けて減少を示すという点である．こうした質量の半径方向の非一様分布は，環の幅と離心率が変わるにもかかわらず，環のどの場所でも見られる．

天王星の環を作る物質の反射率が低いこと，天王星のごく近傍にあること，またその幅の狭いことは，環の観測を困難にしている．天王星がずっと遠くにあることを考えに入れても，天王星の環は土星の環ほどには壮麗なものではないのであろう．

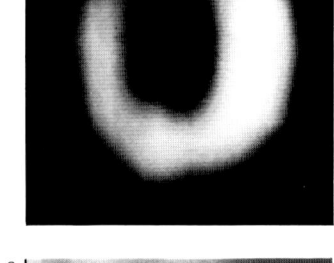

図1 環の最初の写真

天王星の環の最初の写真はニコルソン(Nicholson)らにより1978年に得られた．パロマー山天文台の508cm望遠鏡を用いて，彼らは天王星を2つの赤外波長で掃引観測した．一方の像は惑星本体が環より暗く，もう一方の像ではより明るく写っていた．その結果，惑星の像をキャンセルして環のみを浮き立たせることができた．環は散乱光のため実際より広く写っている．

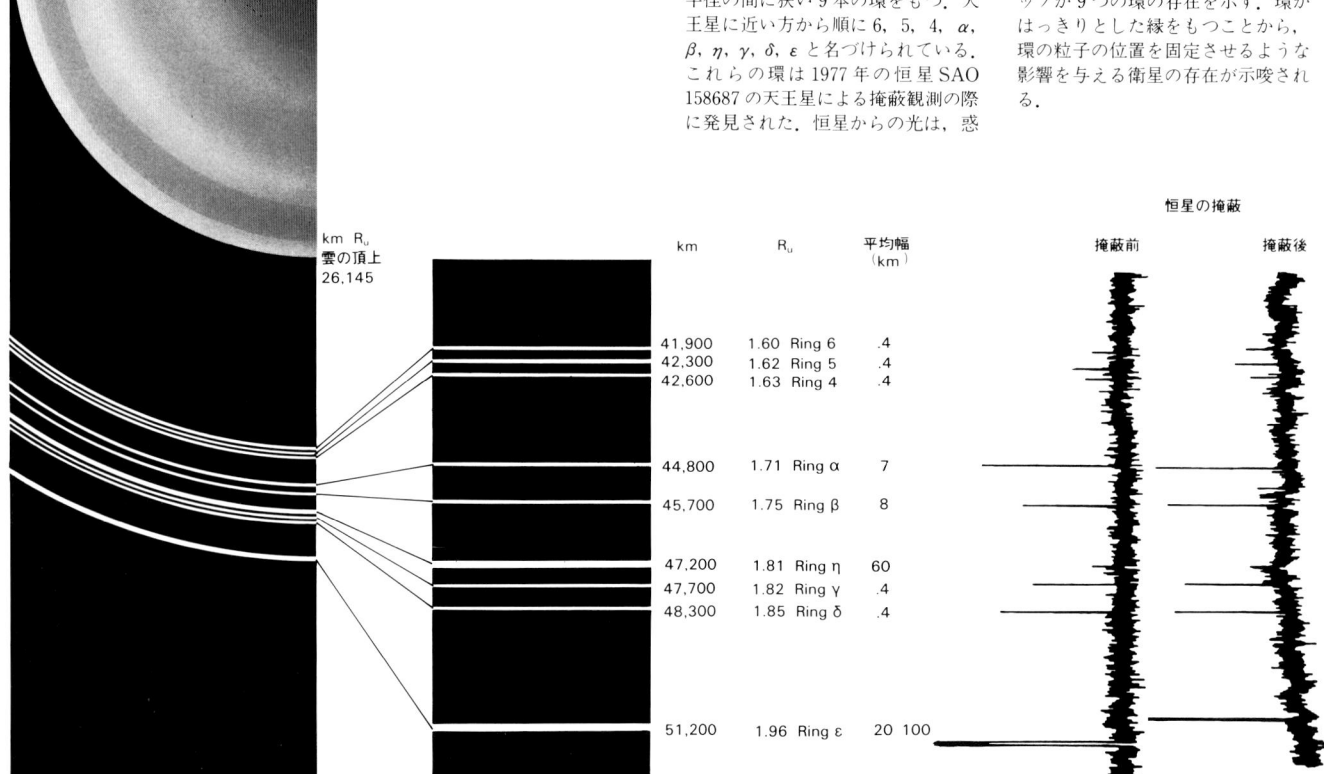

図2 環系の構造

天王星は1.6から1.96倍の惑星半径の間に狭い9本の環をもつ．天王星に近い方から順に 6, 5, 4, α, β, η, γ, δ, ε と名づけられている．これらの環は1977年の恒星 SAO 158687 の天王星による掩蔽観測の際に発見された．恒星からの光は，惑星本体による掩蔽の前後にわたって記録された．記録上に見られるディップが9つの環の存在を示す．環がはっきりとした縁をもつことから，環の粒子の位置を固定させるような影響を与える衛星の存在が示唆される．

図3 環の外観

環は天王星の赤道面にある。惑星の自転軸が傾いているため、地球上の観測者は環の全貌を見ることができる。実際、1977年にこのような位置にあった環が発見されたのである。ただし、実際の環はここで描かれているより暗く、狭い。

図4 環の比較

3つの既知の惑星の環を比較してみよう。中央の図はそれぞれの惑星の半径を単位にして、環を灰色に、近傍の衛星軌道を白線で、ロッシュ限界を破線（惑星と同じ密度の物質に対して）と点線（水と同じ密度をもつ物質に対して）で描いてある。木星と土星の環の縁は摂動を与える衛星によって作られており、天王星の場合も同様であろう。

天王星の衛星

天王星とその衛星は土星の衛星系に似ている．5つの衛星，天王星の近くから順にミランダ(Miranda)，アリエル，ウンブリエル(Umbriel)，タイタニア，オベロンは円軌道上にあり，だいたい，天王星の赤道面上にある．もちろん赤道面は98°傾いている．天王星の赤道面の傾斜を何が作ったにせよ，天王星と衛星軌道を同時に傾けたか，あるいは，自転から衛星系が作られる前に天王星を傾けたかのいずれかであろう．惑星大の大きさをもつ微惑星との衝突により天王星の自転軸の傾きが生じ，それと同時に衛星系も形成されたとする考えもある．

衛星の発見

最も明るい2つの衛星，タイタニアとオベロンがまず初めにハーシェルにより1787年に発見された．ハーシェルは1802年にはウンブリエルの存在にも気づいていた．1851年にイギリスのアマチュア天文家ラッセル(William Lassell)はウンブリエルを再発見するとともにアリエルを発見した．しかし，ミランダの発見は1世紀後の1948年，マクドナルド天文台のカイパー(Gerard P. Kuiper)の観測を待たねばならなかった．ミランダはずっと小さく，また天王星に最も近い衛星である．

最初の発見から2年後ハーシェルはさらに4つの衛星を発見したと報じたが，以後確認されず，存在は否定されている．それらが，その時見つかっていなかったアリエルとウンブリエルであったとはいえない．衛星探索は1894，1897，1899年にピカリング(William Pickering)によっても行われたが，不成功に終わった．他にも小さな衛星が天王星のまわりの軌道にある可能性は十分にある．

大きさと組成

5つの既知の衛星についての物理量データはほとんどない．それらの直径の数値はきわめて不確かである．あまりに遠くにあり，またあまりに小さいので，直接に測ることはできず，これらの数値は観測された明るさと仮定したアルベドから計算されたものである．もし衛星が氷に覆われているなら直径はきわめて小さくなり，もし表面が暗いなら直径は大きくなる．表に示した数字はいくつかの資料の平均値である．

また衛星の質量を直接決めることも不可能である．実際に行われているのは，衛星の軌道の観測に基づいて，ある衛星の対について質量の積を計算することである．これらの数値を考慮し，またアルベドを仮定して得られた直径ともっともらしい密度の値から，天王星の衛星は小さすぎて，形成以来熔けたことがないと結論されている．もしこれらの衛星が石質隕石に似た組成をもちシリケイト，水，他の凍結成分から成るなら，衛星の中心部の温度が熔融が開始するほど高くなることはありそうにない．すべての衛星について脱出速度はきわめて低いので，大気をもつこともできないだろう．

3つの明るい衛星，タイタニア，オベロン，アリエルは皆，そのスペクトルに強い氷の吸収線をもつ．したがって，それらの衛星は氷か霜で覆われており，高いアルベドをもっているらしい．彗星は別として，これら衛星が太陽系の中で水が見つかった太陽から最も遠く離れた所である．ウンブリエルのスペクトルでは氷の吸収帯はずっと弱く，またこの衛星はずっとかすかにしか見えない．この衛星は岩石質の表面をもち，もし氷に覆われているとしても部分的なものであろう．ミランダではいまだこのような研究がなされていない．ボイジャー2号が天王星に接近する時にはミランダの軌道のすぐ内側の距離48,000kmほどの所を通り過ぎることになっている．このフライバイはボイジャー計画の中で，相手の天体に最も接近するものの1つになるだろう．

ボイジャーの発見することがらは天王星の衛星に関するわれわれのいまだ乏しい知識に多くを加えることになると期待される．タイタニアと同一軌道上にある別の衛星の存在が示唆されているし，また多くの衛星が新たに見出されるかもしれない．より詳細にわたって天王星と土星の衛星系の比較，とくに両者の環についての比較をすることが可能となるであろう．

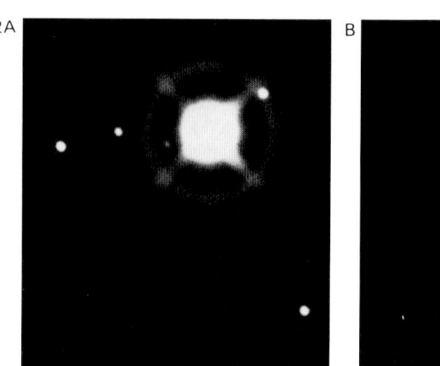

図1 軌道

天王星は5個の衛星をもっており，それらすべては1972年に撮られた写真上に見出される(A)．衛星の同定はB図を参照されたい．それらの衛星は同一平面(天王星の赤道面)上にある．天王星の自転軸が傾いていることから，これらの衛星の公転は逆行となる．詳しいことはよくわかっていないが，これらの衛星は地球の月と同様，同一の表面を天王星に向けていると考えられている．天王星の衛星は皆，地球の月よりも小さい．この写真での天王星の像は大気のもやによりボケている．

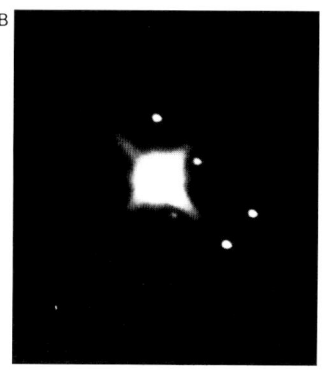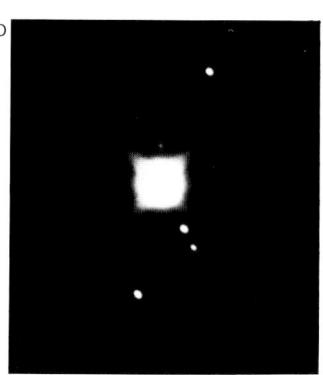

図2 衛星の配位

マクドナルド天文台の208cm屈折望遠鏡による一連の写真(A，1948年；BとC，1960年；D，1961年)が，天王星とその衛星のさまざまの空間配位をとらえている．

図3 ボイジャー2号の接近

ボイジャー2号が1986年に天王星とその衛星に到達する時，天王星は北半球を太陽に向けている．左の図はボイジャーのフライバイの軌道を含む面に対して垂直な視線方向から見たところを示し，影をつけた部分は地球と太陽が天王星により隠される部分である．右図は地球から見たフライバイの様子で，この図には環の最外側と最内側のみ示してある．右下は，探査機から12時間ごとに見える天王星の様子が描かれている．ボイジャー2号はその最接近時には天王星の雲の上端から8万kmのところを通過することになっている．

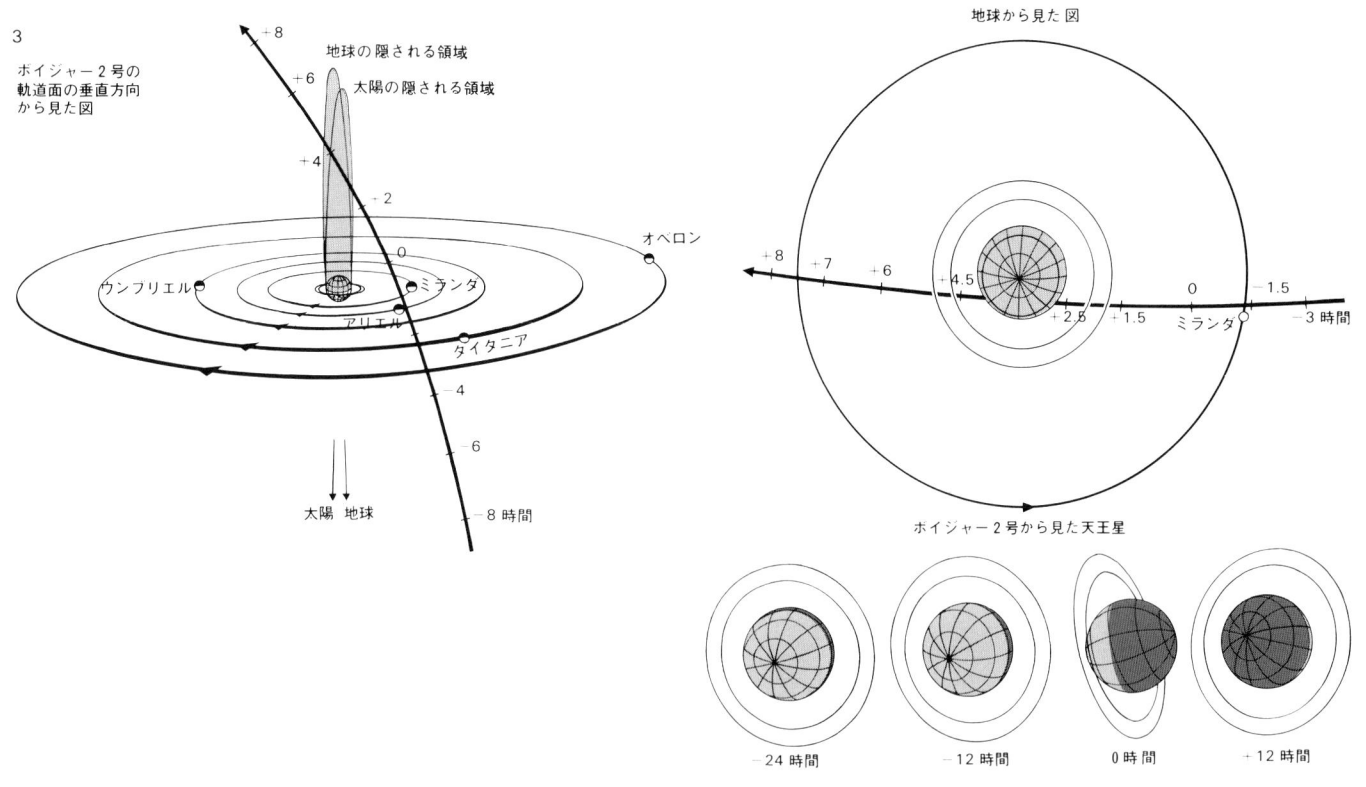

天王星の衛星

番号	名称	発見者	発見の年	天王星からの平均距離 (km)	直径 (km)	等級	軌道傾斜角 (°)	軌道離心率	対恒星公転周期 (日)	平均会合周期 (日 時 分 秒)
V	ミランダ	カイパー	1948	130,500	350	16.5	0.0	0.000	1.4154	1 9 55 31
I	アリエル	ラッセル	1851	191,800	1,050	14.4	0.0	0.003	2.5204	2 12 29 39
II	ウンブリエル	ラッセル	1851	267,200	800	15.3	0.0	0.004	4.1442	4 3 28 25.8
III	タイタニア	ハーシェル	1787	438,000	1,300	14.0	0.0	0.002	8.7059	8 17 0 1.2
VI	タイタニア同一軌道上衛星			≈438,000						
IV	オベロン	ハーシェル	1787	586,300	1,150	14.2	0.0	0.001	13.463	13 11 15 36.5

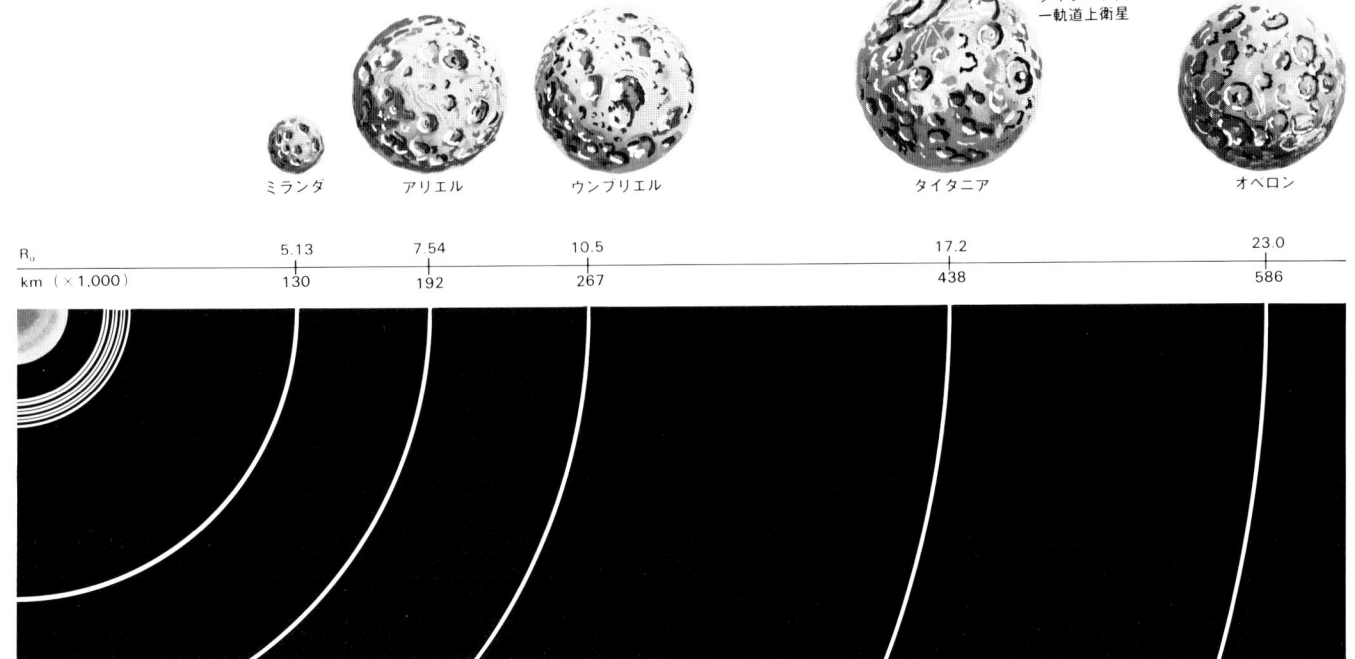

海王星

太陽系の8番目の惑星,海王星は,まず数学上の計算により見出された.1845年英国のアダムス (John Couch Adams) は他の惑星の軌道が受ける摂動に基づき新しい惑星の位置を予測した.しかし彼の成果はほとんど注目されず,探索はだいぶ遅れてしまった.一方,フランスのルヴェリエ (Urbain Le Verrier) も同じ計算をし,こちらは熱心に受けいれられた.そして1846年,ベルリンのガレ (Johann Galle) とダレスト (Heinrich D'Arrest) により新しい惑星が発見された.現在では,アダムスとルヴェリエの両者に海王星発見の功を認めている.

海王星はあまりにも遠くにあるので,詳しいことはほとんど観測できず,大きさや特徴には不明確な点が多い.天王星と同様,海王星は巨大外惑星として分類されるが,大気の量は少ない.また天王星と同様に,木星や土星と比べより重い元素により構成されている.太陽との距離は遠日点で45億3,700万km,近日点で44億5,600万kmであり,太陽のまわりを1周するのに164.8年を要する.

海王星と天王星は双子のようによく似た惑星だが,海王星の方がやや小さく,赤道直径は49,500kmであり,天王星のように自転軸が傾いてはいない.海王星は天王星より重いが,木星の質量の6%になるにすぎない.密度は$1.77 g/cm^3$と低いが,木星や土星よりは大きく,酸素,窒素,シリコン,鉄などから成ることを示唆する.表面の詳細な観測がないので,自転周期の計算は難しい.リック天文台のムーア (J. H. Moore) とメンゼル (D. H. Menzel) は15.8時間と計算したが,他の天文学者は22時間以上はあるものと考えている.

天王星と同様,海王星もまた望遠鏡では青みがかった緑の円板として見える.水素が,今までに検出できた唯一の分子である.スライファー (Vesto Slipher) は海王星のスペクトルは天王星とそっくりだが,吸収線がさらに強いことを示した.メタンの存在も示唆されている.海王星は天王星より太陽からずっと遠いにもかかわらず,同じ有効温度 (57°K) をもつ.なぜ海王星は余分な熱を出し,天王星は出さないかという疑問は,この双子のような惑星にかかわる謎の1つで,いまだ解かれていない.海王星の内部構造モデルでは中心の密度と圧力は天王星より高い.

図1 海王星の像
アリゾナ大学のカタリーナ天文台で1979年に撮られた海王星の写真を示す.この時には,メタンの吸収帯に中心をもつ何枚かのフィルターを通して観測された.像の南側は全般的に明るく見え,中緯度には軸対称的でない明るい特徴が見えている.これらは惑星の自転につれ東向きに動くことがわかった.惑星の円板の形は画像処理の段階で歪められている.

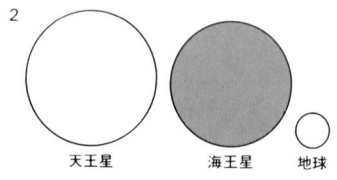

図2 大きさの比較
海王星は天王星よりやや小さいが,地球よりは4倍大きい.すべての外惑星の大きさの数値はボイジャー2号からのデータによって改訂されるだろう.

海王星の物理的データ	
赤道直径	49,500 km
離心率	0.0266
質量	$1.028×10^{26}$ kg
体積(地球を1として)	54
密度(水を1として)	1.77
表面重力(地球を1として)	1.22
脱出速度	$24.6 km·s^{-1}$
赤道自転周期	15.8時間
自転軸の傾き	29.56°
表面反射率	0.34〜0.5

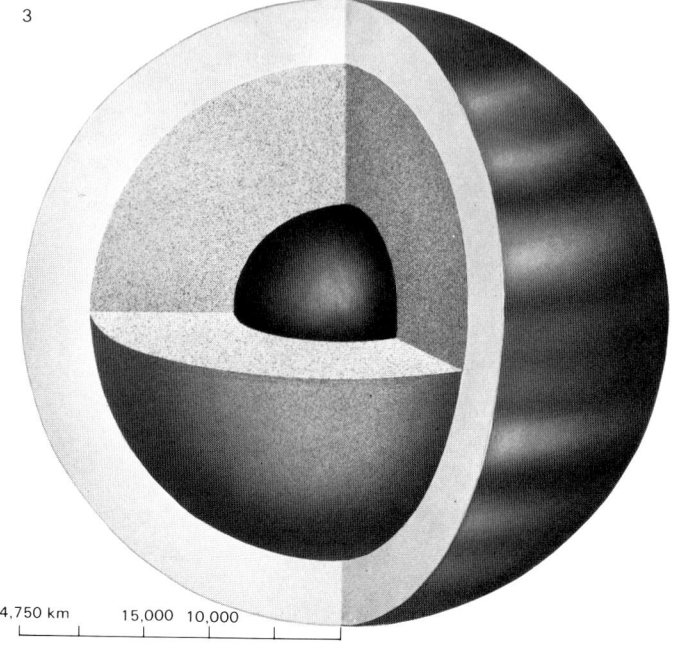

図3 海王星の内部
天王星と同様,海王星の内部にも金属とシリケイトから成る,ほとんど固体状であるはずの岩石質の中心核があると思われている.そしてその外には,メタン,水,アンモニアの氷から成るマントルと,水素とヘリウムでできた地殻があるだろう.海王星から放射される熱量から,マントル内での対流の存在が推定されている.もし対流があれば,海王星は中心核の外で作られた磁場をもつ唯一の惑星ということになるかもしれない.

海王星の大気

　大気の構成元素と温度という点で，海王星と天王星はたいへん似かよっている．しかし，温度の垂直方向変化や雲の存在といった大気の構造では，2つの惑星はずいぶん異なっている．海王星の大気は成分不明のエアロゾル粒子のもやもしくは氷の結晶を含んでいるようである．このもやは，太陽光を吸収して上層大気を暖めるのに寄与しているだろう．そのため海王星は天王星よりずっとはっきりした温度逆転層をもっている．このもやは数日から1週間のスケールで失われ，また再生されていることがわかっている．この変動は太陽活動と関連しているともいわれている．天王星と同様アンモニアの雲があるだろうが，海王星ではずっと大気の奥深く，圧力のより高い所にあるだろう．また海王星大気の上部には薄いアルゴンの雲があるらしい．

海王星の衛星

　衛星についていえば，海王星と天王星は大いに異なっている．これは海王星には逆行軌道にある大衛星トリトン（Triton）があるからである．この軌道は崩壊しつつあり，母惑星に近づくにつれやがてトリトンは砕かれてしまうであろう．トリトンは大気をもてるほど大きく，その歴史の初期の頃に内部で熔融と分化が起きたと考えられるが，それらを確認する証拠はほとんどない．最近のスペクトル観測で，表面は岩石質であり，氷質ではないことが示された．またトリトンはおそらくメタンより成る薄い大気をもっていると考えられている．

　ネレイド（Nereid）は太陽系で知られている衛星の中で最も離心率の高い軌道をもつ．その性質はまったくわかっていない．氷質であるかもしれないし，そうでないかもしれない．海王星の衛星系はまったく異例なものである．そして1981年にアリゾナ大学で行われた観測から，第3の衛星の存在が考えられている．その観測では恒星の掩蔽が同時に2個所でみられた．結果は直径100 km以下の天体の存在を示唆するが，さらに詳しい証拠が必要である．

　海王星が木星，土星，天王星と同様に環をもつこともありうることである．特異な軌道上にあるトリトンの存在は環の存在を不安定にするかも知れないが，ペンシルバニアのヴィラノーヴァ大学のガイナン（E. Guinan）は恒星の掩蔽観測に基づき，海王星はその半径の1.2から1.3倍のところに環をもつとの示唆を得ている．いずれにせよ，この遠くの惑星についてはさらに研究が必要である．

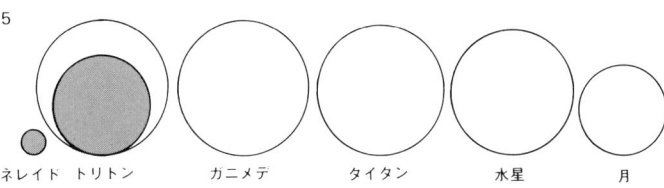

図5　衛星の大きさ
　トリトンの直径は不確かではあるが，最大にみつもれば水星（4,878 km）より大きく，木星の衛星ガニメデ（5,276 km）や土星の衛星タイタン（5,140 km）とも比肩できるものである．ネレイドや地球の月（直径3,476 km）はそれらに比べると小さい．

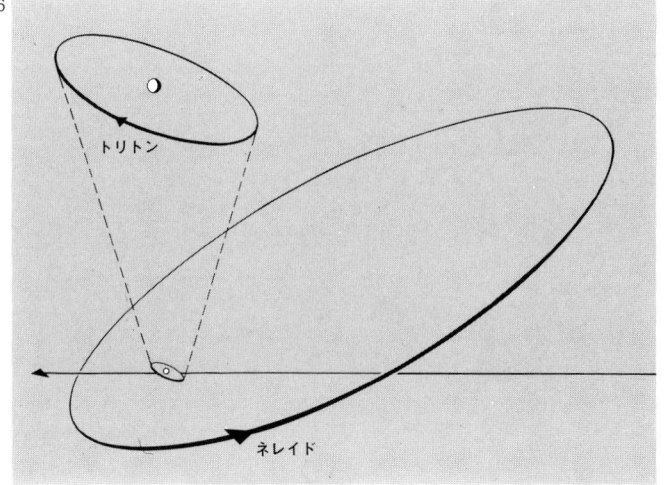

図4　海王星の衛星
　海王星は2つの衛星，トリトンとネレイドをもつ．トリトンはラッセル（William Lassell）によって，海王星自身の発見のわずか2週間後に見つけられた．その質量は海王星の1/750くらいであり，直径は6,000から7,000 kmの間にあり，標準的な衛星よりは大きい．ネレイドは1949年にカイパー（G. P. Kuiper）により初めて観測された．この衛星はひじょうにかすかにしか見えず，直径は500 kmとみつもられている．

図6　衛星軌道
　トリトンは，海王星のまわりの距離353,000 kmのところの，ほぼ完全な円軌道上にある．大衛星の中で逆行軌道をもつのは，この衛星だけである．公転周期は5.9日である．ネレイドは，太陽のまわりの彗星のような，ずいぶん変わった軌道をもつ．離心率は0.749で，海王星との距離は140,000 kmから9,500,000 kmまで変わる．周期も359.9日とひじょうに長い．

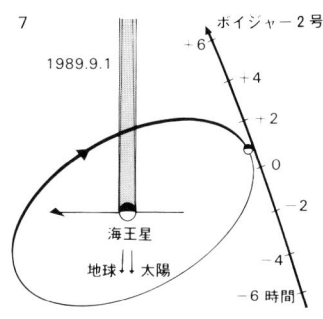

図7　1989年のボイジャー2号の大接近
　この図は，ボイジャー2号が海王星とその衛星に遭遇する際の2時間ごとの位置を示す．

海王星の衛星		
	トリトン	ネレイド
発見者	ラッセル	カイパー
発見された年	1846	1949
海王星からの平均距離	353,000 km	5,560,000 km
対恒星平均周期	5.877 日	359.881 日
平均会合周期	5日21時間3分29.8秒	562日1時間
軌道離心率	0.000	0.749
軌道傾斜角	159.9°	27.2°
直径	6,000 km？	500 km？
質量（地球を1として）	750	？
平均密度（水を1として）	5	？
脱出速度	4.9 km·s^{-1}	0.3 km·s^{-1}
地球からの等級	13.5	19

冥　王　星

1846年の海王星の発見をもって，再び太陽系の完全な知識が得られたとみなされた．しかし，外惑星の動きにはまだわずかに説明できない摂動が残り，海王星の外に惑星のある可能性も否定できなかった．

新惑星のあり得べき位置はローウェル (Percival Lowell) によりまず計算された．アダムスやルヴェリエらと違い，ローウェルは探索を実行しうる地位にあり，探索観測はフラグスタッフのローウェル天文台で行われた．結果は否定的であり，ローウェルが没した1916年まで彼の惑星Xは発見されないままであった．ひきつづく探索はウィルソン山天文台のヒューマソン (Milton Humason) によりピカリングの計算に基づいて行われたが，結果は思わしくなく，その後しばらく探索は放棄された．

1929年，スライファーの指揮によりローウェル天文台の天文学者達がこの問題に復帰した．天文台は新しい33 cm屈折望遠鏡を備え，若いアマチュア天文学者のトムボー (Clyde Tombaugh) が探索の任にあたった．1930年1月，トムボーは双子座の星野写真を撮り続け，翌月それらを注意深く調べた結果新しい惑星を発見した．トムボーは同じ空の領域を適当な時間を置いた2晩に撮影し，その写真を比較するという方法を用いた．比較には切りかえ顕微鏡とか切りかえ比較計として知られる便利な装置を用いた．恒星は同じ相対位置にあるが惑星は位置を変えるので，その動きが見つかるはずである．

選ばれた星野は双子座δ星の近くで，新しい惑星の像は，薄いがきわめてはっきりしていた．軌道が計算され，太陽からの距離は海王星より遠いことがわかった．その惑星は冥界と暗黒の神にちなんで冥王星 (Pluto) と名づけられた．現在，太陽系に知られる最遠の惑星としてふさわしい名であろう．

軌道と特徴

発見後間もなく，いくつかの尋常でない事実が明らかにされた．まず，冥王星は巨大惑星ではなく，地球より大きくはないに違いない．したがって天王星や海王星のような巨大惑星に，測定にかかるような影響を及ぼすことはありえない．第2に，冥王星の軌道は妙なものである．その離心率は0.248で，他のどんな惑星より大きく，近日点の近くでは海王星より近くにくる．もっとも，軌道傾斜角が大きい (17°) ので衝突の危険はない．冥王星と太陽の平均距離は59億kmだが，遠日点では73億7,500万km，近日点では44億2,500万kmと変わる．次の近日点通過は1989年に起こる．1979年から1999年の間，冥王星は最外惑星のタイトルを失うことになる．公転周期は248年である．

角直径が小さいので，冥王星の大きさを測るのはひじょうに難しい．長年の間，冥王星のほんとうの状態は謎のままであった．冥王星の質量を決定することも同様にたいへん難しい．

カロンの発見

冥王星の直径を測る方法は恒星の掩蔽を観測することである．王立グリニッジ天文台のテイラー (Gordon Taylor) により始められたこの方法は，小惑星ではよい結果をもたらした．しかし，冥王星はあまりにも小さく，また動きもゆっくりしているため，掩蔽はひじょうにまれである．フラグスタッフの合衆国海軍天文台で長年にわたって撮影された写真乾板を注意深く調べていて，クリスティ (James Christy) は像が対称でないことに気づいた．それは細長い形状に見え，クリスティは近接した比較的大きな衛星の存在を考えた．しばらくの間，その衛星がカロン (Charon) と名づけられてから後も，冥王星に連れが存在すること自体疑

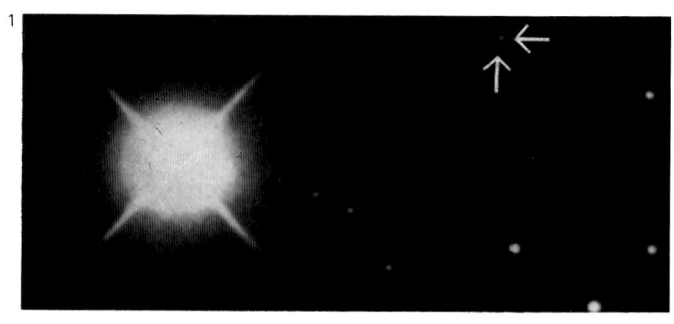

図1 冥王星の発見
　トムボーは1930年3月2日と5日の間に矢印で示された光点が動いたことに気づいた．露出過多の像は3等星の双子座δ星である．冥王星はこのようにして発見された．現在は14等級である．

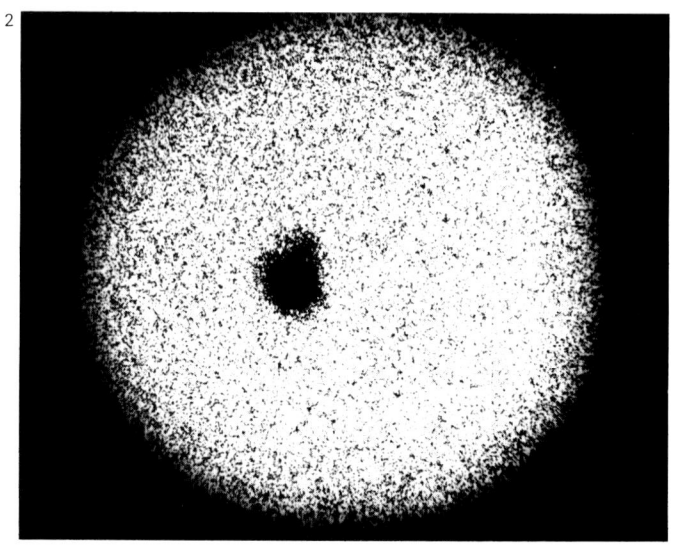

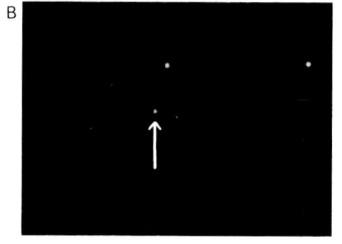

図2 衛星の確認
　1978年7月2日に合衆国海軍天文台でダーン (Conrad C. Dahn) により得られた写真により，冥王星の衛星カロンの存在が確認された．像の上方に向かってつき出た部分がカロンの像であり，その存在は以前に撮られた像から推定されていたのであった．

図3 惑星の運動
　24時間をおいて撮られた2枚の写真から冥王星の動きがわかる．

物理的データ

	冥王星	カロン
発見者	トムボー	クリスティ
発見された年	1930	1978
直径	2,400 km	800 km
離心率	?	?
質量	6.6×10^{23} kg	?
体積（地球を1として）	0.01	?
密度（水を1として）	4.7	?
表面重力（地球を1として）	0.20	?
脱出速度	7.7 km·s^{-1}	?
赤道自転周期	6.3日	6.3日
自転軸の傾き	≥50°?	?
表面反射率	0.5	0.5

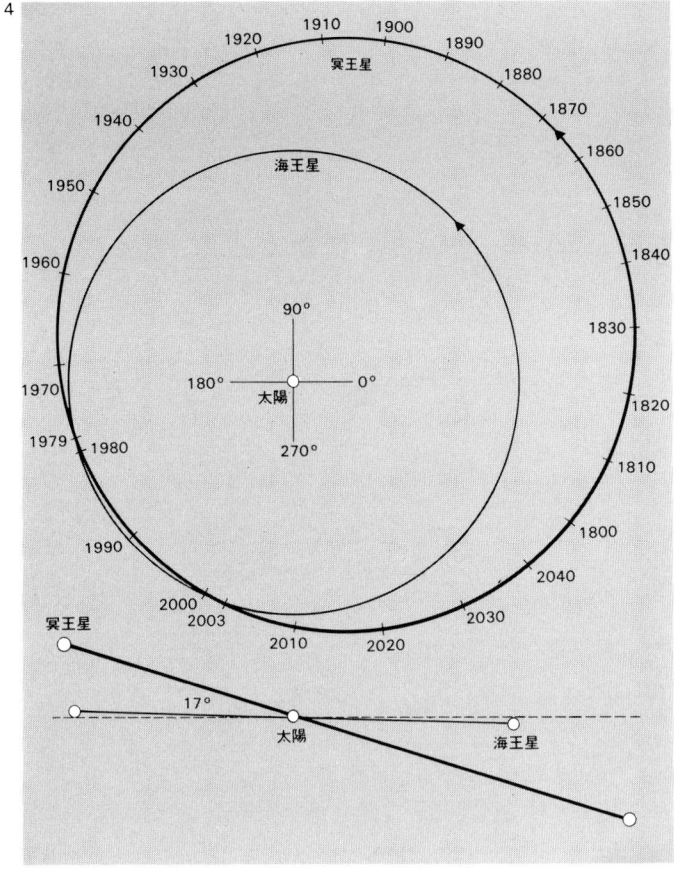

図4　冥王星の軌道
冥王星は、太陽系の惑星の中では、最も離心率の大きく、また最も傾斜角の大きい軌道をもつ．軌道のある部分で、冥王星は海王星軌道の内側に入り、事実上、太陽の第8惑星となる．

われていた．しかし、とうとうハワイのマウナ・ケア山天文台でフランスの天文学者達が2つの天体を分離して撮影することに成功した．

カロンの発見後ただちに冥王星とその衛星系全体の質量の推定が可能になった．現在の推定では冥王星の直径は2,400 kmほどで、地球の月よりも小さく、カロンの直径は800 kmほどである．2つの天体を合計しても月の1/5の質量しかない．またカロンは冥王星のまわりを6.3日で公転するが、これは明るさの変化から既に知られていた冥王星の自転周期と同じである．したがって、2つの天体は固定された1対を形成しており、太陽系では他にこういう例がない．2つの天体の表面の間の距離は17,000 kmである．

冥王星とカロンの組成

この風変わりな2つの天体の組成はまだほとんどわかっていない．しかしどちらも密度はひじょうに低いことは確かなので、氷が主成分であるに違いない．スペクトル観測によれば冥王星、そしておそらくはカロンも、メタンの霜に覆われた表面をもつ．冥王星から見る太陽は地球からの1,000倍も暗く、冥王星はひじょうに低温（ほぼ43°K）である．したがってもし冥王星が大気をもてるほど重くても、ネオン以外の気体は凍りついてしまうだろう．

冥王星の起源

冥王星はごく小さい質量しかもたないので、ローウェルの考えた惑星Xではありえない．この天体が天王星と海王星の運動にひきおこす摂動は、小さすぎて観測にかからないからである．冥王星はほんとうは惑星の地位にはふさわしくないのかもしれない．もともと冥王星は海王星の衛星であり何らかの原因で引き離されて独立の軌道をとるようになったと考える提案もある．海王星の衛星トリトンのもつ奇妙な逆行軌道も、これと同じ原因で作られたのかもしれない．そして冥王星とトリトンはどちらもメタンの凍りついた表面をもっている．しかし、カロンが発見され、この考え方では少々ぐあいが悪くなってきた．

別の考え方では、冥王星は太陽系の外部に存在する全小惑星群の中で最も明るいものであるとする．1977年にコワール（Charles Kowal）は、主に土星と天王星の間を運行する小惑星キロンを見つけた．他にも小さな天体は存在しているだろう．しかしキロンは冥王星やカロンより小さく、レーダーによる観測から、氷質ではなく岩石質であることが示されている．

惑星X？

冥王星がローウェルの探していた惑星ではないのなら、ほんとうの惑星Xは発見されずに残っているのだろう．1930年に冥王星を発見した後もトムボーは惑星探しを続け、結局9,000万個の星の像を調べた．海王星より外に別の惑星状の天体は発見されず、惑星Xは、あったとしても19等よりも明るいことはなさそうである．

しかし最近の観測は天王星と海王星の運動に、説明のついていない乱れがあることを確認している．これらはずっと遠くにある惑星の効果かもしれない（太陽の暗黒の伴星によるとするものや、ブラックホールによるとする考えすらあるが、空想的すぎるであろう）．残念ながら、惑星Xがどこにあるのかまったくわからないのでは、探索を始めることは困難である．手がかりは太陽系の外へ向かい互いに反対方向に飛びつつあるパイオニア10号と11号によりもたらされるかもしれない．もしどちらか一方がその予測軌道から外れたならば、摂動を与えた天体のだいたいの位置が推定できよう．しかし、そのようなことはあまり起きそうもない．

一般に、天文学者は惑星Xが存在してもよいと考えている．冥王星は外部太陽系の謎を解き明かさなかったようだ．それは惑星というより二重小惑星の1つとみなした方がよいのかもしれない．

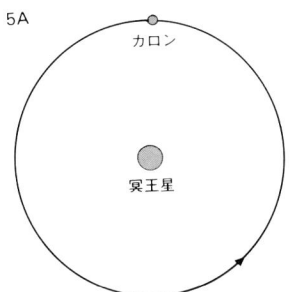
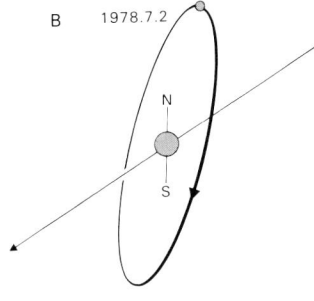

図5　カロンの軌道
カロンは冥王星から約17,000 kmの距離のところのほぼ円形軌道上(A)を公転していると考えられている．合衆国海軍天文台の発見報告に添えられた図(B)は考えられるカロンの軌道の配位を示す．

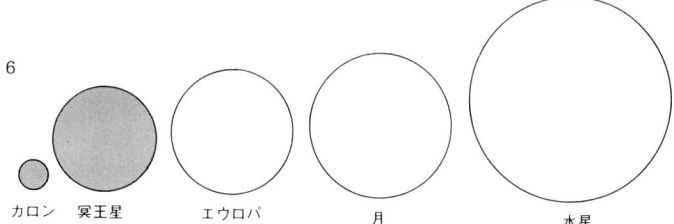

図6　大きさの比較
冥王星の直径の新しい推定によれば、冥王星は太陽系で最も小さな惑星である．直径2,400 kmで、水星（4,878 km）のほぼ半分であり、月（3,476 km）やエウロパ（3,050 km）よりも小さい．

彗星

彗星の特徴

彗星は太陽系を迷走する天体と考えられてきた．彗星は時には壮麗な姿を見せるが，見かけほどには重要ではなく，また惑星の標準からすればその質量は微々たるものである．

明るい彗星は過去においては凶事の兆であり，大きな警鐘を呼び起こした．シェイクスピア (Shakespeare) すら次のように書いている．「乞食が死んだとて彗星は現れぬ．天が燃えさかるのは王公の死の兆である」．ニュートン (Newton) の同時代人であったウィストン大僧正 (William Whiston) は地球はやがて彗星との衝突によって滅びるとまで予言した．現代においてすら，彗星の呼び起こす不安は静められていない．1970年に現れた明るいベネット彗星はイスラエルの武器と間違えられてアラブ諸国に戦慄を呼び起こした．

実際には地球は何回も災厄なしに彗星の尾の中を通過している．彗星の核との正面衝突の場合にも，最大級の彗星でなければ，局所的な破壊が起こるだけである．1908年にシベリアのツングース地方に衝突した物体は実際に小さな彗星の頭部であった可能性が高い．しかし，過去において地球と大彗星核との衝突が地球全体にわたる破壊を引き起こしたという可能性は真剣に考えられている．

彗星の軌道

彗星は太陽のまわりをまわるが，大多数はきわめて細長い楕円軌道上を動く．彗星は（近日点近傍では，それ自身である程度の光を放つが）反射太陽光により見えるので，彗星が太陽と地球に近づかないと見えない．木星軌道のずっと外にはほとんど彗星は見出されていない．ハレー彗星を例外として，ひじょうに明るい彗星は予言不可能なほど長い周期をもち，数100年から数1,000年の間にたった1回しか見ることができない．それらが見えるのは太陽系の果てへと去る前の数週間から数ヵ月の間にすぎない．

しかし周期が数年の彗星も数多くある．最も短い周期はエンケ彗星の3.3年である．短周期彗星は，周期と軌道はよく知られてはいるものの，暗くて肉眼では見えないのがふつうである．

彗星の組成

大きな彗星は大部分の質量を含む核と，コマもしくは頭の部分，1本から数本の尾をもつ．コマは主に氷の小さな粒子からできている．また尾には2つの主要なタイプ，塵とガスがある．ガスの尾はふつうまっすぐだが，塵の尾は湾曲している．彗星の中には一方の尾しかもたないものもある．塵の尾は，もともと核中の氷の不純物であった塵が氷の蒸発とともに解き放たれて，できたと考えられている．塵の大きさはだいたい直径 1μ くらいで，シリケイトから成るのであろう．ガスの尾は彗星から太陽風により吹き払われた CO^+, N_2^+, CO_2^+ といったイオンでできている．イオンの大きさは太陽風によってはじき飛ばされる程度のものであり，このような尾はだいたい太陽と反対方向に向いている．いままで彗星の核が分離して観測されたことはないが，おそらく氷の塊であろう．もし1986年のハレー彗星への探査機観測がうまくいけば，核に関するはじめての情報が得られるだろう．

彗星が太陽系のずっと外にいる時には尾をもたない．太陽に近づき暖められるにつれ尾が発達する．そして近日点を過ぎ外へ向け飛びつづける時，尾は再びすぼまる．大部分の短周期彗星を含め，多くの小彗星は尾はもたない．

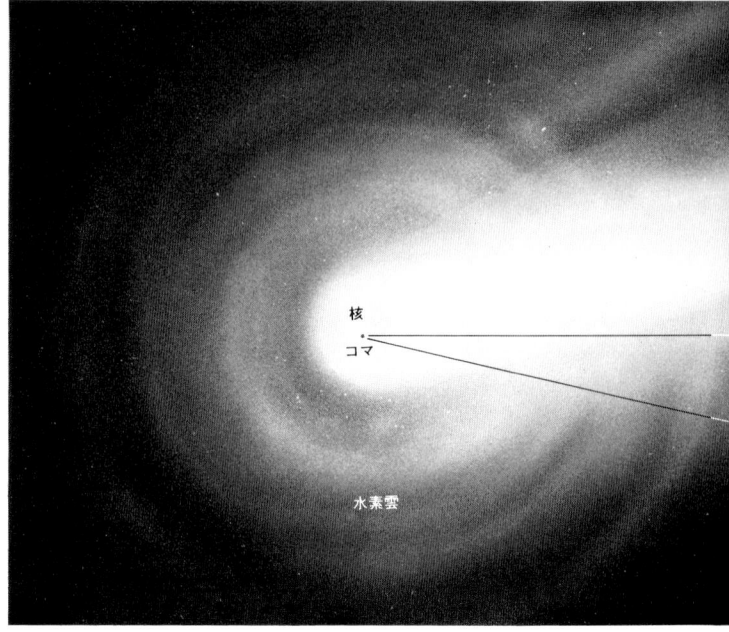

図1　彗星の構造
彗星はコマ，核，水素雲，尾から成る．コマとは核をとりまくガスと塵の球状の外層である．核の氷塊モデルでは，中心核をとりまく何層かのでこぼこの氷の層と外殻の存在が考えられている．彗星のあるものは，数100万kmにも拡がった，光解離によってできた水素の巨大な雲にとりかこまれている．

図2　彗星の尾
太陽をめぐって運動する際の彗星の尾の成長と衰退は顕著なものである．尾はいつも太陽と反対方向を向くので，彗星は尾を先にして運動することもある．

図3　モアハウス彗星
1908年のモアハウス彗星には，複雑な構造をもつ尾があった．この構造は太陽をめぐる間に変化を示した．このような変化は彗星内にさまざまなじょう乱が存在することを示しているが，この時には，彗星が暗くて，これらの変化を地球から十分観測することができなかった．多くの彗星は数多くの尾をもち，また1つ1つの尾の内で構造が変化することも観測されている．

もし近日点通過のたびに質量の一部を失うなら，彗星は短命なものに違いない．実際，いくつかの彗星は分解してしまった．6.75年の周期をもつビエラ彗星は1845年の回帰の際2つに分裂し，1852年には2つの彗星が戻ってきた．しかし，それ以後，回帰は記録されていない．他にも彗星の死の記録はあって，たとえば1925年のエンソール彗星は太陽に近づくにつれ薄くなり，やがて消滅してしまった．短周期彗星は過去の軌道運動の際に尾を作る物質を失ってしまったと考えられている．

彗星の命名法

　彗星は一般に単数もしくは複数の発見者の名によって知られる．しかし時には最初に軌道を計算した数学者の名によって知られることもある．アマチュア天文学者は彗星発見の輝かしい記録をもっている．たとえば，ピーターボローの学校教師であるアルコック（G. E. D. Alcock）は3つの彗星を見つけたし，1970年の明るい彗星は南アフリカのアマチュア，ベネット（Jack Bennett）により最初に観測された．最多彗星発見記録は19世紀のフランスの天文学者ポンス（J. L. Pons）により保持されており，彼は37個以上の彗星を見つけた．

　発見されると彗星は年号に文字を付して名づけられる．たとえば彗星1982aは1982年に最初に発見された彗星である．そして近日点通過の順に番号が付される．1982年に最初に近日点にやってきた彗星は1982 I，2番目は1982 IIというぐあいである．周期彗星はPをつけて区別し，エンケ彗星はP/Encke，ハレー彗星はP/Halleyのように呼ぶ．

彗星と流星群

　彗星と流星群の間には密接な関係がある．実際，多くの流星は彗星の破片とみなされている．彗星が動くとその後には塵の多い足あとを残す．十分な時間がたつとこの足あとは軌道に沿いその全体に拡がる．そして地球が1年に1回その軌道を横切るたびにわれわれは流星群としてその証拠を見ることになる．ペルセウス座流星群は7月27日と8月17日の間に見られるが，周期彗星P/Swift-Tuttleの軌道上にある．ビエラの失われた彗星は毎年11月の流星群となったのであろう．しかし，この流星群は近年ひじょうにまばらになってしまった．

彗 星 族

　多くの暗い短周期彗星は木星軌道と同じ距離くらいの所に遠日点をもち，まとめて木星彗星族と称される．同じような彗星族が他の巨大惑星にもあるかどうかははっきりしないが，木星がその強い重力によって支配的な影響を与えていることに間違いはない．彗星はごく軽い質量しかもたないので，容易に摂動を受け，巨大惑星との遭遇により軌道が完全に変わってしまう．離心率の非常に小さな彗星も少数ながら存在する．よい例が周期彗星P/Schwassmann-Wachmann 1であって，公転周期は15年で，軌道は木星軌道と土星軌道の中間にある．

彗星の起源

　彗星は太陽系のもともとの構成メンバーであると一般に考えられている．1950年に発表されたオールト（J. H. Oort）の理論によれば，太陽から4万天文単位ほども離れているが重力的には太陽系の一部である所に，希薄な雲状のガス，塵，彗星を貯蔵している場所がある．恒星がこの雲の近くを通過して彗星をゆさぶり，太陽系の中心へ向け落とす．オールトはこの雲の中には1,000億個の彗星があると推定した．これらの彗星は原始太陽系雲の中で微惑星として創成されたものであろう．彗星が巨大惑星（主に木星）の近傍の適当な距離を通ると，短周期の軌道へ投入される．もしそれほど摂動を受けなければ，彗星はオールトの雲へ戻ってしまい，長らく太陽の近傍には戻ってこないであろう．

　一方，エジンバラの王立天文台のクルーベ（V. Clube）やナピエ（W. Napier）のように，彗星は太陽系のもともとの構成メンバーではなく，星間空間に起源をもつもので，太陽によって捕獲されたものだと考える天文学者もいる．この考え方は，少数派に属するとはいえ，否定し切ることはできない．彗星の起源には未解決の多くの問題が残っているからである．

周期彗星のデータ

	周期(年)	太陽からの距離(AU) 最小	最大	離心率	軌道傾斜角(°)
エンケ	3.3	0.34	4.09	0.85	12.0
グリッグ-スケルラップ	5.1	1.00	4.94	0.66	21.1
テンペル2	5.3	1.36	4.68	0.55	12.5
ホンダ-ムルコス-パドゥサコワ	5.3	0.58	5.49	0.58	13.1
ノイミン2	5.4	1.34	4.84	0.57	10.6
テンペル2	5.5	1.50	4.73	0.52	10.5
タトル-ジャコビニ-クレサック	5.6	1.15	5.13	0.63	13.6
テンペル-スウィフト	5.7	1.15	5.22	0.64	5.4
ウィルタネン	5.9	1.26	5.16	0.61	12.3
ダレスト	6.2	1.17	5.61	0.66	16.7
ド・トワ-ノイミン-デルポルテ	6.3	1.68	5.15	0.51	2.9
ディ・ヴィコ-スウィフト	6.3	1.62	5.21	0.52	3.6
ポン-ウィネッケ	6.3	1.25	5.61	0.64	22.3
フォルベス	6.4	1.53	5.36	0.56	4.6
コップ	6.4	1.57	5.34	0.55	4.7
シュワッスマン-ヴァッハマン2	6.5	2.14	4.83	0.39	3.7
ジャコビニ-ツィンナー	6.5	0.99	5.98	0.71	31.7

図4　アラン-ローランド彗星
　1957年のこの彗星は，太陽に向う尾をもった彗星の好例である．この尾は，実際には，彗星軌道上に集積した隕石が太陽光に照らされて輝いているものである．

図5　ブルーク彗星
　1911年のブルーク彗星は，とりわけ明るいコマと扇状の幾条もの筋をもつ尾をもっていた．コマは励起されたガスが輻射を行う蛍光現象により輝いた．

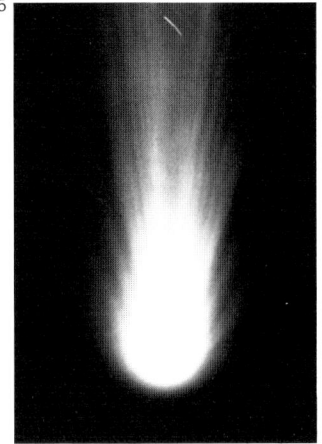

彗星探索は極端に時間のかかるものである．太陽に近づくにつれて明るくなる彗星も，はじめは星野を背景にしたぼんやりした光の薄暗い斑点にすぎない．彗星はまた予測ができないものである．ある彗星は近日点に近づくと急速に明るくなるが，あるものはそうならない．予想を下まわった最近の例は1973年のコホーテク彗星である．この彗星は太陽から70億kmのかなたにある時，ハンブルグ天文台のコホーテク（L. Kohoutek）により3月7日に発見された．このように遠くで発見可能となる彗星はまれであるので，コホーテク彗星は1973年から1974年の冬にかけてひじょうに明るくなると期待されたが，実際にはやっと肉眼で見える程度にしかならなかった．しかし，この彗星はスカイラブの宇宙飛行士によって研究され，希薄な水素の巨大な外層によって囲まれていることが見出された．

複数の尾をもつ彗星

多くの彗星はガスと塵の両方の尾をもつ．彗星の尾には3つの種類がある．I型は長くまっすぐのびた尾で，ストリーマーやノットといった構造をもっている．II型とIII型は湾曲した尾で，I型に比べ短い．それらはぼやけており，内部に構造をもつことはほとんどない．それら以外に複数の尾をもつ彗星がある．おそらく最もよく知られているのは1744年の昔に現れたチェソー彗星であろう．実際にはオランダの天文学者クリンケンベルグ（Klinkenberg）が，スイスのチェソー（Chéseaux）が観測するより4日早く観測したのだが，一般にはチェソー彗星として知られている．この彗星は少なくとも6本の明るい幅の広い尾をもっていた．しかし彗星の明るかった期間は限られていたので，信頼するに足るスケッチはほとんど残っていない．

近代になって最も美しい彗星は1858年のドナティ彗星であろう．湾曲した尾の他に短いまっすぐな2本の尾があったといわれる．1858年10月には尾の長さは8,000万kmに達した．公転周期は知られていないが，2,000年というのは控えめな推定であろう．彗星の尾の特徴は数日や数時間の間に変わってしまう．1957年のムルコス彗星はI型の尾の長いストリーマーとII型の湾曲した尾をもっていたが，それらの尾の大きさは48時間でまったく変わってしまった．1811年の大彗星は記録に残る最も壮大なものの1つである．そのまっすぐのびた尾の長さは1億6,000万kmに及び，コマの直径は200万kmに達した．これは太陽より大きい．しかし，この彗星も1843年の大彗星にはかなわない．この大彗星の尾は3億3,000万kmの長さになったとの記録があり，これは太陽と火星の距離よりも長い．

太陽をかすめる彗星

多くの壮麗な彗星は公転周期が極端に長いので非周期彗星と分類されるが，太陽の近傍まで近づき相当な加熱を受ける．おそらく近日点通過の際に尾を失ってしまい，続く回帰の際には新しい尾が作られるのであろう．1979 XIとして知られる彗星は太陽にぶつかって壊れてしまった．太陽をかすめる彗星の多くは過去に壊れたより大きな彗星の破片であると思われる．したがって，新たに太陽をかすめる彗星が現れると，似たような軌道上に別の彗星が現れることが期待される．

すべての彗星が太陽に大接近するわけではない．たとえば1976年のシュスター彗星は10億kmのところに近日点をもっていたが，これは木星と土星軌道の中間点にあたる．いままでに観測された最も遠くにある彗星は1927年のスターン彗星であり，15億km以上のかなたに見出された．

死んだ彗星

小さな彗星のあるものは恒星状に見える．実際，ノイミンIIとアラン-リゴーの2つの周期彗星は，彗星特有の物質の痕跡をもたない．地球をかすめるアポロ群の小惑星はすべてのガス成分を失って裸になった彗星の核に違いないとの提案もある．

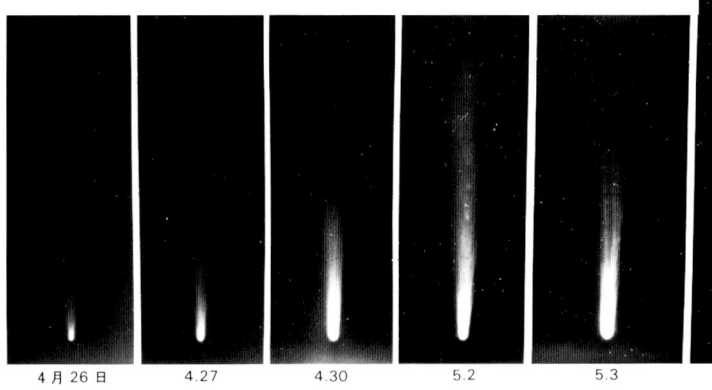

図1　1910年のハレー彗星
一連の写真は近日点通過前後のハレー彗星の尾の成長と衰退を明瞭に示している．7番目の写真は近日点通過の直前にあたり，壮大な尾がよく見えている．彗星が最後に見えなくなるまでに尾は完全に消えてしまう．

図2　1962年のヒューマソン彗星
1962年のヒューマソン彗星は独特の尾をもっていた．この彗星は太陽近傍には近づかなかったので，彗星のまわりのごく弱い太陽風は彗星の尾を吹き流すことができなかった．したがって，その尾は壮麗なものではない．また，ほとんどガスから成り，塵が少なかったので，反射が弱かった．反射は通常は塵が起こすものであるからである．

図4　1974年のコホーテク彗星
コホーテク彗星は扇状に拡がった尾をもっていたが，それは数本のストリーマーから成っていた．この彗星は，裸眼では期待を裏切るものであったが，ロケットに搭載された装置や望遠鏡により，その壮大な形や，まわりの空間に拡がるひじょうに大きな水素雲の存在が明らかになった．この彗星は75,000年間は回帰してこない．

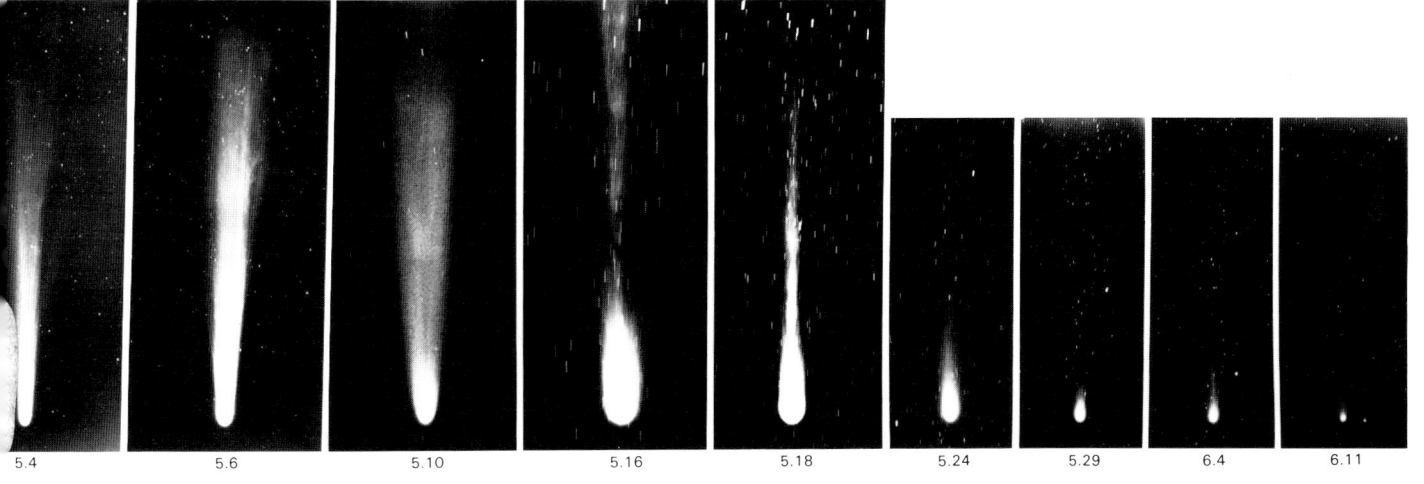

5.4   5.6   5.10   5.16   5.18   5.24   5.29   6.4   6.11

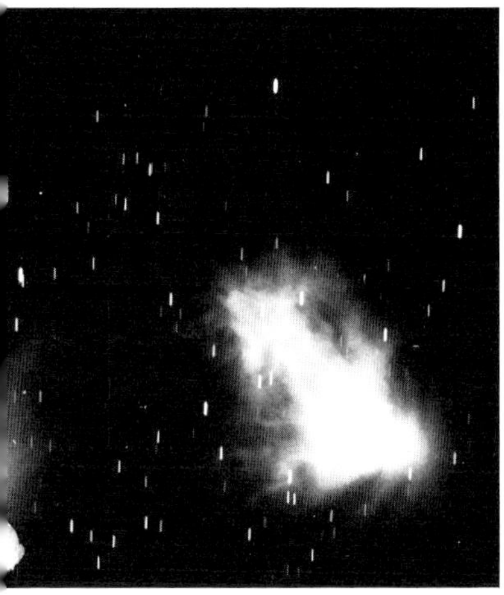

8.8   8月22日   8.24   8.26   8.27

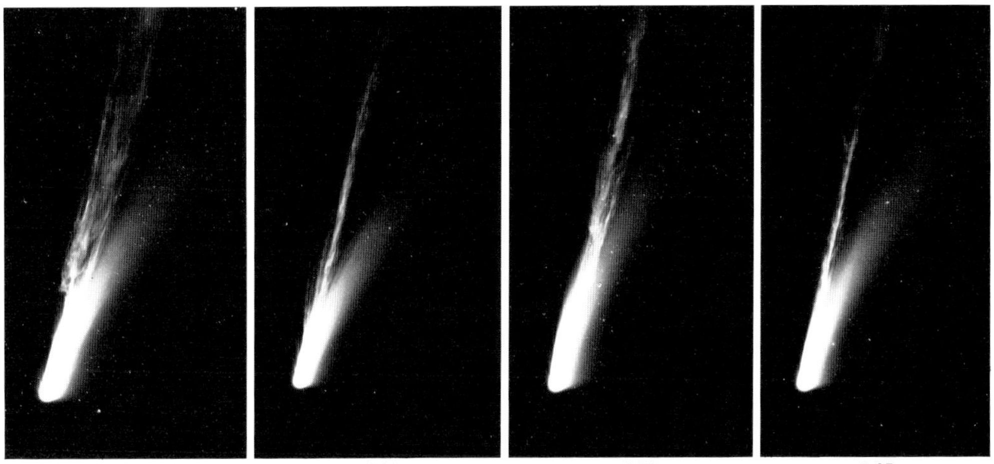

図3 1957年のムルコス彗星

この彗星はおもしろいことに2つの違った種類の尾をもち，それぞれが観測期間内に変動を示した．左側のまっすぐな尾は電離されたガスによるものであり，右側の湾曲したなめらかな尾は塵の粒子から成る．両方の尾とも形と大きさに変動を示した．

図5 彗星の構造

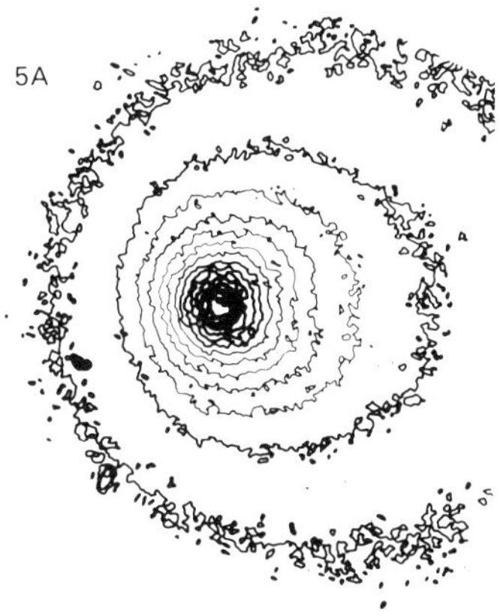

1974年のコホーテク彗星の水素雲の構造をコンピュータ合成した像 (A)．等高線は紫外線写真の等強度線を示す．また，1970年に裸眼でもその壮大な姿が見られた，ベネット彗星の構造を等密度線で示した (B)．彗星の頭部は中心に集中しているシェル状の構造をもつ．これは写真上でも中心に集中したハローとして表われている．これは，おそらく彗星の核の自転によるものと思われる．

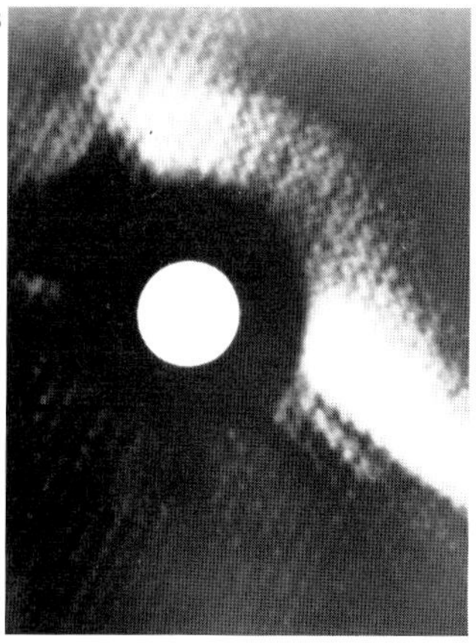

図6 太陽との衝突

アメリカの衛星に積まれたコロナグラフが彗星と太陽の衝突を記録したが，これはこのような出来事の初めての証拠である．衝突の直前，彗星は太陽へ向け相当な速さで突進した (A)．衝突の後には，太陽表面からかなり高い所で彗星塵による嵐が起きた (B)．彗星が消えて11時間後にも，この塵による輝きはいぜんとして見られた．

ハレー彗星

彗星はかつては大気中の現象と考えられていた．ヨーロッパの観測者の大部分は，彗星を大気の蒸発現象とするアリストテレスの見解を受け入れていた．彗星は楕円上でなく直線上に運動すると考えられ，古代の彗星の位置の測定はほとんどなされていなかった．初めて彗星が回帰することを予言したのは英国の第2代王室天文官であったハレー（Edmond Halley, 1658-1742）である．ハレーはニュートン（Issac Newton）のやや若い同時代人であり，友人でもあったので，ニュートンの業績にはよく通じていた．ニュートンは太陽のまわりの天体は楕円上を動くことを示したが，そのような軌道の計算はたいへん難しかった．

1682年，明るい彗星が現れた．ハレーはそれを観測し，その軌道を計算して，以前1607年と1531年に見えた彗星とたいへんよく似た軌道であることに気づいた．彼は，これらの3つの天体は実は同じもので，約76年の公転周期をもち，次の回帰は1758年に期待されると結論した．ハレーの死後，この彗星は予言通り回帰した．この彗星は1758年のクリスマスの夜初めて観測され，1759年初めに近日点を通過した．

歴史上のハレー彗星

ハレー彗星は肉眼でも明るく見える唯一の周期彗星である．歴史上の記録は紀元前240年までたどれ，紀元前467年の彗星も同じものかも知れない．その後記録は紀元前83年と紀元前11年にあり，以後は近日点接近ごとに記録が残っている．

地球からの位置は毎回変わるので，明るさは各回帰ごとに異なっている．989年，1301年，1456年の回帰時にはみごとに見えた．1456年の回帰については法王カリタスIII世（Calixtus III）の「悪魔とトルコ人と彗

図1　バヨーのタピストリ
ノルマン公ウィリアムがイギリス征服を準備している頃におきた，有名な1066年のハレー彗星の回帰．このバヨーのタピストリは，イギリス国王ハロルドII世が王座の上でよろめき，宮廷の人々が恐怖の目で彗星を見上げているところを示している．

図2　ベツレヘムの星
ハレー彗星は，フローレンスの画家ジィオットー（Giotto）が描いた「東方の賢者達の礼拝」の中の，ベツレヘムの星のモデルになったと考えられている．彗星は1301年にあらわれ，この絵は1304年に完成された．

図3　ハレー彗星の観測
アンリ・ラノー（Henri Lanos）の絵は，1910年に気球から彗星を観測している場面を描いている．

図4　1910年のハレー彗星
1910年のハレー彗星の観測は，雑誌 L'Astronomie に示されたように，パリの方がイギリスよりも条件がよかった．この図では，彗星が，金星と月とともに明け方の空に描かれている．

図5　ハレー彗星の軌道
1909年5月15日から1910年7月29日までの地球とハレー彗星の相対位置が読みとれる．

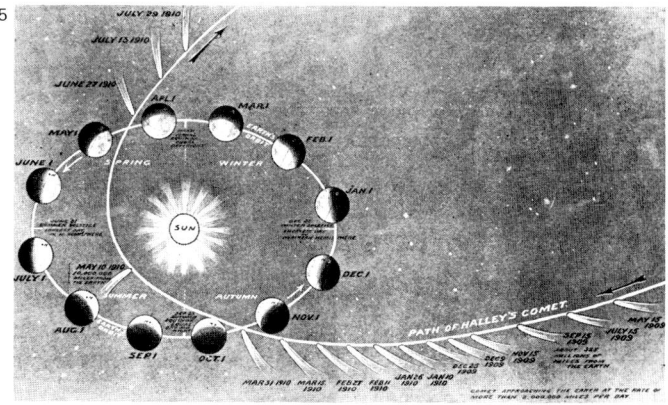

星」に対する折伏の勅令が残っている．それ以外の回帰時にはあまり目立たなかった．残念なことに 1986 年 2 月の回帰時の条件は考えられる最悪の条件に近い．次の好条件は 2061 年から 2062 年の回帰時に得られるだろう．

木星と土星の摂動のため，公転周期は一定ではないが，だいたい 74 年から 78 年の間にある．ハレー彗星は毎年起こる水がめ座とオリオン座の流星群と関連している．

1910 年の回帰

1910 年の回帰の際にはハレー彗星はたいへん明るかったが，数週間前の 1910 年 1 月に見えた別の彗星ほど壮麗ではなかった．この別の彗星は太陽が地平線より昇っていても見えたので，昼光彗星の名で知られている．今日，1910 年にハレー彗星を見たと主張する人々の多くは実はこの昼光彗星を見たのである．

1910 年の回帰は 1909 年 9 月にドイツのウォルフ (Max Wolf) により，最初に観測された．その時，彗星は 4 億 km のかなたにあった．観測は 1911 年 6 月まで続けられ，5 月 18 日から 19 日の間にはハレー彗星は地球と太陽の間を通過したが，何の痕跡も見えなかった．これは彗星の物質がきわめて希薄なことの証拠である．

もし彗星が，各近日点通過ごとにその物質を蒸発により失うならば（これは実際そうであると思えるが），ハレー彗星は数世紀にわたって次第に目立たなくなっているのかもしれない．しかしその証拠はなく，また計算によれば各近日点通過の際に失われる彗星の物質量は 1% 以下であることが示されている．

ハレー彗星への探査機

1986 年の回帰は彗星を調べるために探査機を送る好機である．主目的は彗星を作っている物質の化学的・物理的な性質を調べることである．とくに核・大気の研究，太陽風との相互作用が研究の中心となる．

ヨーロッパ宇宙機構 (ESA) の探査機はジィオットー (Giotto) として知られる．この探査機は彗星との相対速度毎秒 68 km で接近を行い，コマに突入し核の 500 km 以内に近づこうとしている．この接近は，彗星が近日点を過ぎて太陽から 1 億 3,300 km の距離にある時に行われる．

ソビエトの計画は少し違う．2 つのヴェガ (Vega) 探査機が打ち上げられ，まず金星接近をして，ハレー彗星との遭遇軌道に入る前に金星大気を通って着陸する探査機を落とす．しかし研究項目はだいたいジイオットーと同じである．

さて，最後に日本の計画にふれよう．その計画では，試験探査機とプラネット A と名づけられたハレー探査機の 2 機が打ち上げられる．コマと核の紫外線による撮像が目的の中心である．

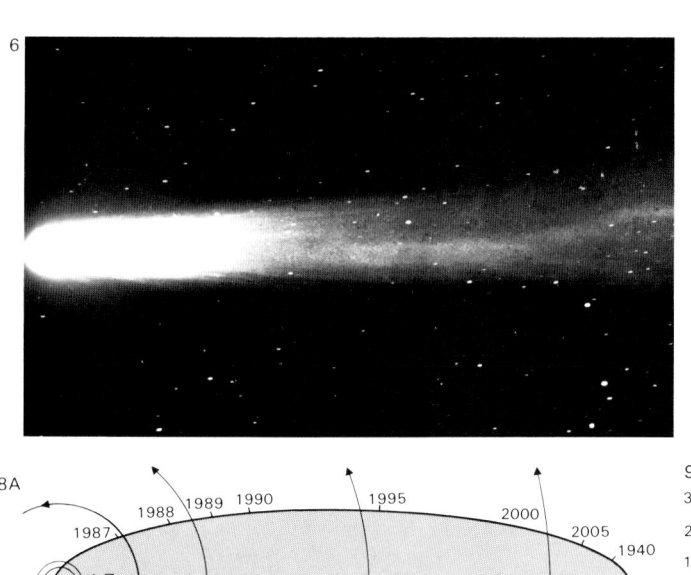

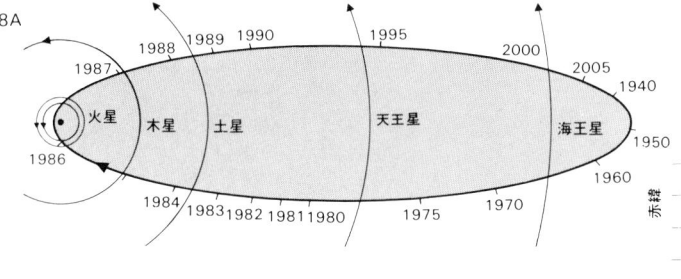

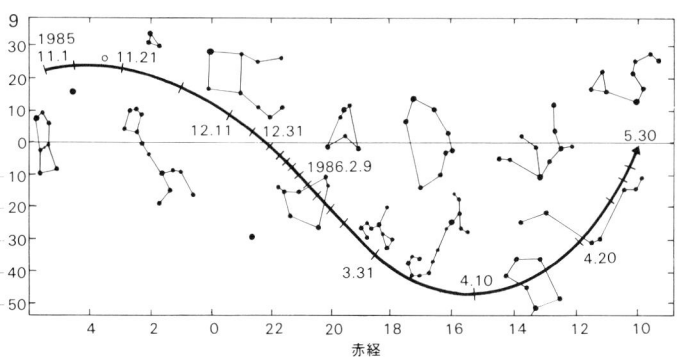

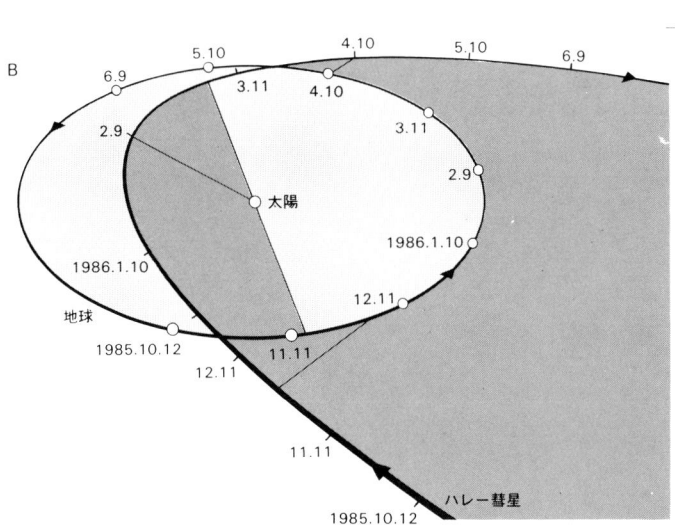

図 6 1910 年のハレー彗星
南半球チリのリック天文台で撮影された 1910 年の回帰時のハレー彗星．5 月 7 日に撮られたこの写真は，尾の中の微細な構造とさまざまなフィラメント構造を示している．この像は 24 分露光により得られた．

図 7 尾の構造変化
彗星の尾は太陽近傍通過時にしばしば変化を示す．この例では，5 月 13 日の尾の構造は，数日前（図 6）と比べ大きく変わっている．尾には物質の塊がみえている．明るい天体は金星である．

図 8 ハレー彗星の軌道
1940 年から 2010 年までのハレー彗星の軌道 (A)．1975 年から 1995 年までの 1 年ごとの位置を見ると，彗星が，遠日点近くではゆっくりと動き，近日点近くでは速く動くことがわかる．その結果，彗星が地球の近傍にいるのは 1 公転周期のうちのわずかな部分でしかない．また，1985 年から 1986 年の近日点通過を立体的に示す (B)．

図 9 ハレー彗星の通り道
ハレー彗星の 1985 年 11 月から 1986 年 5 月の近日点通過時を含んだ時期の天球上の通り道を示す．

流　　星

流れ星

　太陽のまわりの軌道上には，砂粒より小さなものから，時には直径数10mのものまで，数多くの小さな粒子がいつもまわっている．地球の大気より上ではこれらの粒子は小さすぎて見えず，ひとまとめにして流星体として知られている．しかし，地球重力に引きつけられて大気上層に到達すると，摩擦によって熱せられ，俗に流れ星と呼ばれる一筋の光芒となってこわれてしまう．まばゆい見かけは小さな粒子自身によるのではなく，それらが下へ突っ込む時に大気中に生じた効果によるものである．ガスの分子は熱せられてイオン化し，白熱して塵の粒子のまわりに光る気体のかたまりを作る．流星は大気へ 70 km/s までの相対速度で突入する．流星の速度と減速率を測ることにより，質量を決めることができる．大部分は数 mg の質量しかもたない．かつて，いくつかの流星は太陽系からの脱出速度を越えた速度をもつと思われたことがあったが，現在ではこれは間違いであることがわかっており，いままでに記録されたすべての流星は太陽系に属するといってよい．

　流星高度の最初の測定は，1798 年に 2 人のドイツの学生，ブランデス (Brandes) とベンゼンベルグ (Benzenberg) により行われた．彼らは三角測量の方法を用いた．すなわち，同一の流星を異なった位置から観測すれば，背景の星に対する相対位置は異なって見えるわけである．彼らは，大部分の流星は蒸発する前に地上 80 km まで侵入する，と正しく結論した．流星の末路は微細な塵である．今日では，地球には微小隕石として知られるさらに小さい 0.1 mm ほどの粒子も降ってくることがわかっている．これらの粒子は明るく輝くことはないが，レーダー観測によりその飛跡を検出することができる．

流星群と単発型流星

　流星は群をなすものと単発型のものの 2 つの型にはっきりと分けられる．単発型の流星は，どの方向からでも，どの瞬間にでも，まったく偶然に現れる．これらを観測するのに最もよい時間は，地球の公転運動の方向が空の最も暗い部分にある真夜中過ぎである．平均して 1 人の観測者は 1 時間に 6 個の流星を見る．1 つの流星は約 30 秒続き，天空上を 5°ほど横切る．一方，流星群は彗星との関連があると思われる流星の流れの構成メンバーである．短周期彗星の破片は軌道全体に拡がっており，地球がこの軌道を横切るたびに流星群が出現する．8 月のペルセウス座流星群は P/スウィフト-タトル (Swift-Tuttle) 彗星の破片と，10 月から 11 月にかけて見えるおうし座流星群は P/Encke 彗星の破片と，それぞれ関連づけられる．

　多くの毎年起こる流星群が同定されており，あるものは数日間続く．観測された流星の数は ZHR（天頂修正流星数）によって測られる．この数は，放射点が天頂にある流星を，理想的な条件で裸眼により数えた数として定義される．実際にはこのような条件はめったに起きないので，観測される流星数は理論的な ZHR よりいつも少ない．さらにある特定の流星群をとっても ZHR は一定ではない．たとえばしし座の流星群はふつうまばらなものであるが，ある場合には ZHR が一時的に 60,000 に上ったことがある．

放射点

　ある流星群の流れに属する流星は宇宙空間を平行に飛んでいるので，1 つ 1 つの流星は天球のある 1 点から放射されているように見える．流星群の名称はこの放射点が存在する星座の名に由来する．たとえばペル

図 1　1833 年のしし座流星群
　この木版画にみられるように，1833 年のしし座流星群は壮大なものであった．この 11 月の流星群については，「流星が雨あられと降り注いだ」と形容された．

図 2　しし座流星群の放射点
　1966 年，キット・ピーク天文台でしし座流星群の写真撮影がなされた．すべての流星は 1 つ 1 つみな同一の天球上の点（この場合，しし座の方向）から放射されたように見えた．矢印は流星群の放射点の原理を示す．

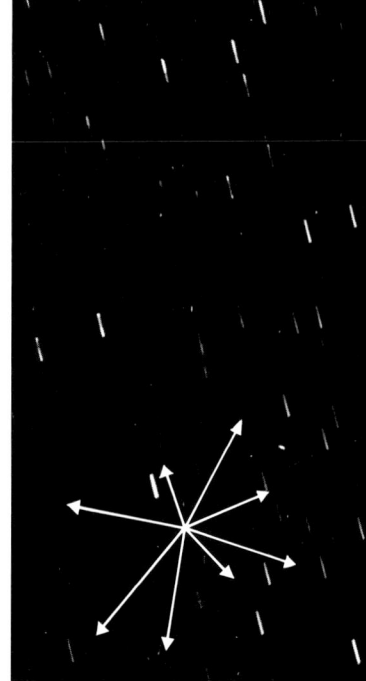

図 3　流星の分裂
　この図は，しし座の流星が地球大気に突入して分裂する様子を示す．発光現象は，粒子自身ではなく，加熱された大気のガスが起こす．分子はイオン化され白熱して光り，粒子のまわりに光る気体のかたまりを作り出す．

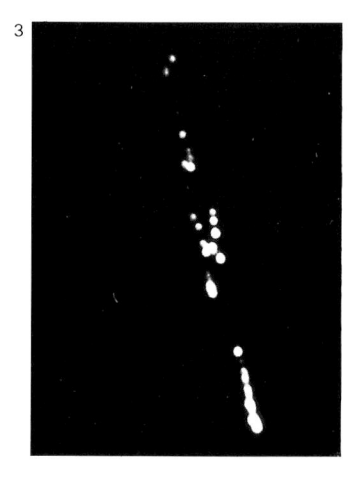

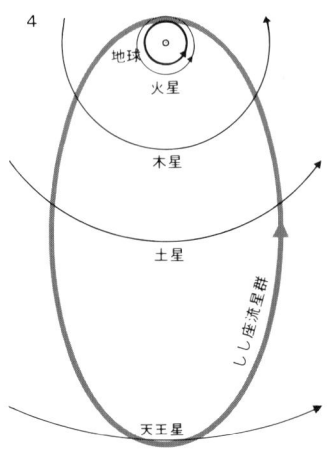

図 4　しし座流星群の軌道
　しし座流星群の軌道は，地球，火星，木星，土星，天王星の軌道を横切る．物質は軌道に沿って一様に分布してはいないので，流星群の強さは時により異なる．時々は，惑星の摂動のため流星群がまったく見えなくなることがある．

毎年起こる流星群の主なもの

流星群	期　　間	最大時	ZHR	関連した彗星
四分儀座	1月1〜6日	1月3日	110	?
こと座	4月19〜24日	4月22日	12	サッチャー1861 I
みずがめ座 η	5月2〜7日	5月4日	20	P/ハレー
みずがめ座 δ	7月15日〜8月15日	7月28日	35	?
ペルセウス座	7月27日〜8月17日	8月12日	68	P/スウィフト-タトル
オリオン座	10月12〜16日	10月21日	30	P/ハレー
うし座	10月26日〜11月25日	11月3日	12	P/エンケ
しし座	11月15〜19日	11月17日	不定	P/テンペル-タトル
ふたご座	12月7〜15日	12月14日	58	?

セウス座流星群とかこと座流星群といったぐあいである．1月の初めに見られる四分儀座流星群の名称はかつて四分儀座のあった場所に起こることに由来する．この星座は星図から削除されたが，名前は流星群に残っているのである．この流星群の放射点はおおぐま座の近くにある．この流星群の継続時間はわずか数時間ほどであり，流星が強く集中していることがわかる．関連した彗星は知られておらず，おそらくずっと昔に分解してしまったのであろう．一般的にいって，毎年起こる流星群で最も華麗なのはペルセウス座流星群であろう．もっともふたご座流星群もそれに匹敵するかもしれない．単発的流星と同様，流星群も，地球の夜側の半球と流星が正面衝突する形となる真夜中過ぎがもっとも数が多くなる．

流 星 嵐

時々，流星数がひじょうに多くなることがある．最も有名なのはP/テンペル-タトル（Tempel-Tuttle）彗星に関連したしし座流星群であろう．この彗星は32.9年の公転周期をもち，最近の近日点通過は1965年であった．ほとんどの年ZHRはきわめて低いのがふつうだが，地球が流星密度のもっとも高い部分と遭遇するとその結果はみごとである．そのような遭遇はほぼ33年ごとに起こり，1799，1833，1866年と，1966年にみられた．1899年と1933年の流星嵐は，流星群の軌道が木星と土星の摂動により変えられてしまったために，起こらなかった．1966年の流星嵐では，最大となった期間はたいへん短かったが，40分間の間に60,000個/時間の割合を記録した．この流星群はヨーロッパでは昼間に起きたが，世界の他の地域ではよく観測できた．次には，しし座流星群の流星嵐が1999年に起こると確信をもっていえる．

20世紀最大の流星群はP/ジャコビニ-ツィンナー（Giacobini-Zinner）彗星に関連したものであった．1933年10月9日，短い期間であったが，1分あたり350個の流星が見られたのである．

単発型流星の起源

単発の流星は天空上の特定の場所からくるわけではないが，それらもまた彗星の破片と考えていけない理由はない．もともとあった流星群が摂動によってちりちりになったものか，もしくはもとの彗星がばらばらになったものかもしれない．単発型の流星は流星群よりもふつうに見られるものである．ただし，予測できないので観測は容易でない．

ごくまれには流星は満月より明るい−15等から−20等に達することがある．さらにまれには太陽と同等の明るさになることもある．この時，流星は火球と呼ばれる．時々，流星が細かい破片に分裂する音が聞こえることがある．火球のあるものは，大きな物体であるため生き残って地上まで到達したもの，すなわち隕石，による場合があるが，他の火球は流星群によるものであろう．隕石と彗星の間にははっきりした関連がないことに注意しておこう．

流星の観測

ごく最近まで流星観測はもっぱら眼視観測に頼っており，多くがアマチュアにより行われてきた．その方法は，見張りの当番中はずっと放射点の領域に集中して監視を続けるというものである．流星が見えた時には，時刻，継続時間，明るさ，もしあれば色，そして軌跡が記録される．写真観測の方法も行われている．シャッターを開きつづけておけば，星は線を引いてしまうが，十分明るい流星は記録されるだろう．流星のスペクトルをとることはひじょうに時間のかかることだが，ここでもアマチュア達がひじょうに貴重な貢献をしている．明るい流星の跡のスペクトルをとって化学組成の解析をすることは可能である．しかし，もし粒子が生き残って，隕石として地表にたどりつけば，直接の解析が可能となる．

今日ではレーダーが流星の研究に使われている．これは流星の残した跡がレーダー電波を反射するからであるが，この方法によれば昼間の流星群も観測可能である．しかし，昔ながらの眼視観測もいぜんとして有効であり，流星観測グループは世界中に散在している．

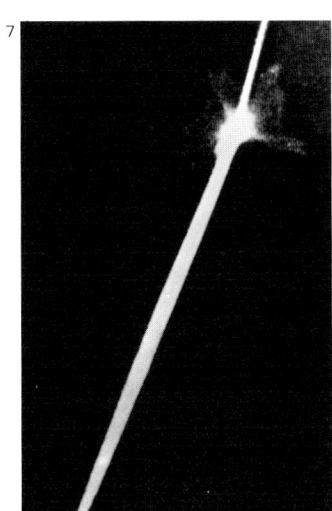

図5　流星の飛跡
大火球流星の飛跡が，1923年プラハの天文台から撮影された．この写真は流星がとび込んだ時の背景となった銀河や恒星をはっきりと示している．

図6　単発的流星
単発の流星は，いつどの方向からくるかわからない．この例は，ブルーク彗星の撮影中に，流星が視野を横切り飛跡を残したものである．

図7　爆発した流星
このアンドロメダ座の流星は大気中を下降する際に爆発を起こした．この写真は1895年に撮られたもので，流星の運命についてのよい証拠である．

隕石

空から降った石

アメリカ合衆国大統領ジェファーソン (Thomas Jefferson) は 1807 年の隕石発見の報に際して,「2 人のヤンキーの教授が嘘をついていると考えた方が,石が空から降ったと考えるよりずっと納得がいく」と述べた.しかしそれ以前にも隕石の記録はあったのである.1803 年 4 月にフランスのレーグル村に石の雨が降り,天文学者ビオ (J. B. Biot) の調査により宇宙起源であることが確かめられていた.

最も古い隕石降下の記録は紀元前 2000 年のエジプトまでさかのぼる.その後には,紀元前 1478 年のクレタ島,紀元前 634 年のイタリア,紀元前 416 年のギリシャのアエゴスポタモスなどに隕石の記録が残っている.メッカの「聖なる石」もおそらくは隕石であろう.落下年月日のはっきりした最も古い隕石は 1492 年 11 月 16 日にスイスのエンシシャイムに落ちたもので,現在その隕石は教会に飾られている.

隕石の種類

伝統的には隕石は 3 種類に分けられてきた.石質隕石と石鉄隕石と隕鉄であるが,その境目は必ずしもはっきりはしていない.隕鉄は一般に 4～6% のニッケルを含んでいる.石鉄隕石はオリビン (かんらん石) の結晶をとり囲む鉄-ニッケル合金から成る.一方,石質隕石はコンドリュールとして知られる鉱物の丸い粒を含んでいる.コンドリュールは既知の石質隕石の 85% に見出される.とくに興味深いのはまれに見つかる炭素質コンドライトである.これらの隕石には有機生命体とひじょうによく似た有機物を含んでいるものがある.これらの有機物のあるものは隕石が地球に落下した後に侵入したものかもしれないが,他の有機物は隕石固有のものであると考えられている.したがって後者のものは生命発生以前の有機物ということになる.しかし,スウェーデンの科学者アレニウスが 1908 年に唱えた,地上の生命が隕石によって運ばれてきたとする説はほとんど支持を得ていない.この考え方は,近年ホイル卿とウィックラマシンゲによって復活されたが,この説によって問題が解決されるというよりも,多くの謎を提起してしまうのである.

隕石はまた,分化した隕石と未分化の隕石というふうにも分けられる.未分化の石質隕石であるコンドライトに見つかる主要な構成元素は太陽大気の組成と同じであり,この隕石はいまだ熔融を経ていない始源的な惑星物質であるに違いない.隕鉄,石鉄隕石や石質隕石の一部 (アコンドライト) は分化した隕石であり,熔融と組成分化を経ている.隕石を同定するのは時には難しいことがあるが,酸によって腐食させると隕鉄には独特のウィドマンシュテッテン構造が現れる.

隕石の落下

2,000 個以上の隕石が見つかっているが,落下時に観測されたものは数えるほどしかない.隕石の落下を観測できた有名な例には,1959 年 4 月 7 日,チェコスロバキア上空に現れたプリブラム火球があり,-19 等で輝いたという.他には 1965 年 12 月 24 日の英国レスターシャーのバーウェルの例や 1970 年の米国オクラホマ・ロスト・シティの例がある.バーウェルの隕石は落下中に分裂してしまったが,多くの落下の例と同じく,石質隕石であった.

1969 年にメキシコに落下したアレンデ隕石からは隕石に関する多くの興味深い発見がなされた.アレンデ隕石はコンドライトであり,地球上のどんな岩石とも似ていない.放射性同位元素による年代測定の結果,その年代は原始太陽系星雲から惑星が集積した当時にまでさかのぼることがわかった.地質学的な活動の影響をうけた地上の岩石はコンドライトよりはるかに分化が進んでおり,また 5 億年ほど若い.

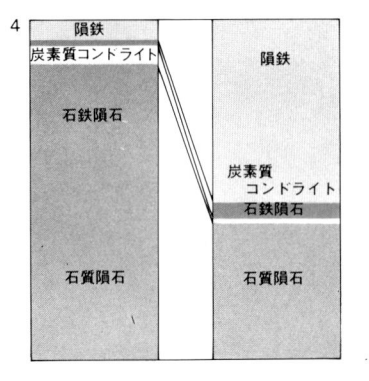

図 1 オシャンスクにおける 1891 年の隕石落下

オシャンスクの隕石落下は,1891 年にロシアのペルムで起きた.爆発音が聞かれ,その後,白熱した石が降った.破片となって降った石の重さは 1～300 kg に分布している.

図 2 ツングース事件

1908 年のシベリアでの出来事を説明するためにいくつかの説明が考えられている.爆発音は 1,000 km かなたまで聞こえ,広い地域にわたって動物が殺され樹木がなぎ倒された.落下物は太陽より明るく輝いたが,まだこの地域からは何らの隕石の破片も見つかっていない.

図 3 隕石のクレーター

アリゾナの隕石クレーターは,クーン・バットとも呼ばれ,直径 1,265 m,深さ 175 m であり,30～45 m の壁で囲まれている.この地域では多くの隕石の破片が見つかっている.クレーターの年齢は 25,000 年であると考えられている.地球上では,衝突によってできた最も年代の新しいクレーターの 1 つで,隕鉄が堆積岩の地層に約 11 km・s^{-1} の速さで衝突して形成されたとみられる.

図 4 隕石の落下と発見

落下を目撃された隕石と,発見された隕石全般についての,それぞれの成分比率を比較するとこの図のようになる.石質隕石は燃えつきずに地上に達しても,風化により失われてしまうものが多い.

大きな隕石

名称	発見の場所	形質	重さ (トン)
ホバ・ウェスト	南西アフリカ	隕鉄	60
アニート (テント)	グリーンランド	隕鉄	30.4
バキュベリー	メキシコ	隕鉄	27
ンボシ	タンザニア	隕鉄	26
アグパリク	グリーンランド	隕鉄	20.1
アルマンティ	外蒙古	隕鉄	20
ウィラメッテ	アメリカ・オレゴン州	隕鉄	14
チュパデロス	メキシコ	隕鉄	14
カンポ・デル・キエロ	アルゼンチン	隕鉄	13
ムンドラビラ	西オーストラリア	隕鉄	12
モリト	メキシコ	隕鉄	11
(ヨーロッパでは)			
マグラ	チェコスロバキア	石質	1.5
リメリック	アイルランド	石質	0.048
バーウェル	イギリス	石質	0.046

隕石に当たって人が死んだり大けがをした例はないが、危く難を逃れたという数例があり、エジプトでは犬が死んだ例がある。今世紀には2回大きな落下の例がある。最初の例は1908年6月30日、シベリアのツングースで起きた。600 km離れたカンスクから観測されたところでは、落下物は太陽より明るく輝き、爆発音は1,000 km離れていても聞こえたという。しかし落下地点の科学的調査がなされたのは1927年になってからであり、隕石質の物質は何も見つからなかった。落下物の正体をめぐって多くの謎が生まれたが、たぶん、小さな彗星の頭部か、大気で阻止されて地上には届かなかった隕石かのどちらかであろう。

2番目の落下もシベリアのシホート・アリン地区で1947年2月12日に起きた。この例は分裂した隕石によるものと思われ、100個以上の小さなクレーターが見つかっている。

1972年8月10日には、まばゆい物体が米国ユタ州の上空に現れた。モンタナ州上空58 kmで地表に最接近した後、太陽をまわる軌道に戻っていった。その直径は80 mほどであったと考えられている。

隕石のクレーター

大きな隕石はクレーターを作る可能性があり、実際多くの例が知られている。よく知られた例はアリゾナにあり、直径1,265 m、深さ175 mで、ふちが少し隆起しており、完全なすり鉢型をしている。25,000年前に形成されたと考えられているが、地質と天候が適していたのでよく保存されている。隕石本体はクレーターの南の壁の下に埋まっていると考えられる。隕石は低い角度で衝突したと思われるが、それでもクレーターは円型をしている。間違いなく隕石によるクレーターだとされる例には、他にも、オーストラリアのウォルフ渓谷、アラビアのワッカ、カナダ楯状地などがある。しかし、明らかな証拠がないとクレーターの成因を確かめるのは難しい。

隕石の起源

隕石の起源についてはいまだ確証はないが、大きな隕石と小さな小惑星の間には何の差異もないと思われる。それらの大きさの分布はなめらかにつながっている。したがって隕石は小惑星帯からきたものであろう。隕石の飛跡の研究から、それらはアポロ群の小惑星に似た軌道をもつことがわかった。隕石はしかしずっと空間をさまよっていたわけではなく、かつては惑星天体の一部であったのだろう。隕石の年齢は地球と同じくらいで、40から46億年の間である。隕鉄は石質隕石よりずっと壊れにくいので、見つかる確率が高い。

多くの隕石が発見されないままになっていることに疑いはない。いくつかの隕石が南極で発見され、保存状態がたいへんよいことがわかった。現在、系統的な標本探しが始められたところである。（大部分は日本隊の採集により、その数は3,000個を越える。大和隕石とよばれる。）

テクタイト

テクタイトは小さなガラス質の物質であり、発見される場所は数個所に限られている。過去に2度にわたって加熱を受けたようであり、表面には気体の流れのあとがある。数多く見つかった場所は、オーストラリア（年代は新生代第四紀の中後期更新世）、象牙海岸（更新世）、チェコスロバキア（新生代第三紀の中新世）、アメリカ合衆国の一部（新生代第三紀の漸新世）の4個所である。いままでに知られている最大のテクタイトは3.2 kgあり、1932年にラオスで発見された。

テクタイトは謎めいた物質である。たぶん隕石の一種なのであろうが、他の隕石とはまったく似ていない。発見される場所が限られているので、もし宇宙からやってきたのなら、何らかの特異な現象が起きたに違いない。月の火山から放出された物体であるとする説はあまり支持をうけていないが、地球の火山で作られ、大気の高層まで吹き上げられた後、落下したという可能性はある。多くのテクタイトが見つかっているが、上記以外の場所では、系統的な探索が成功した例はない。

図5 ホバ・ウェスト隕石
南アフリカのグルートフォンタイン近くで発見されたホバ・ウェスト隕石は、いままでに知られている世界最大の隕石である。重量は60トンを越えるが、クレーターはない。

図6 バキュベリー隕石
この隕石は1871年にメキシコで見つかり、重量は少なくとも27トンはある。

図7 吉林（キリン）隕石
1976年に中国北東部に落下した隕石であり、石質隕石としては世界最大(1,770 kg)である。

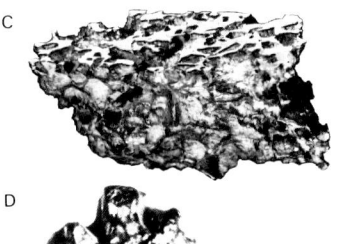

図8 隕石の種類
隕石は基本的には石質か鉄質かのどちらかである。高い炭素含有量をもつ石質隕石の1つ、炭素質コンドライト(A)はまれにしか見つからない。多くの石質隕石は、コンドリュールと呼ばれる球状粒子から成るコンドライト(B)である。隕鉄(C)は90%まで鉄を含む。テクタイト(D)は小さなガラス状の物質で、表面に気体の流れたあとがあることが多い。

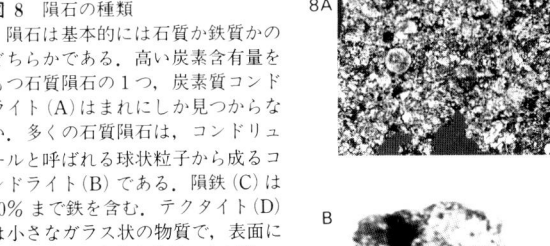

図9 ウィドマンシュテッテン模様
隕鉄を切断し酸により腐食させると、独特の縞模様があらわれる。これは特異な条件のもとで金属が結晶化したためにできたものである。この結晶構造は隕鉄に特徴的で、他には見られない。

観測の歴史と現状

天文学者

タレス Thales （紀元前624頃 - 紀元前547）

　ミレトスに生まれる．ギリシャの大哲学者の1人．彼の地球観は現代の水準からみれば原始的で，世界は大海に浮かぶ円板であるというものである．しかし彼は紀元前585年の日食を予言したことで有名である．この日食はリディアとメデスの間の戦争を終結させたものであった．タレスに日食の予言を可能にさせたのはサロス周期の利用であったといわれる．サロス周期は18年と11.3日であるが，彼は1つの日食に続くサロス周期の後，次の日食が起こりやすいことを知っていたのだろう．タレスは南はエジプトまで旅した．またおおぐま座の代わりに，フェニキア人同様こぐま座を指標として舵を取るようすすめたと信じられている．

アリスタルコス Aristarchus （紀元前310頃 - 紀元前230）

　サモスに生まれたギリシャの天文学者．地球を宇宙の中心にすえるのではなく，太陽中心の地動説を唱えた最初の1人．彼はまた地球の自転も信じていた．残念ながらアリスタルコスは確かな証拠を提示できず，後継者を獲得できなかったが，何世紀も前にコペルニクスの学説に先鞭をつけたことになる．彼は月が正確に半月に見える時を知って月と太陽の相対距離を求めるという，原理的にはまったく正しい方法を提案し実行した．実際上は月の明暗分界線がまっすぐでないためうまくいかず，アリスタルコスの結果はまったく見当はずれなものになってしまった．

ヒッパルコス Hipparchus （紀元前2世紀）

　ギリシャの天文学者．ニカイア（現在はトルコのイズニク）生まれだが，生涯の大部分をロードス島で送った．彼は疑いなく古代最大の科学者の1人であり，すぐれた観測者であった．1,000個以上の恒星のカタログを作成し，1太陽年の長さを決め，歳差運動を発見した．その際，今日球面三角法と呼ばれる方法を天体観測に応用した．彼は天動説を信じたが，少なくとも彼の後継者が拠るべきしっかりした基礎を築いた．彼のもとの著作は失われてしまったが，彼の考えはプトレマイオスの「アルマゲスト」で紹介されている．

プトレマイオス Ptolemy, より正確には Claudius Ptolemaeus （150年頃）

　プトレマイオスは天文学のプリンスと呼ばれ，古代における最後の偉大な科学者である．科学のあらゆる分野に通じ，初めて根拠のある文明世界の地図を描いた（ただし，スコットランドとイングランドの位置はさかさまであったが）．偉大な業績「アルマゲスト」（原題は「数学的集成」）では，古代のすべての科学的業績をまとめている．現在まで残ったのはアラビア語訳本だけだが，この本なしには，われわれの古代科学についての知識は緻密さを欠くことになっただろう．プトレマイオスはヒッパルコスの恒星カタログを復活・増訂し，また惑星の運動を詳しく研究した．彼は地球中心座標系を完成した．この座標系は彼自身の発明ではないが，通常プトレマイオス体系として知られている．また彼は，月の運動を研究していて，出差の現象を発見した．プトレマイオスの個人的な生活や性格についてはまったく知られていないが，彼の業績を否定しようとしたり，彼は単なる先人のコピーをしたにすぎないとする，ときどき起こる企てはいつも失敗している．科学は彼に多くを負っているのである．

コペルニクス Copernicus, 正確には Mikołaj Kopernik （1473 - 1543）

　ポーランド人の聖職者，天文学者．ヴィストラ河畔のトルンで生まれ，ポーランドとイタリアで学んだ後，フロンボルクの聖堂参事会員として故郷に戻った．若い頃にプトレマイオス理論に不満をもち，その理論の複雑さの一部は，地球を惑星系の中心に据えるのをやめ太陽を中心とすれば解消されることに気づいた．彼は著書「天体の回転」をまとめたが，教会から激しい反対を受けることを予期して出版をためらった．やがて彼は出版するようにとの説得を受け入れたが，その刊行は彼が死の床にある時になされた．彼の恐れは現実のものとなり，教会は彼の説に強く反対した．実際には彼の考えの多くは正しくはなかった．とくに，彼はすべての惑星の軌道は完全な円であると考えたが，これは誤りである．しかし彼は正しい理解への最初の一歩を踏み出したのである．

ティコ・ブラーエ Tycho Brahe （1546 - 1601）

　デンマークの天文学者で，望遠鏡発明以前の最も偉大な観測者であった．貴族の出であり，尊大で非寛容な性格の持主であったという．若い頃に彼の興味は天文学に引きつけられた．1572年カシオペア座に明るい新星を発見したのが，彼の観測者としての経歴の始めである．この新星はティコの超新星として知られている．デンマーク王にバルチック海のフヴェーン島に天文台を建設する費用を与えられ，ティコは1576年から1596年の間そこで観測に従事し，それまでに出版されたものよりずっと正確な星のカタログをまとめた．彼はまた惑星，とくに火星の運動について詳しい観測を行った．彼はコペルニクス説を受け入れず，惑星は太陽のまわりを公転し，その太陽が地球のまわりをまわるとする立場をとった．デンマーク王室といさかいを起こした後，フヴェーン島を去り，プラハへ行き神聖ローマ帝国の帝国数学官となった．そこにいる間，最後の助手としてケプラーを採用した．彼は1601年に急死したが，その時まで地球が太陽系の中心であることを信じていた．

ガリレオ・ガリレイ Galileo Galilei （1564 - 1642）

　ピサ生まれのイタリアの天文学者．ピサ，パドヴァ，フローレンスにおいて数学を講じた．1609年望遠鏡の発明を聞くに及んで，自ら望遠鏡を作り天体に向けた．天文観測のために望遠鏡を用いたのは彼が最初ではないにしても，疑いなく当時の最も偉大な望遠鏡観測者である．1610年から，木星の4大衛星，金星の位相変化，月のクレーター，銀河が無数の星から成ること，などの一連の発見を行った．彼は土星の環も発見したが，それが何であるかは同定できず，むしろ土星は三重星であると考えた．彼は自身の観測に基づいてコペルニクスの地動説を支持した．この点で彼は一歩も譲らず，かけひきの才に欠け率直すぎたので教会の怒りに触れてしまった．1616年ローマ法王庁により地動説を教えることを控えるよう命ぜられた．その後，法王の交代があったので，彼は勇敢にも大作「新天文対話」を発表したが，彼の説に対する反対の強さを測り違えていた．1633年，彼はローマの異端審問所に召喚され，あますところなく完全に自説を放棄するよう命ぜられた後，以後の生涯の間自宅に幽閉の身となった．彼の著作は法王庁の禁書リストに載せられ，19世紀まで削除されなかった．天文学上の業績を別にしても，ガリレオは光学上の大きな発展をもたらし，実験的方法に基づく近代科学の土台を築いた．

ケプラー Johannes Kepler （1571 - 1630）

　ヴュッテンベルグに生まれたドイツの数学者，天文学者．チュービンゲン大学在学中にコペルニクスの地動説の正しさを確信した．彼の立場は奇妙な混淆であって，古代の神秘主義に基づく一方で第一級の数学者であった．ティコ・ブラーエの死後，フヴェーン島における観測結果の

すべてが彼の手に委ねられた．彼はその結果を，地球と他の惑星が太陽のまわりの楕円軌道上にあることを示すのに用いたが，この事実はティコが決して受け入れようとはしなかったものであった．ケプラーはデリケートな気質の持主で，彼の生涯は幸福であるとはいい難かった．しかし彼の科学への寄与は偉大である．彼の書き残したところによれば，彼の発見はティコの観測の正確さを信じることなしにはあり得なかったであろうという．ケプラーの惑星運動についての3法則は，以後のすべての研究の基礎となった．最初の2つは1609年に出版され，最後の法則は1681年に出版された．第一法則は，惑星が太陽のまわりの楕円軌道上にあることを述べる．楕円の一方の焦点に太陽があり他方の焦点には何もない．第二法則は，惑星の中心と太陽の中心を結ぶ動径ベクトルが一定時間には一定の面積を掃引することを述べる．第三法則は，惑星の公転周期と太陽からの距離の間の関係を述べている．ケプラーの業績がプトレマイオスの天動説に終止符を打ったといえる．

ファブリチウス　Johann Fabricius（1587-1616）

オランダの天文学者．医学を学んだが，彼の父 David Fabricius を助けて天文学上の業績を残した．太陽黒点の発見はファブリチウス，ガリレオ，シャイナーに帰せられているが，誰が第一発見者であるかは判別しがたい．

リッチオリ　Joannes Baptista Riccioli（1598-1671）

イエズス会派のボローニャ大学の天文学教授．彼の著した「アルマゲスタ・ノバ」は当時の天文学の集大成である．彼はコペルニクスの地動説を受け入れず，ティコ・ブラーエの天動説を支持した．1651年，彼の弟子であったグリマルディ（Francesco Grimaldi）の観測に部分的に基づいた，月の地図を出版したが，それはヘヴェリウスのものよりすぐれていた．彼は新しい月面の地名の命名法を導入し，主なクレーターに歴史上の偉人の名を冠した．彼の命名法は，拡張されて今日も用いられている．リッチオリはガリレオの地動説を決して受け入れなかった．ガリレオの名を冠したクレーターが小さくてはっきりしないのに対し，リッチオリとグリマルディの名をもつクレーターが立派なものであるのは彼のこの立場を反映している．

ヘヴェリウス　Johann Hevelius（1611-1687）

ヘヴェリウスはラテン名であり，Hewelcke とか Hevel と綴ることもある．ダンツィヒ（現ポーランド領グダニスク）に生まれ，その市議会議員となった．オランダに学び，ヨーロッパ中を遍歴した後，1639年ダンツィヒに戻り天文学に彼の余暇すべてをささげた．彼は当時のヨーロッパで最もすぐれた天文台を建設し，1,500の恒星を載せたカタログや彗星のカタログを刊行した．1645年に最初の正確な月面図を出版したが，彼のつけた名称は今日では使われてはいない（たとえば彼のつけた大暗黒湖は今はプラトー・クレーターと呼ばれる）．彼の天文台は1679年に焼失したが，すぐに再建された．ヘヴェリウスはハレーのような当時の指導的天文学者の多くと交際があった．

ホロックス　Jeremiah Horrocks（1619-1641）

イギリスの聖職者，天文学者．リヴァプールに生まれる．彼は1639年の金星の太陽面通過を予測して，実際にそれを観測した．彼は将来を期待されていたが，夭折してしまった．

カッシーニ　Giovanni Domenico Cassini（1625-1712）

ペリナルド生まれのイタリアの天文学者だが，生涯の大部分をフランスで送った．ルイ14世によってパリの新天文台の初代台長として招かれ，すぐれた惑星観測を行った．彼は土星の四大衛星（イアペタス，レア，ディオーネ，テティス）を発見し，またカッシーニの空隙と呼ばれる土星の環の切れ目を見つけた．また火星の極冠を観測し，月の運動の理論を改良した．視差測定法により初めて太陽までのもっともらしい距離を求めた．彼の測定値は1億3,800万kmであった．彼のパリ天文台長の地位は息子のジャック（Jacques）に引きつがれた．

ホイヘンス　Christiaan Huygens（1629-1695）

ハーグ生まれのオランダの天文学者．20代前半に天文学を志し，望遠鏡の改良に業績をあげた．小口径の長焦点屈折望遠鏡を用いて，当時の最良の観測を行った．ガリレオが三重星と解釈した土星が，実は環をもつことを示し，1655年には土星最大の衛星タイタンを発見した．1659年には火星表面の最初の詳細なスケッチを残し，三角形のシルテ湾（Syrtis Major）を描いた．彼はまたきわめて正確に火星の自転周期を求めた．一時フランスに住んだが，プロテスタントとして気風になじまずオランダに戻った．彼は恒星は太陽であると信じ，宇宙には多くの生物の住む世界があると考えた．著書「宇宙の理論」は没後の1698年に出版され，振り子時計の改良の研究を含め，彼の業績がまとめられている．

ニュートン　Isaac Newton（1643-1727）

イギリス，リンカーンシャーのウールスソープに生まれた．ケンブリッジ大学を卒業し，以後の生涯をそこで送った．1665年ペストの流行のため大学が休校になった時ウールスソープに戻り，重力の理論と太陽光のプリズムによる分離（スペクトル分光の先駆）などの，以後の業績の基礎になる仕事をした．1671年，彼は最初の反射望遠鏡を作って王立協会に提出した．1687年には，不動の業績である「プリンキピア」を刊行し，その中で重力の理論ほか多くの理論について詳述した．この業績は1人の人間によってなされた精神的努力の所産としては最大のものである．彼のもう1つの大きな業績である「光学」は1704年に刊行された．ニュートンは科学界のあらゆる栄誉を受けたし，彼の業績は第一級のものであった．にもかかわらず，彼は錬金術を信じていたし，占星術に対しても懐疑をいだくことはなかった．彼はウェストミンスター寺院に埋葬されている．

レーマー　Ole Rømer（1644-1710）

アールス生まれのデンマークの天文学者．パリ天文台で幾年かすごした後，デンマークに戻ってコペンハーゲン天文台長となった．彼は多くの装置を設計したが，太陽面通過現象の観測装置もその1つである．木星の衛星の食周期が一定でないことから，正しく光速度を算出した．

フック　Robert Hook（1653-1703）

ワイト島に生まれたイギリスの物理学者で，王立協会の指導的立場にあり，またすぐれた実験家であった．木星の大赤斑を観測し，望遠鏡の光学系を改良した．

ハレー　Edmond Halley（1656-1742）

イギリスの天文学者．19歳で惑星の軌道に関する論文を出版した．ケンブリッジ大学に学んだが，学位をとる前にセントヘレナ島へ渡り，初めての南天恒星カタログを作成した．ニュートンに「プリンキピア」の出版を勧めたのはハレーであり，出版にあたっては私財を投じた．1705年にハレーは彼の彗星に関する業績を出版し，その中で，1682年の彗星は約76年の周期をもっており，1758年に回帰することを予言した．その時までにハレーは没したが，彗星は1758年のクリスマスの夜に観測された．その後このハレー彗星は1853年，1910年に回帰し，1982年に再発見されている．彼は天文学に多くの貢献をしており，いくつかの明るい星の固有運動を発見したことが特筆される．また，1715年の皆既日食には，太陽の彩層とコロナを見出している．1720年にはフラムスチード（John Flamsteed）のあとをついで王室天文官となり，18年間にわたる月の位

置の長期観測を行って成功をおさめた．ハレーの快活で陽気な性格は，彼の同時代人であるフラムスチードや，フック，ニュートンらと著しい対照をなしている．

ロモノソフ　Mikhail Vasilyevich Lomonosov　(1711-1763)

ロシアの天文学者で，地質学者，気象学者，文法学者でもあった．はじめペテルスブルグ（現レニングラード）に学び，その後ペテルスブルグの化学教授となって戻るまではドイツに学んでいた．彼は気体運動学の先駆者であり，天文学上の業績としては，1761年に金星の太陽通過を観測して金星には濃い大気があると結論したことがあげられる．彼はロシアでは最初のコペルニクスの地動説の支持者であった．

ライト　Thomas Wright　(1711-1785)

ダラム生まれのイギリスの天文学者．彼ははじめ時計工場の徒弟として働き，後に数学教師となった．彼は銀河は円板状であると提唱し，また土星の環は小さな独立の粒子から成るという正しい主張を行った．

メシエ　Charles Messier　(1730-1817)

彗星探索に一生をささげたフランスの天文学者．1ダース以上の彗星を見つけた．彗星とまぎらわしい天体を区別するため，星団や星雲のカタログを作って1781年に完成させたが，今日ではこのカタログによって彼の名が記憶されている．

ハーシェル　Wilhelm Herschel　(1738-1822)

英名 William Herschel．ハノーバーに生まれたが，若いうちにイギリスに渡り，バースの楽団のオルガン奏者となった．天文学に興味をもって反射望遠鏡を自作した．1781年，その望遠鏡によって天王星を発見し，一夜にして有名になった．イングランドとハノーバーの王，ジョージⅢ世によって王室天文官に任じられ，残りの生涯を観測にささげた．ハーシェルはおそらく最も偉大な観測者であったといえるだろう．土星の2つの衛星と天王星の3つの衛星の発見もさることながら，数千の二重星，星団，星雲を発見した．また銀河系の形状を初めて推定した．また当時，最高の望遠鏡製作者であって，彼の有名な40フィート反射望遠鏡は，少々不格好ではあるが，19世紀半ばまで他に比べるものがなかった．彼は，観測者としての生涯をずっと妹のカロリーネ（Caroline, 1750-1848）によって助けられた．彼女自身も立派な天文学者であり，8個の彗星と多くの星団，星雲を発見している．引退後はバッキンガム近郊のスラウに住んだ．彼が庭で天王星を発見したバースの旧家は保存され，小さな博物館となっている．

レクセル　Anders Johan Lexell　(1740-1784)

当時スウェーデン領であったアボに生まれたフィンランドの天文学者．ペテルスブルグで天文学教授となった．月の運動理論をたて，また彗星の運動についても研究を行った．1770年にメシエによって発見された彗星の軌道を計算したので，この彗星はレクセル彗星とよばれている（この彗星は現在は見失われてしまった）．また彼は，ハーシェルが1781年に見つけた新天体が，ハーシェルが初めから信じていたように，惑星（天王星）であることを示した．

シュレーター　Johann Hieronymus Schröter　(1745-1816)

ドイツの天文学者．職業はブレーメンの近くのリリエンタール市長であったが，天文学に尽きぬ興味をもっていた．彼は当時入手できた最高の装置をそなえた立派な天文台を建設した．その装置の中にはハーシェルの作った望遠鏡も含まれていた．ハーシェルとシュレーターは長い間親密な通信をかわしていたが，金星をめぐっては多少の波乱があった．シュレーターは金星に高い山々を観測したと信じたが，ハーシェルは頑としてこれを受け入れなかったのである．しかしシュレーターの返事は信義に厚いものであったので，個人的関係が損なわれることはなかった．シュレーターは惑星観測に集中した．彼は最初に月を詳細に観測した天文学者であった．彼は火星の地図を作ったが，表面の特徴を大気現象としたので，解釈は誤っていた．また，他の惑星についても観測を行った．彼は図が下手だったのでその業績の価値が下っているといわれることもあるが，天文学に対し測り知れない貢献をしたことに疑いはない．彼は1800年のリリエンタールの会議で火星と木星の間に新惑星を発見するために作られた天体捜索隊の代表となった．残念ながらシュレーターの天文台は1813年のフランス軍の侵入により焼失した．その時，彼の未発表のすべての観測記録も失われてしまった．

ピィアツィ　Giuseppe Piazzi　(1746-1826)

イタリアの天文学者．パレルモの天文台長．1801年，恒星カタログの作製中に最初の小惑星を発見し，セレス（Ceres）と名づけた．彼は当時シュレーターの天体捜索隊のメンバーではなかったが，後に加入した．

ボーデ　Johann Elert Bode　(1747-1826)

ドイツの天文学者．ベルリン天文台長．恒星カタログと星図を出版した．また半世紀にわたって「ベルリン天体暦」の編集を担当した．彼は惑星の太陽からの距離の間の奇妙な関係に注意を喚起した．そのため，その関係はウィッテンベルグのティティウス（Titius）が最初に発見したのだが，ボーデの法則とよばれている．

オルバース　Heinrich Olbers　(1748-1840)

ドイツの医者でアマチュア天文学者．天体捜索隊に加わり，1802年のセレスの回帰を初めて観測し，また新たに2つの小惑星，パラス（Pallas）とベスタ（Vesta）を発見した．熱心な彗星の観測者でもあり，いくつかを見つけている．彼は宇宙論に対するオルバースの背理の方でより有名である．

ラプラス　Pierre Simon Laplace　(1749-1827)

ニュートンの業績をひきついで発展させたフランスの数学者．著書「天体力学」において天体運動学の概要を作り上げ，「宇宙体系解説」で太陽系形成の星雲説を提唱した．それによれば，収縮するガス雲の中心が太陽となり，周囲にとり残されたガスのリングが惑星になったというのである．彼が唱えた形では星雲説はもはや受け入れられてはいないが，現代の太陽系形成論は彼の説と共通点がある．

ポンス　Jean Louis Pons　(1761-1831)

彗星発見者として最高位にある．フランスに生まれ，はじめマルセイユ天文台の守衛となった．37個の彗星を発見してフローレンス天文台長として迎えられた．1818年に今日エンケ彗星と呼ばれる彗星を見つけ，また翌年1858年に回帰した彗星を発見した．

フラウンホーファー　Joseph von Fraunhofer　(1787-1826)

ドイツの光学者．彼の経歴は変わっている．幼い時みなし児となり，時計職人に徒弟奉公した．彼の下宿が崩壊した時，ババリアの国王によって救われた．国王は彼に力添えを与え教育を施した．フラウンホーファーは当時の最も優れた光学技術者となって屈折望遠鏡のためにすぐれた対物レンズを作り出した．ストルーブ（F. G. W. Struve）が二重星の先駆的研究に使用したエストニアのドルパート天文台の屈折望遠鏡の対物レンズも彼の作品である．フラウンホーファーはまた回折格子を発明し，太陽のスペクトルを研究した．太陽スペクトル中に324本の暗線をみつけ，それらは今日フラウンホーファー線と呼ばれている．また月や惑星，恒星のスペクトルの研究も行った．残念なことに，比較的若く，

学半ばにして夭折した．

ボンド　William Cranch Bond　(1789 - 1859)
　初期のアメリカの天文学者として，よく知られた1人．メインに生まれ，時計職人として訓練をうけた．イギリスに渡ってそこの天文台を視察した後，ハーバード大学の天文台建設の責任者となり，初代の台長となった．土星のクレーペ環を発見し，またラッセルとは別に土星の衛星ハイペリオンを発見した．ボンドは天体写真のパイオニアで，ロンドンで1851年に開かれた大博覧会では立派な月の銀板写真を展示した．

シュヴァーベ　Heinrich Schwabe　(1789 - 1875)
　デソーに生まれたドイツのアマチュア天文学者．水星より内側の惑星の発見に努力した．そのような惑星は太陽面通過時にのみ見えることに気づき，何年間も太陽面の定常観測を続けた．そのような惑星は存在しなかったが，一連の観測から太陽黒点の11年周期という重要な発見を行った．

エンケ　Johann Franz Encke　(1791 - 1865)
　ドイツの天文学者．ナポレオンとの戦いに参加した後，ベルリン天文台長となる．彼の指揮のもとに新しい星図が作られた．海王星の発見は，ルヴェリエの予想位置から，この星図を用いてガレ（Johann Galle）とダレストが行ったものである．エンケは月の理論にも貢献しているが，その名は彼の名を冠した短周期彗星エンケによって記憶されている．エンケはこの彗星が3.3年の短い周期をもつことを確証したのである．この周期は現在でも最短のものである．彼のこの証明までは，ハレー彗星だけがその周期性を知られていた．

ヘンケ　Karl Ludwig Hencke　(1793 - 1866)
　ドイツのアマチュア天文学者，郵便局長．大きな月面図の作成に着手した．彼が完成した部分の地図はすばらしいできばえであったが，健康を害して全部の完成には至らなかった．しかし彼の月面図は後年のシュミットの大月面図の基礎となった．

ベーア　Wilhelm Beer　(1797 - 1850)，メードラー　Johann Heinrich von Mädler　(1794 - 1874)
　この2人は共に記述されるのがふさわしい．この2人のドイツの天文学者は，1837年に初めての確かな月の地図を作り，また最初の信頼できる火星図を作った．ベーアは富裕な銀行家であり，メードラーが彼に天文学を教えた．彼らはベルリンからベーアの所有する9.5 cmフラウンホーファー屈折望遠鏡を用いて観測を行ったのである．彼らの月面図は，名をつけられた地形すべてについての詳しい説明とともに，すみずみまで注意深く正確に行われた観測の結果であり，半世紀近くもそれに匹敵するものはなかった．1840年メードラーはベルリンを離れてドルパートへ行き，太陽系に関してさらに研究を行った．

ドウズ　William Rutter Dawes　(1799 - 1868)
　イギリスのアマチュア天文学者．彼はランカシャーの組合派教会の司祭であったが，1839年に退職してすべての時間を天文学にささげた．彼は，ボンドとは別に土星のクレーペ環を発見し，火星の詳細な地図を描いた．彼はまた多くの二重星を発見した．彼はバーナードと同様，その人並みはずれた鋭い視力で名高い．

ラッセル　William Lassell　(1799 - 1880)
　イギリスのアマチュア天文学者．職業は醸造業．リバプールに立派な天文台を建て，大きな反射望遠鏡をおいて，海王星の最大の衛星トリトンを見つけた．この発見は海王星自身の発見からわずか17日後のことである．また，天王星の内側の衛星であるアリエルを発見し，ハーシェルが存在に気づいたウンブリエルを再発見した．ラッセルはまた，ボンドとともに，土星の衛星ハイペリオンの発見者の1人である．後に彼は装置をマルタ島に運び，星雲の研究を行って600個の星雲を発見した．

カイザー　Frederik Kaiser　(1808 - 1872)
　アムステルダム生まれのオランダの天文学者．ライデン天文台長となって，天文台の再編成と近代化に努力した．彼は惑星観測にすぐれ，火星に力を注いで，表面図を作り，またひじょうに正確にその自転周期を測定した．

ルヴェリエ　Urbain Jean Joseph Le Verrier　(1811 - 1877)
　フランスの天文学者．アダムスとは別に，海王星より外の惑星を探索していた．計算結果をベルリン天文台へ送り，それに基づいてガレとダレストが新惑星探しを始め，最初の夜に発見した．ルヴェリエは水星より内側にも惑星が存在すると信じ，バルカン（Vulcan）という名さえ与えたが，そのようなものは存在しない．ルヴェリエはパリ天文台長となって多くの貴重な理論的・実際上の業績をあげた．しかし彼には人望がなく，1870年には台長を辞めるよう求められた．しかし後継者デロウネイ（Charles Delaunay）が船の事故で溺死したので，彼は台長職に復帰した．

オングストローム　Anders Jonas Ångström　(1814 - 1874)
　ログドで生まれウプサラで教育を受けたスウェーデンの天文学者．1843年にウプサラ天文台長となった．彼は先駆的な天体物理学者で，1862年に太陽で発見された元素のリストを出版した．1868年には最初の大規模な太陽スペクトル図を完成した．長さの単位であるオングストロームは彼の栄誉をたたえてつけられたものである．

カークウッド　Daniel Kirkwood　(1814 - 1895)
　メリーランド生まれのアメリカの天文学者．1856年にインディアナ天文台に移るまではデラウェア大学の数学教授であった．彼の主業績は彗星と流星，小惑星の関連を明らかにしたことである．1861年という早い時期に，彼は流星群は分裂した彗星の破片であろうと提案した．彼はまた，小惑星帯には木星の摂動が累積することにより天体のほとんどない空隙があることを確立した．この空隙はカークウッドのギャップと呼ばれる．

アダムス　John Couch Adams　(1819 - 1892)
　コーンウォールのリドコットに生まれたイギリスの天文学者．ケンブリッジ大学の学生の時，天王星の運動を研究して天王星より外にある惑星を見出す問題に挑戦しようと決心した．彼は結果をまとめて王室天文官のエアリー卿（George Airy）に送ったが，すぐには反応は得られなかった．フランスのルヴェリエが同様の計算をしたことを聞き，彼はケンブリッジの天文学教授カリス（James Challis）に探索を始めるよう依頼した．しかしカリスはさして積極的ではなく，ルヴェリエの計算に基づいてベルリンで新しい惑星（海王星）が発見されるまでには，それを発見することはできなかった．現在ではアダムスとルヴェリエは対等の発見者とされている．1860年にアダムスはケンブリッジ天文台長となり，とくに月の運動と流星群の流れについて多くの貴重な業績をあげた．

スウィフト　Lewis Swift　(1820 - 1913)
　彗星と星雲の発見を得意とするアメリカのアマチュア天文学者．13個の彗星と900個の星雲を発見した．1878年の日食の時，仮説的な惑星バルカンを探した．しかし今日では彼が見た天体は単なる恒星にすぎなかったと思われる．スウィフトはハレー彗星の2回の回帰を経験した数少

ない天文者の 1 人である．

テンペル Ernst Wilhelm Liebrecht Tempel （1821 - 1889）

　ドイツの天文学者．ヴェニス，マルセイユ，アルセトリで研究に従事した．5 つの小惑星を発見し，2 つの短周期彗星を含むいくつかの彗星も見つけた．彼はまたプレアデス星団内の星雲を発見した．

ダレスト Heinrich Ludwig D'Arrest （1822 - 1875）

　ベルリン生まれのドイツの天文学者．ベルリンで学生であった時，ガレ（Johann Galle）に加わって海王星探索に従事することをエンケに認められた．彼は彗星と小惑星の研究に大いに貢献した．回帰彗星を発見して，それには彼の名が冠せられている．彼はまた 2,000 個の星雲の観測について発表したが，その多くは彼自身が発見したものである．

シュペーラー Friedrich Wilhelm Gustav Spörer （1822 - 1895）

　ドイツの天文学者で，長年ポツダム天文台のスタッフであった．彼のおもな業績は太陽に関するものである．彼はカリントンの結果を確認し，太陽活動周期の間，黒点の位置する緯度帯が変化することを発見した（シュペーラーの法則）．彼はまた太陽観測の歴史についても幅広い研究を行った．

ジャンサン Pierre Jules César Janssen （1824 - 1907）

　フランスの天文学者．天文学上のスペクトル分光の先駆者．1868 年の日食の際，皆既日食になる前にもプロミネンスを観測することに成功した．また彩層の存在を確認した．1904 年には 8,000 枚の写真を含む大太陽図集を刊行した．1870 年のドイツ軍によるパリ侵入の際には，皆既日食の観測のためパリを離れていた．しかし，曇った空のために観測はできなかった．彼はまた，火星のスペクトル上に水蒸気を検出したと信じていたが，これは誤りであった．1876 年パリ郊外のムードン天文台長となり，生涯をそこで終えた．

シュミット Johann Friedrich Julius Schmidt （1825 - 1884）

　ドイツの天文学者．ハンブルグとボンで研究に従事した後，1858 年にギリシャへ行きアテネの天文台長となった．月の観測を中心とした研究を行い，1866 年に小さなクレーター，リンネが消失したとの報告は天文学者たちの注目を集めた．しかしたぶんリンネに本当の変化が起きたのではなかろう．1878 年に 1.8 m の大きさの詳細な月の地図を出版した．この地図はベーアやメードラーの地図に比べずっと詳細であり，以後何年間も月面図の標準とされた．彼は彗星や流星の軌道決定にも関心をもっていた．また，2 つの回帰新星，1866 年のかんむり座 T 新星，1876 年の白鳥座 Q 新星を見つけた．

ドナティ Giovanni Battista Donati （1826 - 1873）

　イタリアの天文学者．1858 年の美しく輝いた彗星の発見者として有名である．当時，彗星は太陽光を反射して輝くだけであると考えられていたが，ドナティは 1864 年のテンペル彗星のスペクトルを調べ，白熱するガスからの輝線を見つけた．フローレンスの天文台長となってアルセトリの有名な天文台の建設の任にあたった．

カリントン Richard Christopher Carrington （1826 - 1875）

　ロンドンで生まれケンブリッジで教育を受けたイギリスの天文学者．サリー州レッドヒルに私設天文台を設け，貴重な太陽観測を行った．太陽の自転周期を決め，それが緯度とともに変わる事実を確認した．また，シュペーラーとは別に太陽活動周期と黒点帯との関係則を発見した．可視光で太陽フレアの観測をしたのも彼が最初である．1865 年に健康を害し，以後は天文研究を継続できなかった．

ホール Asaph Hall （1829 - 1907）

　コネティカット州生まれのアメリカの天文学者．はじめ大工の徒弟をしていたが，ミシガン大学へ行って天文学を学んだ．1862 年にワシントン天文台のスタッフとなり，1876 年にはそこの大屈折望遠鏡を用いて土星の自転周期を求めた．しかし彼の名を後世にとどめたのは 1877 年の火星の 2 つの衛星フォボスとダイモスの発見であろう．

ローヴィ Maurice Loewy （1833 - 1907），**ピュソー** Pierre Henri Puiseux （1855 - 1928）

　共にムードン天文台で観測に従事し，1896 年に最初に写真による月面図を作成した．写真地図は自然とそれまでの地図と置き換わっていった．ローヴィは地球・太陽間の距離である 1 天文単位の長さを測るために，小惑星エロス（Eros）の観測を行った．

スキアパレリ Giovanni Virginio Schiaparelli （1835 - 1910）

　イタリアの天文学者．チューリン大学を卒業後，ベルリン，プルコボを経てミラノのブレラ天文台長となった．1877 年に火星の詳細な研究を行い，火星地形の命名法を改め新しい地図を作った．黄色の領域を横切る規則的な線を，イタリア語で溝を意味する canali と名づけた．これは英語に直訳されて悪名高き運河（canals）となってしまった．1879 年にスキアパレリは再び溝を観測し，そのいくつかは二重になっていると述べた．彼自身はその溝が人工的なものであるとする説にくみしたことはないが，彼自身の言葉によれば「提案に反対しないよう慎重に言葉を選んだ」．彼はまたペルセウス座流星群とスウィフト・タトル彗星（1862 III）の間の関連を見つけた．これはこの分野の研究に大きな意味をもつものであった．彼は水星の地図を作成したが，水星と金星の自転はどちらも公転と同期し，いつも同じ面を太陽に向けていると仮定した点で誤っていた．彼は天文学史にも通じ，視力が悪化して観測を止めることを余儀なくされた後も，その研究を続けた．

ロッキヤー Joseph Norman Lockyer （1836 - 1920）

　ラグビーで生まれたイギリスの天文学者．はじめは火星の研究を行った．細心の注意を払ってスケッチを行っていたが，やがてスペクトル分光に転じた．1868 年には，日食以外の時に太陽のプロミネンスを観測する方法を発見した．これはジャンサンの研究とはまったく別個になされたものである．1869 年には，それまでに知られていたどの元素とも符合しないスペクトル線を太陽スペクトル中に見つけた．これらのスペクトル線は実はヘリウムによるものだったが，ヘリウムが地上で同定されたのはずっと後のことである．彼は恒星進化論を唱えたが，隕石の集積過程などの誤った考えをも含んでいた．1897 年ナイトに叙せられ，引退してデボンシャーのシッドマウスに住み，そこに私設天文台を作った．

フラマリオン Camille Flammarion （1842 - 1925）

　フランスの天文学者．聖職者になるべく教育を受けていたが，天文学を好んで神学を捨てた．パリ天文台と経度局で研究に従事したが，やがて，ジュヴィシスール・オルゲに私設天文台を設け，そこで残りの生涯をすごした．精力的に天文学の普及につくし，フランス天文学会誌，L'Astronomie を発刊した．専門書ばかりでなく一般読者向けの著作など多くを執筆した．彼は宇宙には生命の存在する世界は普遍的に存在すると強く確信していた．数多くの惑星観測を行い，火星研究史に関しても 2 冊の著作がある．

ダーウィン George Howard Darwin （1845 - 1912）

　イギリスの天文学者．チャールズ（Charles）・ダーウィンの次男で，ケント州のドゥーネで生まれ，ケンブリッジに学んだ．1883 年にケンブリッジで天文学教授となった．潮汐現象の専門家で，1898 年には彼の有

名な月の起源に関する潮汐説の概要を述べた．この考えは現在では否定されているが，長年にわたって広く受け入れられていた．1906年にナイトに叙せられた．

デニング　William Frederick Denning　(1848-1931)

イギリスの天文学者．サマセットに生まれ，会計士としての訓練を受けた．職業的科学者の地位についたことはないが，流星に関するいちばんの権威とみなされていた．1,100個以上の流星雨について，その放射点を決めた．熟練した観測者であり，いくつかの彗星を発見し，土星の自転周期を測り直し，水星，火星，金星，木星についてすぐれた観測を行った．流星観測者として最も名が通っており，彼の集めたデータには測り知れない価値がある．

ネイソン　Edmund Neison　(1851-1938)

イギリスの天文学者．彼の姓は Nevil であるが，Neison と呼ばれることを好んだ．1876年に月に関してあますところなく記述した著作と詳しい地図を出版した．1882年から1910年の間，南アフリカのダーバンのナタル天文台長であった．

デランドル　Henri Alexandre Deslandres　(1853-1948)

パリに生まれたフランスの天文学者．科学者としての生涯のほとんどをムードン天文台で送り，1908年には台長となった．彼の専門は太陽であり，ヘール（George Hale）とは別個にスペクトロヘリオグラフを発明した．

ローウェル　Percival Lowell　(1855-1916)

ニューイングランド，ボストンの旧家に生まれたアメリカの天文学者．ハーバードで学び，外交官として日本と朝鮮で何年かをすごした後，アメリカに戻って天文学に生涯をささげた．彼は富裕であり，アリゾナのフラグスタッフに私設天文台を建設することができた．建設は1894年に終わり，現在でも世界の主要な天文観測機関の1つである．ローウェルは火星に魅せられており，フラグスタッフの61 cm屈折望遠鏡を用いて注意深い観測を行った．彼は運河網を観測したと信じ，それは知性の高い火星人によって建設された惑星全域におよぶ灌漑施設の一部であると確信していた．このような見解は当時ですら強い批判の対象となったものであった．ローウェルと彼の協力者は火星人の存在をずっと信じていたが，彼の名がこのことによって記憶されているというのは残念なことである．彼の見た火星の運河は幻影であったが，他の方面ではすぐれた業績を残しているのである．スライファーとともに彼はスペクトル分光によって天王星の自転周期を測った．そして水星，金星や太陽系の他のメンバーについて観測を行った．しかし，そこでも彼は実在しない線状構造を想像しがちであった．天体写真の分野では業績をあげ，1930年のローウェル天文台でのトムボーの冥王星の発見につながる計算も行った．ところで，冥王星は小さすぎて，ローウェルがその位置を求めるために仮定したような天王星や海王星への影響をもってはいない．したがって，ローウェルの論文の惑星Xはまだ見つかっていないというべきだが，彼の計算が探索を進めるきっかけになったことは事実なのである．

バーナード　Edward Emerson Barnard　(1857-1923)

テネシー州ナッシュヴィル生まれのアメリカの天文学者．写真家として徒弟修業をしていたが，天文学にひじょうな興味をもち彗星の探索を始めた．23歳の時1881年の大彗星を発見した．ヴァンダービルト大学を卒業した後，リック天文台，ヤーキス天文台とまわって観測者として名をあげるべく修業を続けた．彼の観測者としての資質の一部は人並みはずれた視力にあった．彼の中心的な業績は恒星天文学にあるが，注意深い惑星観測も行い，当時としては最上のスケッチを残している．彼が火星上に運河を見ることができなかった事実は重要なことであろう．1892年には木星の第5衛星アマルチア（Amalthea）を発見した．これは眼視観測により発見された最後の衛星である．以後の発見はみな写真の助けを借りている．1919年にバーナードは暗黒星雲のカタログを出版し，またわずか6光年のところにバーナード星を同定した．この星はケンタウルス座α星の三重星を除けば太陽に最も近い星である．近年，アメリカのスプロール天文台のカンプ（P. von de Kamp）とその協力者達は，バーナード星の固有運動の乱れは1個ないし2個の惑星の存在を示すと主張している．

ピカリング　William Henry Pickering　(1858-1938)

アメリカの天文学者．ハーバード天文台長をつとめた恒星天文学者 E. C.（Edward Charles）ピカリングの弟である．W. H. ピカリングの方は太陽系の研究の方に興味を感じていた．1887年に兄の助手となり，しばらくはペルーのアレキパにあるハーバード大学天文台の南半球分室の運用に責任をもった．彼は火星を詳しく研究し，運河は黄色い部分だけでなく暗い領域をも横切っており，2つの運河が交差するところには一般に暗い円状のもの，オアシス，があると主張した．1898年ピカリングは写真を用いて土星の第9衛星フェーベを発見した．これは写真による衛星発見の第一号である．1900年から彼はジャマイカのハーバード天文台の台長となった．そこでは月の研究に集中し，月の各領域の写真地図をいろいろな光線のぐあいのもとで撮影した．彼はそこに変化がみられると確信し，植物か昆虫の群れによると考えた．彼はまた海王星以遠の惑星の問題にも興味をもち，可能性のあるいくつかの領域を特定した．1919年にウィルソン山天文台においてヒューメイソン（Milton Humason）がピカリングの計算に基づいて写真探索を行ったが，冥王星の発見には失敗した．しかし後日調べたところではその写真上には冥王星の像が2回も記録されていたのである．

ウォルフ　Maximilian Franz Joseph Cornelius Wolf　(1863-1932)

ふつうマックス（Max）・ウォルフと呼ばれる．ドイツのハイデルベルグに生まれ，ハイデルベルグとストックホルムに学んだ．1884年に回帰彗星を発見したあと，写真による小惑星の発見に転向し，200個以上の発見をした．それらの軌道についてはよく解明されている．ウォルフは実際この方法の先駆者となった．1893年にケーニヒストゥール天文台の台長となり，恒星天文学の分野，とりわけ星雲および暗黒星雲の研究に貢献した．

クロメリン　Andrew Claude de la Cherois Crommelin　(1865-1936)

クロメリンはフランス系だが，北アイルランドに生まれ，ケンブリッジに学び，1891年にグリニッジ王立天文台のスタッフとなり，小惑星と彗星の軌道についての世界的権威となった．コーウェル（P. H. Cowell）とともに，1910年のハレー彗星の近日点通過の日時について正確な計算を行った．彼らの計算の誤差はわずか3日であった．クロメリンはまた，ポンス（Pons），コギア（Coggia），ウィネッケ（Winnecke），フォーブス（Forbes）らによってそれぞれ独立に観測された彗星が同一のものであることを示した．その彗星は現在クロメリン彗星と呼ばれており，27年以上の公転周期をもち，1983年に近日点通過した．

ヘール　George Ellery Hale　(1868-1938)

シカゴ生まれのアメリカの天文学者．ハーバードとベルリンに学び，太陽研究を専門とした．1892年にスペクトロコロナグラフを発明した．それによって，太陽を1つの元素からの光で撮影することが可能になった．これはひじょうに重大な進歩であった（ほぼ同じ頃，フランスのデランドルによっても別個に発明された）．1897年にはヤーキス天文台長となり，1905年にはウィルソン山天文台に移り，そこで太陽研究を続けた．

彼は大反射望遠鏡の価値を信じ，篤志家の百万長者の寄付により維持されている 152 cm と 254 cm の装置の運用に責任をもった．彼はまたパロマー山の 508 cm 反射望遠鏡を計画したが，1948 年の完成を見ることはできなかった．太陽の研究では，黒点磁場を発見（1908）し，その形成についての現象的理論（1912）を唱えた．健康を害して早くも 1922 年に引退したが，その後もスペクトロヘリオスコープを発明した．これはスペクトロヘリオグラフの眼視用のものである．彼は大望遠鏡建設の音頭をとったことで有名であるが，彼の太陽研究の業績も同様に重要なものなのである．

アントニアディ Eugenios Antoniadi （1870 - 1944）

ギリシャ生まれの天文学者．1893 年にフランスに移住し，帰化して，生涯そこで暮した．1893 年から 1902 年の間，彼はフラマリオンの助手としてジュヴィシ天文台に勤務した．そして 1909 年にムードン天文台のスタッフとなり，83 cm 屈折望遠鏡を十分に使うことができるようになった．彼は惑星を専門としていて，その頃が彼にとって最上の時であっただろう．彼の作った火星の地図はきわめてよくできていて，彼の命名した地名は今も使われている．彼には人工物らしき運河など見えなかったので，ローウェルの知性的火星人存在説には我慢がならなかった．彼は火星大気に浮かぶ雲の形状について詳しい研究をしている．また水星の地図も作ったがこれはあまり成功しなかった．彼は昼光のもとで空高くにある水星を観測するスキアパレリの方法を用い，水星の自転は公転に同期しているとするスキアパレリの結果を確かめたと確信した．現在では公転周期は 88 日，自転周期は 58.6 日と知られており，この結果は誤りである．アントニアディの水星の地図は正確ではなかったが，このことは驚くにはあたらない．彼は金星も観測して，表面の特徴は雲が多いことであるのを確かめている．彼の残した木星や土星のスケッチは第一級のものである．

ランプランド Carl Otto Lampland （1873 - 1951）

アメリカの天文学者．1903 年フラグスタッフのローウェル天文台に行き，そこにとどまった．数多くの火星の眼視観測を行ったが，彼の名は惑星の温度とスペクトルの測定に残っている．

スライファー Vesto Melvin Slipher （1875 - 1970）

アメリカの天文学者．インディアナ大学に学んだ．1901 年にローウェル天文台のスタッフに加わり，惑星スペクトル分光の先駆的業績をあげた．1917 年ローウェルをついで天文台長となった．彼の努力により，トンボーをフラグスタッフに 1928 年に招き，ローウェルの結果に基づいて海王星より外の惑星探索に着手することができた．これらとはまったく別の方面でスライファーは，今日われわれが銀河と呼ぶ天体のスペクトルは赤方変位していて地球から遠ざかりつつあることを最初に示した．彼はまたローウェルの屈折望遠鏡を用いて，プレアデス星団内の星雲のようないくつかの星雲は恒星の光を反射して光っているだけであることを示した．

ジーンズ James Hopwood Jeans （1877 - 1946）

ロンドン生まれのイギリスの天文学者．ケンブリッジに学んだ．星の進化論に重要な貢献をした．また惑星形成の遭遇説――近くを通過する星の作用により太陽から葉巻状の舌が引き出され，それが惑星になったとする説を唱えた．この説は一時広く受け入れられたが，今では否定されている．ジーンズは 1928 年にナイトに叙せられ，晩年は精力的に天文学の普及に努めた．

バブコック Harold Babcock （1883 - 1964）

アメリカの天文学者．1907 年にカリフォルニア大学の電気工学科を卒業し，1908 年にはバークレイに行った後，ヘールに招かれてパサディナ研究所に物理学者として勤めた．彼は太陽スペクトルの研究に従事し，1948 年の引退後は太陽の一般磁場の研究に手をつけた．彼の息子のホラス（Horace）はこの研究を継承した．

スライファー Earl Carl Slipher （1883 - 1964）

アメリカの天文学者．ベスト（Vesto）の弟．兄同様，ローウェル天文台に 1906 年に加わり，惑星写真を専門とした．彼の撮った写真の中には，宇宙時代以前の最高傑作であったものが何枚もある．

ジェフリース Harold Jeffreys （1891 -   ）

イギリスの天文学者．ニューカッスルとケンブリッジに学び，1922 年にはケンブリッジ大学の地球物理学講師となった．彼はジーンズの太陽系形成論を発展させた．1920 年代には一連の最高級の論文を著して，一般に仮定されていたように，巨大惑星は自ら輝くことはないことを証明し，現代の巨大惑星研究の基礎を作った．

ラインムース Karl Wilhelm Reinmuth （1892 - 1979）

ハイデルベルグ生まれのドイツの天文学者．マックス・ウォルフの助手となって，ウォルフ同様，写真により多くの小惑星を発見した．1933 年には地球軌道を横切る小惑星アポロ（Apollo）を発見し，同様の軌道をもつ小惑星はアポロ群とよばれるようになった．1937 年にはヘルメス（Hermes）を見つけた．この小惑星は地球のすぐ近く（月までの距離の 2 倍程度の所）をかすめていった．

バーデ Walter Baade （1893 - 1960）

ドイツの天文学者．1931 年にアメリカへ渡り，1958 年にドイツへ帰るまで在住．彼は 2 つの例外的な小惑星ヒダルゴ（Hidalgo）とイカルス（Icarus）をそれぞれ 1920 年と 1940 年に発見したが，主な研究対象は恒星であった．1952 年に，遠くの銀河までの距離の推定に誤りがあり，宇宙はそれまで信じられていたより少なくとも 2 倍は大きいことを示した．

リヨー Bernard Lyot （1897 - 1952）

フランスの天文学者．1918 年にムードン天文台のスタッフとなり，やがて台長となった．彼は月と惑星の写真観測と偏光観測を行い，そのための装置も開発した．1929 年に火星の偏光に関する重要な論文を書き，火星大気にはもやか塵が多いこと，南の極冠上には雲により作られた大気の乱れがあることを示した．ピレネー山中のピク・ド・ミディ高山天文台で木星のガリレオ衛星の観測を行った．このとき大口径の屈折望遠鏡を用い，それまでに得られた中で最上の惑星写真の撮影に成功した．とりわけコロナグラフの発明者として知られており，その装置によって日食時以外にも太陽の内部コロナの観測が可能となった．また単色光フィルターである，リヨー・フィルターを開発し，今では広く太陽プロミネンスの観測に使われている．リヨーは 1952 年，アフリカでの日食観測からの帰途没した．

カイパー Gerard Peter Kuiper （1906 - 1973）

オランダの天文学者．1928 年にライデン大学の天文学助手となる．1933 年にはアメリカに移住し，そこに永住した．1937 年にはアメリカの市民権を得た．1933 - 35 年はリック天文台，1935 - 36 年はハーバード大学，1936 - 37 年はシカゴ大学，そして 1939 - 60 年にはテキサス大学のマクドナルド天文台に勤め，後年は台長となった．1947 - 49 年と 1957 - 60 年はヤーキス天文台の台長も兼任した．1960 年，アリゾナ大学に行き，月・惑星研究所を設立した．この研究所は今でも太陽系研究の第一線にある．カイパー自身は月と惑星の研究に関わり，月の写真地図の編集を行った．この地図は 60 年代に月軌道衛星の結果が得られるまでは標準となるもの

であった．木星と土星の大気の最初の理論的研究を行ったのも彼であり，火星大気中の二酸化炭素の存在の最初の証拠も彼により発見された．1944年には土星最大の衛星タイタン（Titan）に大気が存在することを確証した．彼は月面車による探査の主任科学者であり，1967-70年には国際天文学連合の火星地名命名に関する小委員会の議長を努めた．多くの著作や論文があるが，とくに初期のロケットによる月・惑星探査に深く関わっていた．1974年3月マリナー10号により最初に見つかった水星のクレーターには彼の名が冠せられた．

トムボー Clyde William Tombaugh （1906 -   ）

　アメリカの天文学者．カンサスの農家に生まれ，幼い頃から天文学に興味をもっていた．自作の望遠鏡で火星を観測して，その結果をローウェル天文台の台長スライファーに送った．スライファーは深い印象を受け，1929年に海王星の外にある未知の惑星の探索を開始することが決まった時，トムボーをフラグスタッフに招いて，専用の望遠鏡を用いてその任にあたらせた．翌年トムボーは冥王星を発見した．引きつづき彼は惑星捜しを続け，全部で9,000万個の星の像を調べた．彼はまた流星群の流れの先駆的研究を行い，惑星，とくに火星の詳しい研究を行った．何年か前に引退して現在ではラス・クルセス大学の名誉教授である．

太陽探査機

探査機名	国	打上げ年月日	観測対象・軌道・日程
パイオニア4号	米国	59.3.3	太陽フレアと地球磁場の研究．太陽をめぐる軌道上（0.987×1.142AU）．
ヴァンガード3号	米国	59.9.18	太陽X線の観測．
パイオニア5号	米国	60.3.11	太陽フレアと太陽風．太陽軌道（0.8061×0.995AU）．
OSO 1	米国	62.3.7	Orbiting Solar Observatory（軌道太陽天文台）第1号．高度560kmの地球軌道上にあり，1963年8月6日に機能を停止するまで75個のフレアのデータを送った．
コスモス3号	ソ連	62.4.24	太陽および宇宙の輻射．地球上層大気密度．
コスモス7号	ソ連	62.7.28	ヴォストーク3号，4号の有人飛行の間の太陽フレア・モニター．
エクスプローラー18号	米国	63.11.26	IMP（Interplanetary Monitoring Platform，惑星間空間観測衛星）1号．地球軌道（202,000×125,000km）．アポロとスカイラブの有人飛行の間のフレア・モニター．
OGO 1	米国	64.4.9	Orbiting Geophysical Observatory（軌道地球物理学観測所）1号．地球-太陽の関係，太陽の地磁気への影響．
OSO 2	米国	65.2.3	太陽活動一般，紫外線，X線，γ線輻射．
OSO C	米国	65.8.25	打上げ失敗．
OGO 2	米国	65.10.14	太陽紫外線，X線．太陽の地磁気への影響．
エクスプローラー30号	米国	65.11.18	IQSY（国際静穏太陽年）の太陽輻射．
パイオニア6号	米国	65.12.16	太陽軌道（0.814×0.985AU）．太陽大気．パイオニア7号とともに，太陽面を細長く区切り，その一つ一つを詳しく探査．
OGO 3	米国	66.6.7	地球-太陽の関係，太陽風，宇宙線，ジオコロナ．
パイオニア7号	米国	66.8.17	太陽軌道（1.010×1.125AU）．パイオニア6号と同じ．
OSO 3	米国	67.3.8	太陽活動一般．とくにフレア．
コスモス166号	ソ連	67.6.16	太陽X線．
OGO 4	米国	67.7.28	地球-太陽の関係．大気の電離．地磁気とオーロラ．
OSO 4	米国	67.10.18	太陽の極短紫外線．太陽活動一般．
パイオニア8号	米国	67.12.13	太陽軌道（1.1×1.0AU）．太陽輻射．
OGO 5	米国	68.3.4	太陽活動一般．地磁気．
エクスプローラー37号	米国	68.3.5	太陽輻射と太陽活動．
コスモス230号	ソ連	68.7.6	太陽研究一般．
パイオニア9号	米国	68.11.8	太陽軌道（0.75×1.0AU）．太陽活動一般．
HEOS 1	米国	68.12.5	Heliographic Earth Orbiting Satellite（地球軌道太陽観測衛星）1号．地球軌道（418×112,440km）．HEOS 2とともに11年周期のうち7年をカバー．惑星間空間の太陽粒子の研究．
コスモス262号	ソ連	68.12.26	地球軌道（262×965km）．太陽紫外線，X線．
OSO 5	米国	69.1.22	太陽フレアと太陽活動．
OGO 6	米国	69.6.5	地球電離層とオーロラへの太陽の影響．
OSO 6	米国	69.8.9	太陽フレア，コロナ，太陽活動一般．
パイオニアE	米国	69.8.27	打上げ失敗．
インターコスモス1号	共同	69.10.14	プレセツクより打上げ．太陽紫外線，X線．
Azur	西独	69.11.8	太陽同期軌道．太陽粒子フラックス測定．
インターコスモス4号	共同	70.10.14	カプスティン・ヤールより打上げ．地球軌道（628×250km）．地球磁気圏と太陽紫外線，X線．
エクスプローラー44号	米国	71.7.8	太陽輻射．
しんせい	日本	71.9.28	鹿児島より打上げ．地球軌道（1,870×870km）．太陽粒子および宇宙線．4カ月後にデータ・レコーダ故障．
OSO 7	米国	71.9.29	太陽フレア，コロナ，太陽活動一般．
インターコスモス5号	共同	71.12.2	カプスティン・ヤールより打上げ．太陽活動一般の研究のための，ソ連とチェコの装置を搭載．
HEOS 2	米国	72.1.31	初めの軌道（405×240,164km）から5,442×235,589kmへ持ち上げられた．高エネルギー太陽粒子．
コスモス484号	ソ連	72.4.6	太陽・宇宙放射線．
プログノス1号	ソ連	72.4.14	太陽風とX線．地球磁気圏．
プログノス2号	ソ連	72.6.29	プログノス1号と同じ．
インターコスモス7号	共同	72.6.30	カプスティン・ヤールより打上げ．地球軌道（267×568km）．ソ連・チェコ・東独のチームにより運用．太陽の短波輻射．
アエロス1号	西独	72.12.16	ヴォンデンバーグ空軍基地より地球軌道（223×867km）へ打上げ．紫外線の研究．
プログノス3号	ソ連	73.2.15	太陽フレア，X線，γ線．
インターコスモス9号	共同	73.4.19	カプスティン・ヤールより打上げ．地球軌道（202×1,551km）．太陽輻射と活動一般．
スカイラブ	米国	73.5.14	3人のクルーから成る有人宇宙飛行．
たいよう	日本	74.2.16	鹿児島より打上げ．地球軌道（3,135×255km）．太陽紫外線と軟X線．
インターコスモス11号	共同	74.5.17	カプスティン・ヤールより打上げ．太陽紫外線，X線．
エクスプローラー52号	米国	74.6.3	太陽風と太陽活動一般．
アエロス2号	西独	74.7.16	ヴァンガード空軍基地より打上げ．地球軌道（224×869km）．太陽研究一般．
ヘリオス1号	西独	74.12.10	1975年3月15日に太陽から4,800kmの地点を時速238,000kmで通過．1秒1回でスピン．太陽風と太陽面の両者の研究．
アリアバータ	インド	75.4.19	カプスティン・ヤールより地球軌道（561×619km）へ打上げ．太陽中性子，γ線．
OSO 8	米国	75.6.21	太陽紫外線と宇宙X線．
プログノス4号	ソ連	75.12.22	IMS（国際磁気圏観測年）に関連して打上げ．太陽輻射と地磁気．
ヘリオス2号	西独	76.1.15	太陽に4,500万kmまで接近．ヘリオス1号と同じ目的．
インターコスモス16号	共同	76.7.27	プレセスクより地球軌道（465×523km）へ打上げ．ソ連とスウェーデンの太陽観測器搭載．
プログノス5号	ソ連	76.11.25	太陽風，太陽X線，γ線．IMSと関連．
プログノス6号	ソ連	77.9.22	太陽X線，γ線の地磁気への影響．銀河紫外線，X線，γ線．
プログノス7号	ソ連	78.10.30	太陽紫外線，X線，地球磁気圏．
SMM（太陽活動極大期ミッション）	米国	80.2.14	太陽活動極大期の太陽の詳しい研究．数カ月で故障したが，84年4月スペースシャトルにより修理された．
ひのとり	日本	81.2.21	太陽X線．2つの新しいタイプの太陽フレアが存在することを示した．SMMと同時期に観測を行い，相補的な役割を果した．

月 探 査 機

探査機名	国	打上げ年月日	観測対象・軌道・日程
ソール・エーブル1号	米国	58.8.11	最初の月探査の試み．失敗．
パイオニア1号	米国	58.10.11	失敗．43時間だけデータを送信．
パイオニア2号	米国	58.11.8	月到達には失敗．
パイオニア3号	米国	58.12.6	失敗したが，放射帯のデータが得られた．
ルナ1号	ソ連	59.1.2	月の近く6,000kmをかすめて太陽軌道へ．
パイオニア4号	米国	59.3.3	月の近く60,000kmを通過し太陽軌道へ．
ルナ2号	ソ連	59.9.12	月に衝突した最初の探査機．衝突点は30°N, 1°W．
ルナ3号	ソ連	59.10.4	月の裏側の撮影成功．
アトラス・エーブル4号	米国	59.11.26	月到達に失敗．
アトラス・エーブル5号	米国	60.9.25	月到達に失敗．
アトラス・エーブル5B号	米国	60.12.15	月到達に失敗．
レンジャー3号	米国	62.1.26	月から36,800kmそれてしまった．
レンジャー4号	米国	62.4.23	月に衝突(15.5°S, 130.7°W)したが，カメラが故障．
レンジャー5号	米国	62.10.18	月から725kmそれて太陽軌道へ．
名称なし	ソ連	63.1.4	おそらく失敗した月探査機であったと思われる．
ルナ4号	ソ連	63.4.2	軟着陸には失敗．月を8,500kmそれて太陽軌道へ．
レンジャー6号	米国	64.1.30	月に衝突(0.2°N, 21.5°E)．しかし，テレビシステムの故障でデータは得られず．
レンジャー7号	米国	64.7.28	雲の海(10.7°S, 20.7°W)に着陸．4,308枚の写真が送り返された．
レンジャー8号	米国	65.2.17	静かの海(2.7°S, 24.8°E)に着陸．7,137枚の写真が送り返された．
コスモス60号	ソ連	65.3.12	おそらく失敗した月探査機であったと思われる．
レンジャー9号	米国	65.3.21	アルフォンズス・クレーター(12.9°S, 2.4°W)に着陸．5,814枚の写真が送り返された．
ルナ5号	ソ連	65.5.9	雲の海(31°S, 8°E)に衝突．軟着陸に失敗．
ルナ6号	ソ連	65.6.8	月を161,000kmそれて太陽軌道へ．
ゾンド3号	ソ連	65.7.18	月から9,219kmを通過し，裏側の写真25枚を送る．太陽軌道へ．
ルナ7号	ソ連	65.10.4	嵐の大洋(9°N, 40°W)に衝突．軟着陸に失敗．
ルナ8号	ソ連	65.12.3	嵐の大洋(9.1°N, 63.3°W)に衝突．軟着陸に失敗．
ルナ9号	ソ連	66.1.31	嵐の大洋(7.1°N, 64.4°W)に軟着陸成功．100kgのカプセルが着陸し，写真が送り返された．
コスモスIII	ソ連	66.3.1	おそらく失敗した月探査機であったと思われる．
ルナ10号	ソ連	66.3.31	月の孫衛星．月との至近距離は350km．2カ月間460軌道にわたって通信を維持．
サーベイヤー1号	米国	66.5.30	フラムスティード・クレーターの近く，2.5°S, 43.2°Wに着陸．11,237枚の写真が返送された．
エクスプローラー33号	米国	66.7.1	月周回軌道に入るのは失敗（地球磁場の研究には貢献）．
ルナ・オービター1号	米国	66.8.10	1966年8月29日まで月の写真をとり続け，同年10月29日に6.7°N, 162°Eに衝突．
ルナ11号	ソ連	66.8.24	月との至近距離159km．1966年10月1日まで通信を維持．
サーベイヤー2号	米国	66.9.20	軟着陸に失敗．コペルニクス・クレーターの近く5°N, 25°Wに衝突．
ルナ12号	ソ連	66.10.22	1967年1月19日まで通信を維持．
ルナ・オービター2号	米国	66.11.6	月の孫衛星．4°S, 98°Eに衝突するまでに422枚の写真が送られた．
ルナ13号	ソ連	66.12.21	18.9°N, 62°Wの嵐の大洋に軟着陸．1966年12月27日まで通信を維持．月の土壌研究．
ルナ・オービター3号	米国	67.2.4	月の孫衛星．14.6°N, 91.7°Wに衝突するまでに，307枚の写真が送られた．
サーベイヤー3号	米国	67.4.17	嵐の大洋(2.9°S, 23.3°W)に着陸．サーベイヤー1号の612km東で，アポロ12号の着陸点の近くであった．6,315枚の写真を送り返した．土壌の研究．
ルナ・オービター4号	米国	67.5.4	326枚の写真を送った．
サーベイヤー4号	米国	67.7.14	失敗して，中央の入江(0.4°N, 1.3°W)に衝突．
エクスプローラー35号	米国	67.7.19	地球磁場の研究．
ルナ・オービター5号	米国	67.8.1	月の孫衛星．1968年1月31日に0°, 70°Wに衝突するよう誘導された．
サーベイヤー5号	米国	67.9.8	静かの海(1.4°N, 23.2°E)に着陸．アポロ11号の着陸点より25kmの地点．18,006枚の写真を送った．
サーベイヤー6号	米国	67.11.7	中央の入江(0.5°N, 1.4°W)に着陸．30,065枚の写真を送った．
サーベイヤー7号	米国	68.1.7	ティコ・クレーターの北の縁上の40.9°S, 11.5°Wに着陸．21,274枚の写真を送る．土壌の研究．
ゾンド4号	ソ連	68.3.2	月探査機．目的不詳．
アポロ6号	米国	68.4.4	月に達するのは失敗．
ルナ14号	ソ連	68.4.7	月の孫衛星．月との至近距離160km．
ゾンド5号	ソ連	68.9.15	月を周回し，インド洋に1968年9月21日に着水．
ゾンド6号	ソ連	68.11.10	月を周回し，1968年11月17日に地球に戻った．
アポロ8号	米国	68.12.21	有人の月周回衛星．月を10周した．(ラヴェル，ボーマン，アンダース)
アポロ10号	米国	69.5.18	有人の月周回衛星．月面まで14.9kmに近づき，月面着陸船をテスト．(スタッフォード，サーナン，ヤング)
ルナ15号	ソ連	69.7.13	月を52周し，1969年7月21日危難の海(17°N, 60°E)に衝突．
アポロ11号	米国	69.7.16	1969年7月20日静かの海(0.7°N, 23.4°E)に人類初の着陸．(アームストロング，オールドリン，コリンズ)
ゾンド7号	ソ連	69.8.8	月を周回し，地球に戻った．
アポロ12号	米国	69.11.14	1969年11月19日嵐の大洋(3.2°S, 23.8°W)に着陸．(コンラッド，ビーン，ゴードン)
アポロ13号	米国	70.4.11	月着陸に失敗．1970年4月17日に帰還．(ラヴェル，ヘイズ，スウァイガート)
ルナ16号	ソ連	70.9.12	1970年9月20日豊かの海(0.7°S, 55.3°E)に着陸．0.41°S, 56.18°Eまで移動．100gの土壌を持ち帰った．
ゾンド8号	ソ連	70.9.20	月を周回し，1970年10月27日に地球へ戻った．
ルナ17号	ソ連	70.11.10	ルノホート1号を月へ運び，雨の海(38.3°N, 35°W)に着陸．1971年11月17日，2万枚以上の写真を送り返した．
アポロ14号	米国	71.1.31	有人着陸．2月5日にフラ・マウロ(3.7°S, 17.5°W)に着陸．(シェパード，ミ

探査機名	国	打上げ年月日	観測対象・軌道・日程
アポロ15号	米国	71. 7.26	ハドリー-アペニン地域(26.1°N, 3.7°E)に有人着陸.(スコット, アーウィン, ウォールデン)
ルナ18号	ソ連	71. 9. 2	月を54周後, 豊かの海(3.6°N, 56.5°E)に衝突.
ルナ19号	ソ連	71. 9.28	1年, 4,000周以上にわたり通信を維持.
ルナ20号	ソ連	72. 2.14	1972年2月21日に豊かの海(3.5°N, 56.6°E)に着陸. この地点はルナ16号の着陸点から120kmのところであった. 1972年2月25日に月の岩石を持ち帰った.
アポロ16号	米国	72. 4.16	1972年4月21日デカルト地域(8.6°S, 15.5°E)に有人着陸.(ヤング, デューク, マッティングリー)
アポロ17号	米国	72.12. 7	1972年12月11日タウルス-リトロー地域(21.2°N, 30.6°E)に有人着陸.(サーナン, シュミット, エバンス)
ルナ21号	ソ連	73. 1. 8	ルノホート2号を運び, 1973年1月16日にルモンニエ地域に着陸. ルノホート3号は1973年6月3日まで通信を続け, 80,000枚以上の写真を送った.
エクスプローラー49号	米国	73. 6.10	月の裏側からの電波天文学探査が目的.
ルナ22号	ソ連	74. 5.29	1975年11月6日まで通信を維持.
ルナ23号	ソ連	74.10.28	危難の海に着陸. サンプル採取には失敗. 1975年11月9日まで通信を維持.
ルナ24号	ソ連	76. 8. 9	危難の海(12.8°N, 62.2°E)に着陸. 2mの深さまで掘り, 1976年8月22日にその資料を持ち帰る.

水星と金星の探査機

探査機名	国	打上げ年月日	観測対象・軌道・日程
ヴェネラ1号	ソ連	61. 2.21	地球から850万kmで通信途絶. 金星には10万kmまで接近.
マリナー1号	米国	62. 7.22	完全に失敗
マリナー2号	米国	62. 8.26	金星フライバイ. データ送信成功. 金星に35,000kmまで接近.
ゾンド1号	ソ連	64. 4. 2	数週間後に通信途絶. 金星には10万kmまで接近.
ヴェネラ2号	ソ連	65.11.12	太陽軌道, データ取得失敗. 金星には24,000kmまで接近.
ヴェネラ3号	ソ連	65.11.16	1966年3月1日, 金星へ降下中に分解. データ取得できず.
ヴェネラ4号	ソ連	67. 6.12	1967年10月19日, 金星へ降下中94分間データを送った.
マリナー5号	米国	67. 6.14	金星フライバイ. データ送信成功. 4,000kmまで接近.
ヴェネラ5号	ソ連	69. 1. 5	1969年5月16日, 金星へ降下中に分解. データは取得.
ヴェネラ6号	ソ連	69. 1.10	1969年5月17日, 金星へ降下中に分解. データは取得.
ヴェネラ7号	ソ連	70. 8.18	1970年12月15日, 金星に着陸後, 23分間データを送り続けた.
ヴェネラ8号	ソ連	72. 3.26	1972年7月22日, 金星に着陸後, 50分間データを送信.
マリナー10号	米国	73.11. 3	金星の上層の雲を撮像し, データを送信. 1974年2月5日, 5,800kmまで金星に最接近した後, 水星へ向いフライバイをした(1974年3月29日).
ヴェネラ9号	ソ連	75. 6. 8	1975年10月21日に金星に着陸後, 53分間データを送信. 写真は1枚送られてきた. データは軌道船経由.
ヴェネラ10号	ソ連	75. 6.14	1975年10月25日, 金星に着陸後, 65分間データを送信. 写真は1枚送られてきた. データは軌道船経由.
パイオニア・ヴィーナス1号	米国	78. 5.20	金星の周回軌道. データ送信に成功. 最近接は145km.
パイオニア・ヴィーナス2号	米国	78. 8. 8	複数の探査機をもつ. 4機が1978年12月9日に着陸した. データは探査機および母船より送られた.
ヴェネラ11号	ソ連	78. 9. 9	1978年12月21日に金星に着陸後, 60分間データを送信. データは軌道船経由.
ヴェネラ12号	ソ連	78. 9.14	1978年12月25日に金星に着陸後, 60分間データを送信. データは軌道船経由.
ヴェネラ13号	ソ連	81.10.30	1982年3月1日に金星に着陸後, 127分間データを送信. データは軌道船経由. 2枚のカラー写真が送られ, 土壌分析が行われた.
ヴェネラ14号	ソ連	81.11. 4	1982年3月5日に金星に着陸後, 60分間データを送信. データは軌道船経由. 2枚のカラー写真が送られ, 土壌分析が行われた.

火星探査機

探査機名	国	打上げ年月日	観測対象・軌道・日程
マース1号	ソ連	62.11. 1	1億500万kmで通信途絶.
マリナー3号	米国	64.11. 5	太陽軌道にのり，火星の近くには行かなかった.
マリナー4号	米国	64.11.28	フライバイ．火星の21枚の写真を送った．現在は太陽軌道にある．通信は1967年12月20日に失われた．火星に9,789kmまで接近.
ゾンド2号	ソ連	64.11.30	通信途絶．1965年8月に火星とランデヴーしたもよう.
マリナー6号	米国	69. 2.24	フライバイ．火星の赤道上を飛び，75枚の写真を送った．火星に3,392kmまで接近．現在は太陽軌道にある.
マリナー7号	米国	69. 3.27	フライバイ．火星の南半球上を飛び，126枚の写真を送った．火星に3,504kmまで接近．現在は太陽軌道にある.
マリナー8号	米国	71. 5. 8	完全に失敗し，海に落下.
マース2号	ソ連	71. 5.19	火星軌道(2,448×24,400km)．カプセルを火星($44°S$, $213°W$)へ落とした．ソ連のペナントが載せられていた.
マース3号	ソ連	71. 5.28	火星軌道(1,552×212,800km)．着陸船は$45°S$, $158°W$に着地したが，20秒後に通信は途絶した．有意なデータは得られず.
マリナー9号	米国	71. 5.30	火星軌道(1,640×16,800km)．1971年11月13日から1972年10月27日まで機能し，7,329枚の写真を送ってきた．最接近は1,640km.
マース4号	ソ連	73. 7.21	火星軌道への投入失敗．火星の2,080kmを通過．フライバイのデータは取得.
マース5号	ソ連	73. 7.25	火星軌道．通信途絶.
マース6号	ソ連	73. 8. 5	着陸の途中で通信途絶．おそらく$24°S$, $25°W$に着地.
マース7号	ソ連	73. 8. 9	軌道投入失敗．火星から1,280kmを通過.
バイキング1号	米国	75. 8.20	1976年7月20日，クリス($22°N$, $47°W$)に着陸．着陸船と軌道船より，写真，データが送られた.
バイキング2号	米国	75. 9. 9	1976年9月3日，ユートピア($48°N$, $226°W$)に着陸．着陸船と軌道船より，写真，データが送られた.

木星と土星の探査機

探査機名	国	打上げ年月日	観測対象・軌道・日程
パイオニア10号	米国	72. 3. 2	1973年12月3日，木星フライバイ．写真と多くのデータを送った.
パイオニア11号	米国	73. 4. 5	1974年12月2日，木星フライバイ．パイオニア10号の結果を確認し，1979年9月の土星とのフライバイへ向った.
ボイジャー2号	米国	77. 8.20	4つの惑星フライバイを予定．木星(1979)，土星(1981)は成功し，ボイジャー1号のカバーしなかった土星やその衛星の写真を送った．現在，天王星(1986)と海王星(1989)へ向う途上にある.
ボイジャー1号	米国	77. 9. 5	2つの惑星フライバイを果した．木星(1979年3月5日)，土星(1980年11月)．土星とその衛星(タイタンなど)の写真を送った.

スカイラブと太陽活動極大期ミッション

かつて宇宙空間に打上げられたうちで最大の飛翔体は、アメリカの有人軌道実験室のスカイラブで、1973年5月14日に高度435 kmの軌道に打上げられた。乗組員はアポロ型の飛翔体によりこの実験室と往復した。付帯のアポロ・コマンド・サービス・モジュール（CSM）を含めると、スカイラブは全長が36 m、重さは90,600 kgであった。主要部を占める軌道作業場は住空間のうち全体で292m³を与えられ、3回の乗組員は各回3人の宇宙飛行士から構成されたが、全体で513日を宇宙空間ですごし、いろいろな実験と観測を実施した。太陽天文学には全体の時間の30％がさかれた。宇宙飛行士たちは自分たちの実験を、彼らが常に接触を保てる地上の天文台の作業と密接につながるように工夫できたのであった。

8種の異なった装置がアポロ望遠鏡架台（ATM）に設置されていた。この架台は固く固定されており、太陽方向に高い精度で向けられていた。基本的なATMの構造は高さが4.4 m、重さが11,090 kgあって、直径31 mの風車の翼のようにアレンジされた太陽電池のパネルから給電されていた。装置の構成は、白色光コロナグラフ（コロナを約$6R_s$の距離まで研究できる装置）、X線写真とスペクトルをとる3個のX線観測装置、太陽像とスペクトルのデータをとる3個の紫外線測定装置と2個のH_α望遠鏡から成っていた。最後の望遠鏡は水素光でみた現象とフレアの直接観測と写真撮影とを可能にするものであった。これらのほかに、スカイラブの実験室内でエアロックを通して操作される手動のX線・紫外線の撮影実験があった。

スカイラブ自体は、1979年7月11日に大気へ再突入しこわれてしまった。皮肉なことに、こんなことになったのは、太陽活動の増大による地球大気の最上層領域への影響の結果なのであった。スカイラブの太陽に関する知識への寄与は多大なもので、コロナ・ホールのような重要な新しい現象の発見も含んでいた。

太陽活動極大期ミッション（SMM）

太陽フレアの本質、発生機構、その効果などに関連した諸問題を集中的に研究することを主たる目的として設計されたこの人工衛星は、1980年2月14日に、高度574 kmの円軌道に打上げられた。この衛星は、白色光、紫外線、X線、γ線を捉える注意深く整合されたひと組の装置を搭載していた。他の目的には、太陽活動極大期頃のコロナの発達の研究と、太陽輻射の全放射量の長期にわたる精密測定とがあった。打上げ後1年の時点では、このミッションは不幸にしてジャイロスコープによるポインティングの機能をほとんど失ってしまっていた。だが、1984年4月初旬、スペースシャトル・チャレンジャー号により回収され、修理後、再び軌道にのせられた。ただし、高度は460 kmと少し低くなっている。

機体自身は、質量は2,315 kg、長さは4 m、幅は1.2 mある。機体の構成は、太陽に向けて装置をロックするのに用いられた微調整指向太陽センサーのついた7個の太陽観測装置すべてを収容する装置のモジュールと、3つの重要なサブシステムから成る支持機体とから成っている。このサブシステムは、高度コントロール、出力と通信およびデータ処理の3つである。太陽電池パネルの2枚の翼は飛翔体全体に対し約3,000 Wの電力を供給するが、バッテリーによる電力も、人工衛星が地球の影に入ったり、日食の時などには使用できるようになっている。

このミッションのユニークな特性は、種々の装置間に存在する積分能力と、ミッション操作に組みこまれている適応能力との大きさにある。それぞれの実験に関与している研究者はNASAのゴダード宇宙飛行センターにある実験操作施設に一緒に住み、実施中の観測結果に基づいて、

図1 太陽活動極大期ミッション
この探査機は7つの科学観測装置を搭載していた。
(1) X線ポリクロメーター。温度が$(1.5～50)\times10^6\,°K$の太陽プラズマを生成する活動の研究用に設計された。(2) 太陽照射計。太陽定数変動測定用。(3) コロナグラフおよび偏光計。コロナの発達像とコロナの一過性現象活動の研究用。(4) 硬X線バースト・スペクトロメーター。太陽フレア時の高エネルギー電子の役割を研究する。(5) 紫外スペクトロメーターおよび偏光計。UV領域のスペクトルの特徴を観測してコロナ活動領域とフレアを研究する。(6) γ線スペクトロメーター。高エネルギー粒子が太陽フレアで生成される機構の研究用。(7) 硬X線像スペクトロメーター。フレア時の硬X線バーストの位置、広がり、スペクトルに関する情報をとる。

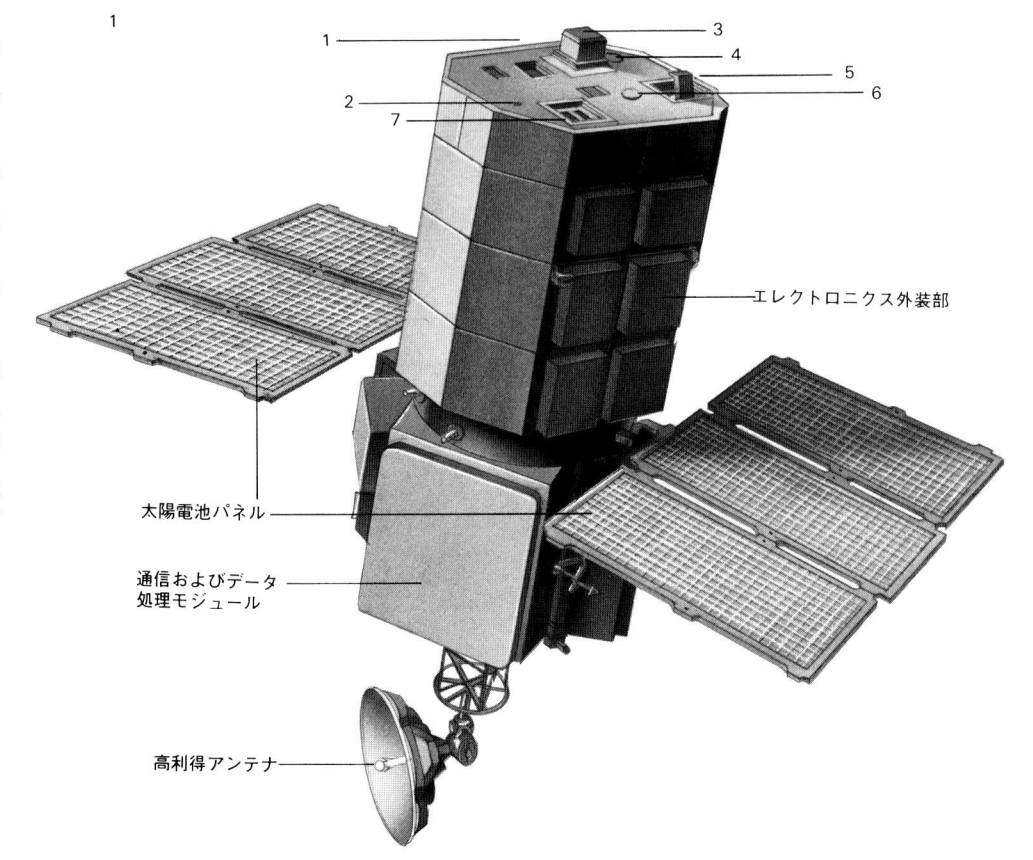

24時間ごとの期間にどの活動領域に彼らの努力を傾注すべきかを決めるために毎日会合している．このようにして，搭載された装置は，フレアのような変動現象の研究に最高の効率で利用できるのである．

図 2　スカイラブ
スカイラブの主要な作業場部は，長さが 25 m，幅が 6.7 m であった．軌道上では，装置の電力は太陽電池から供給された．（この図に示す大きな太陽パネルのひとつは打上げ時にとれてしまったので，写真には 1 個しかみえていない）

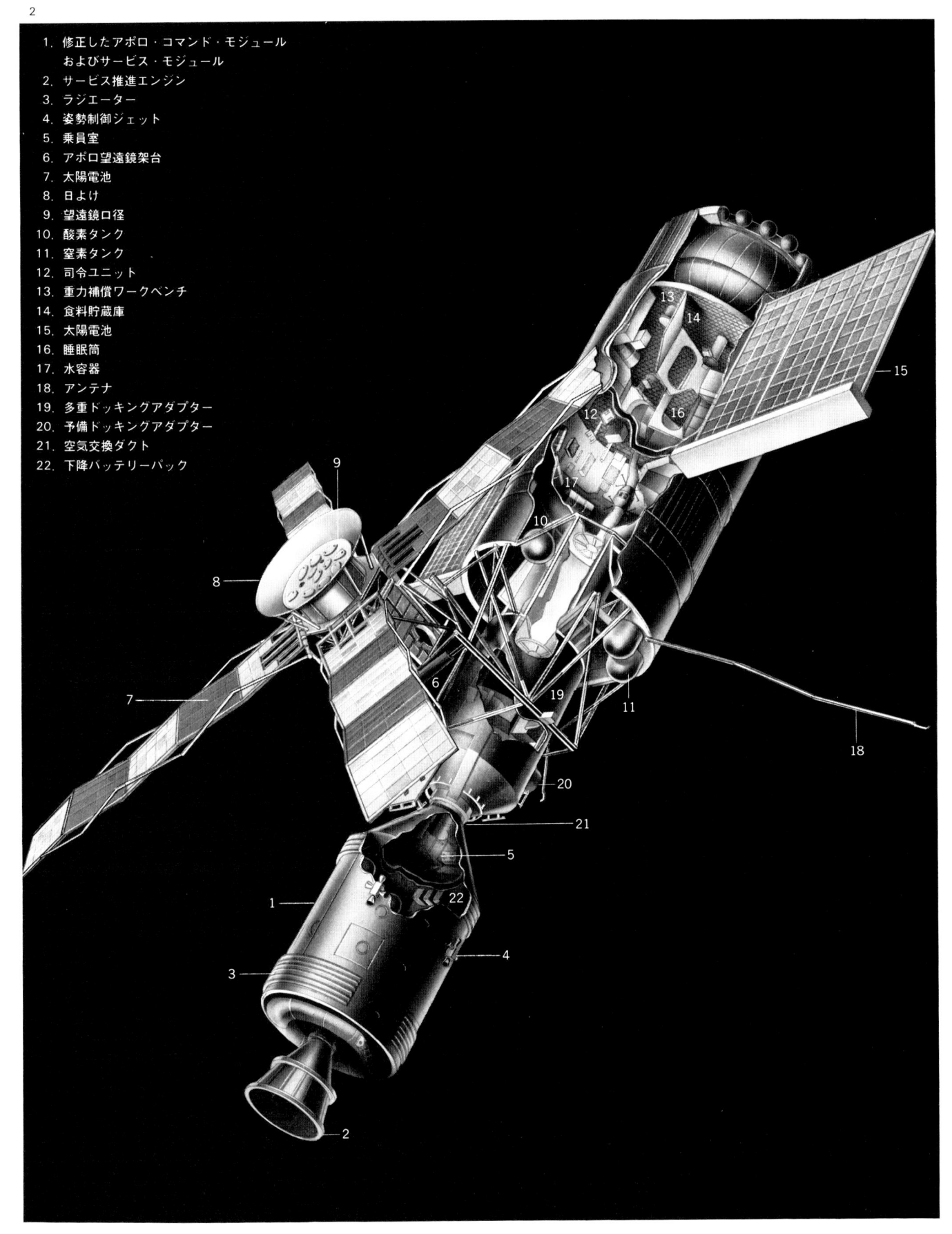

2

1. 修正したアポロ・コマンド・モジュールおよびサービス・モジュール
2. サービス推進エンジン
3. ラジエーター
4. 姿勢制御ジェット
5. 乗員室
6. アポロ望遠鏡架台
7. 太陽電池
8. 日よけ
9. 望遠鏡口径
10. 酸素タンク
11. 窒素タンク
12. 司令ユニット
13. 重力補償ワークベンチ
14. 食料貯蔵庫
15. 太陽電池
16. 睡眠筒
17. 水容器
18. アンテナ
19. 多重ドッキングアダプター
20. 予備ドッキングアダプター
21. 空気交換ダクト
22. 下降バッテリーパック

無人月探査機による観測

紀元2世紀、ギリシャはサモサタの風刺作家ルーシャンは、「真実の歴史」という小説を書いた。著者自身、最初から最後まですべてでっちあげであると述べているこの物語の中では、竜巻に巻き込まれた船の船員たちが、勇敢に月まで飛んでいくことになっている。また後には、悪魔の助けで月へ行くという「夢物語」という物語が有名な天文学者ケプラーによって書かれている。しかし、月への飛行が実現可能となったのは、科学観測の手段として、ロケットが大きく進歩してからであった。

ソ連の月探査

1957年10月4日、ソ連のスプートニク1号の打上げと共に宇宙時代が始まった。それから2年もたたない1959年1月2日、ソ連は最初の月探査機、ルナ1号を打ち上げ、月に5,955kmまで近づいた。写真は撮れなかったが、月に磁場がないなど、いくつかの重要なことがわかった。同じ年の9月12日、ルナ2号が月に命中した。衝突と同時に壊れてしまったため、月の表面に関するデータを送ってくることはなかったが、月がすでに射程距離内にあることを世界に示した。スプートニク1号からちょうど2年後の1959年10月4日に打上げられたルナ3号は、画期的な観測をした。それは、初めて月をまわり、6,200kmまで近づいた。月の裏側を写真にとり、その写真は、探査機が再び地球に近づいた10月18日に、小型テレビカメラによって写し出され、ソ連の科学者の待っているところへ届けられた。この誰も見たことのなかった月の裏側の写真は、10月24日世界に向けて公表された。

今日の写真と比べると、ぼけていて、細かい部分を見るには不十分であったが、月の裏側が、表側の高地に似ていることがわかった。月の裏側にも、小さく黒っぽい平原や海があるのだが、そこまで細かいところはわからなかった。モスクワの海、偉大なソ連のロケット学者コンスタンチン・ティオルコフスキーの名を冠せられた、大きな黒っぽいクレーターなどが写真から読みとられた。光条をもつクレーターもいくつか発見された。しかし、間違いも避けられなかった。長い山々のつらなりと判別され、ソヴィエト山脈と名づけられた地形は、実際には存在しなかった。ルナ3号が、さらに観測を続けるように計画されていたかどうかはわからないが、突然、信号がとだえ、それっきりになってしまった。

続く4機のルナ・シリーズの探査機は失敗したが、1965年7月ゾンド3号が9,219kmまで接近し、月の裏側の写真をとることに再度成功した。翌1966年1月31日に打ち上げられたルナ9号は、灰色をした嵐の大洋に軟着陸を果たし、まわりの様子を写真に撮影し、送ってきた。ルナ9号の軟着陸成功は、月表面のやわらかい塵の層に宇宙船が沈み込んでしまうのではないかという危惧を一掃した。

続くルナ10, 11, 12号は、月により接近し、写真とともに、さまざまなデータを送ってきた。1966年12月21日に発射されたルナ13号は、軟着陸の後、月の土の組成を分析し、その他のさまざまな測定を行った。それ以外にもソ連は、12機を越す無人探査機を月に送り込んだ。そのうちのいくつかについて紹介しておこう。ゾンド5, 6, 7号は月をまわる軌道にのり、再び地球に帰還している。ルナ16, 20号は、月に軟着陸し、土や岩石を採集し、地球にそれを持ち帰っている。月のサンプルを持ち帰ることが可能であることを示したこれらの探査機の成功は、大きく評価されるべきであろう。このような技術は、いまだ有人飛行が可能にはなっていない他の惑星の岩石を持ち帰ることにもつながるのである。また、アポロ計画によって採集された岩石とは違う場所（豊かの海と危難の海）の岩石を採集し、その地域を調査したことの科学的意義は大きい。

ルナ3号(ソ連)： 1959年、初めて月に接近。

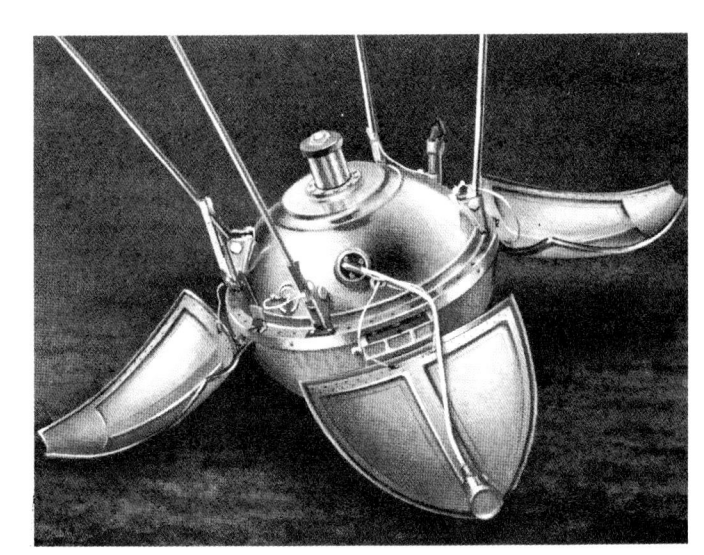

ルナ9号(ソ連)： 1966年、最初の軟着陸に成功。

ルノホート1号（ルナ16号、ソ連）： 1970年、月面を動きまわった。

レンジャー7号（アメリカ）：
1964年，月面に衝突．

ルナ・オービター5号（アメリカ）：
1966年，月面を写真撮影．

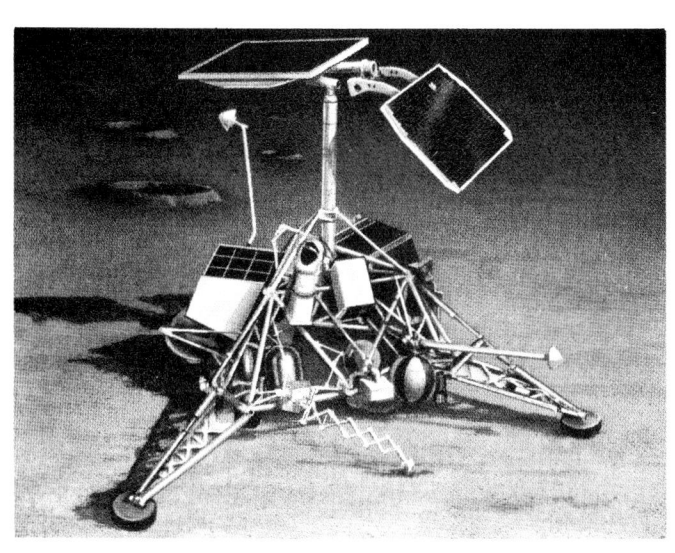

サーベイヤー3号（アメリカ）：
1967年，軟着陸．

　ルナ16号はルノホート1号という無人月面車を月に運んだ．この月面車は奇妙な形をしていたが，驚くべき威力を発揮した．それは地球からのリモートコントロールで月の上を10.5 kmも走りまわり，20,000枚にものぼる写真をとり，80,000 m² もの地域を調査した．またその活動期間は，1970年11月11日虹の入江に到着してから，11ヵ月にも及んだ．続くルナ20号によって運ばれたルノホート2号はルモンニェ地域を調査した．しかし，1976年8月9日に打上げられ，18日に危難の海に軟着陸，2 mの深さまでボーリングによって資料を採集し，22日には地球に持ち帰ったルナ24号を最後に，ソ連の無人探査機による調査は行われていない．

アメリカの月探査

　ソ連が無人探査機による調査に重点をおき，月に対してはソ連とアメリカが宇宙競争をせずに，別々の路線をとったことはおもしろい．初め，アメリカはうち続く失敗に悩まされた．打上げ直後に探査機がこわれてしまったり，月からそれてしまったり，制御不能になり，月面にぶつかって壊れてしまったりした．最初に成功したのはレンジャー7号である．1964年7月31日，当初計画された通り月に命中し，その直前に4,316枚の雲の海の写真を送ってきた．その後，この海は「知られた海」とも呼ばれるようになった．写真にはソ連のものより細かい地形がうつっている．続くレンジャー8号(1965年2月20日，静かの海に命中)，9号(1965年3月24日，アルフォンズス・クレーターの内側に命中) も成功をおさめた．

　レンジャーに続いて打上げられたのが，ルナ・オービターとサーベイヤーである．ルナ・オービター・シリーズの探査機は，1966年8月10日を始めに，計5機が次々と1年のうちに発射された．大きな目的の1つは，将来の有人月探査を前に，その着陸地点を捜すことであり，赤道付近に調査が集中した．

　ルナ・オービターはすべて成功し，今日でも何千枚という写真が研究に使われている（この本でもルナ・オービターがとった写真を多数使用している）．その他にも貴重な観測が行われた．ルナ・オービター5号のわずかな軌道のずれから，マス・コンと呼ばれる，月の地殻中で密度の大きな地域が発見された．微小隕石や放射線の影響も調査された．役目を終えたルナ・オービターは，将来の計画中に電波妨害を起こさないように，次々と月面に落とされた．ルナ・オービター5号が1968年1月31日に自爆指令を受けたのを最後に，ルナ・オービター計画は終了した．

　1966年までは，月の表面がふんわりした塵におおわれているという説が，アメリカでは真剣に受けとめられていた．そこで，ソ連のルナ9号の軟着陸がそうでないことを証明した時には，彼らはおおいに安心したという．その頃，軟着陸をねらうアメリカのサーベイヤー計画はその最後の段階に入っていた．1966年5月30日最初のサーベイヤーが発射されフラムスティード・クレーターの北に軟着陸，11,000枚のすばらしい写真を送ってきた．サーベイヤー・シリーズは1968年1月まで続き，サーベイヤー1, 3, 5, 6, 7号が成功，2, 4号が失敗している．撮影された写真は，その細かさ，分解能の高さという点で驚くべきものであった．最後のサーベイヤー7号はティコ・クレーターの北端に着陸し，他の科学的データと共に21,000枚の写真を送ってきた．

月への有人飛行

1960年代初期，ジョン・F・ケネディー大統領の熱心な援助を得て，アポロ計画は始まった．その計画段階において，人を月へ送る方法は何回も修正されたが，最終的には，月をまわる司令船の3人の宇宙飛行士のうち2人が月着陸船に乗り移り，月面に着陸するというものになった．1968年12月にはアポロ8号が初めて有人で月をまわり，また，月着陸船のテストがアポロ9号によって地球軌道で行われた．1969年5月には，アポロ10号が再び有人で月をまわり，月着陸船が本番の着陸にそなえ徹底的にテストされた．

これらの長年にわたるテストは，1969年7月16日ケープ・ケネディー（今日ではケープ・カナベラルという昔の名前に戻っている）から打上げられたアポロ11号によって完成された．宇宙飛行士，ニール・アームストロング（Neil Armstrong），エドウィン・オールドリン（Edwin Aldrin），マイケル・コリンズ（Michael Collins）のうち，コリンズは司令船に残り，アームストロングとオールドリンが月面に降下を開始した．大きな石を避けるため，最後は手動操縦に切りかえ，静かの海の北緯0°7′，東経23°に7月21日に着陸し，最初にアームストロングが，続いてオールドリンが足をおろした．2人の飛行士は船外で2時間以上も活動し，ALSEPと呼ばれる月面実験装置群をすえつけたりした．

月面の景色はほぼ予想した通りであり，オールドリン飛行士の言った「壮大なる荒涼」という言葉は月面の様子をピタリと言い表わしている．緊急に月から帰還しなければならない場合を考えて，まず土や岩石が採集された．アームストロング飛行士は，「表面は細かい粉でおおわれている．靴先で簡単に掘りおこせるし，炭の粉のように靴の裏や横にくっつく．しかし，2～3cmしかめり込まない」と報告している．

ALSEP（月面実験装置群）の中には，太陽から放出され，惑星間空間を絶えず流れている低エネルギーの太陽風粒子を集める装置がセットされた．地球からのレーザー・ビームを反射し，地球-月間の正確な距離を測るためのレーザー反射鏡，月震や，月の地殻中の微動を測る月震計もすえつけられた．地球で分析するために持ち帰った岩石は21.75kgにも達した．これらの科学的な装置の他に，空気も風もない月面用の特別仕立ての星条旗も立てられ，21時間半の月面滞在の後，月面を離れた．離陸は順調で，4時間もたたないうちに，アームストロングとオールドリンはコリンズ飛行士の待つ司令船に戻ることができた．月着陸船を切り離した後，地球への帰還につき，7月24日，無事太平洋に着水した．着水地点は，あらかじめ予定した位置にピタリと合っていた．

飛行士と持ち帰った資料は厳重に隔離された．有害なものを月から持ち帰る可能性はほとんどないが，このような予防をするのはたいせつなことである．さまざまな検査の結果，月が無菌であるということがわかり，隔離は解除された．若干ではあるが大気をもつ火星に人類が行くことがあれば，より厳重な隔離と検査が必要だろう．宇宙ステーションの中で検査が行われることとなるかもしれない．もっとも，現在の調査では火星にも生物はいそうもないのだが．

その後のアポロ計画

アポロ11号の成功から4カ月もたたないうちに，次のアポロ宇宙船が打上げられた．1969年11月19日，アポロ12号は嵐の大洋のサーベイヤー3号のすぐわきに着陸し，宇宙飛行士チャールス・コンラッド（Charles Conrad）とアラン・ビーン（Alan Bean）はサーベイヤーのいくつかの部品をはずし，研究用として地球に持ち帰った．彼らは，アポロ11号の時よりも長く，7.6時間も船外で活動し，1.4kmも月面を歩きまわった．もちろん，月面滞在時間も31時間半と長い．コンラッドとビーンは原子力電池で動く改良型のALSEPをセットした．月面を離れた後，いらなくなった月着陸船は月面に落とされたが，それは1時間近くも続く振動として月震計にとらえられ，また，直径6mのクレーターを作った．

1970年4月11日に打上げられたアポロ13号は雲の海のフラ・マウロ地域に着陸する予定であったが，あやうく遭難するところだった．アポロ13号は，そのスタートから災難続きだった．いよいよ打上げという時になって3人の宇宙飛行士が風疹に感染した．ジェームス・ラヴェル（James Lovell）とフレッド・ハイゼ（Fred Haise）には免疫があることがわかったが，トーマス・マッティングリー（Thomas Mattingly）はそうではなかった．そこで彼の代わりにジャック・スワイガート（Jack Swigert）が司令船のパイロットとなった．打上げの直後に若干ではあるが電力の損失があった．そして，4月13日には爆発が起こり，機械船の横に裂け目ができ，メイン・ロケット・エンジンが使えなくなってしまった．月への着陸はとりやめとなり，即座に対策が立てられ，月着陸船のエンジンが宇宙船を地球に帰還するために使われた．もし，この事故が，月着陸を果たし終えた後，着陸船を捨ててしまってから起こったとすれば，3人の飛行士は絶望だったところである．宇宙はきわめて危険なところだと，改めて認識させられたのである．

その後の4回のアポロはすべて成功した．14号はフラ・マウロ・クレーターの近くに降り，資料を採集するのに飛行士達は月面手押し車を使った．ハドリー-アペニンス地域に降りた15号では，宇宙飛行士スコット（Scott）とアーウィン（Irwin）が月面車を運転して30kmを走破し，ハドリー川として知られる大峡谷の近くまで行った．この頃から科学的な実験が大がかりに行われるようになり，司令船からは粒子や磁場を測定するため小型衛星が打ち出されたりした．アポロ16号はヤング（Young）とデューク（Duke）をのせてデカルトの高地に降りた．ここは海と呼ばれているところとは異なった場所であり，熱流量計の故障はあったが，重要な成果が得られた．

1972年12月のアポロ17号では新たな進歩があった．それまでに月に行ったのは，すべて，それぞれの目的に応じた科学教育を受けた宇宙飛行士であったが，この時は逆に，宇宙飛行士としての訓練を受けた地質学の専門家ハリソン・シュミット（Harrison Schmitt）博士が月へ行った．彼の地質学の知識はフルに発揮された．今日では非常に古いガラス質の粒子とわかったが，当時，比較的新しい火山活動の産物ではないかと騒がれたオレンジ色の土の発見なども，地質学者ならではの仕事である．着陸地点は，タウリス・リットロー地域と呼ばれる厳粛の海の縁であった．

有人飛行の有用性

なにも人間を月に送る必要はない，無人探査機でも十分な科学的成果をあげることができるという主張はしばしばされてきた．この見解に対するはっきりした反論はされていない．確かに無人探査機が演じた役割は大きい．しかし，もし将来，月に有人基地を作るとすれば，月旅行の1つの方法を示し，月に関する知識を飛躍的に増大させたアポロ計画は，改めて再認識されることになるだろう．宇宙飛行士たちは，月面を楽々と歩いてみせただけではなく，月に行き，探険し，地球に帰ってくることがほんとうにできるのだということを身をもって示したのである．さまざまな実験装置が月面に設置され，アポロ計画が終わった後も5年近くにわたってデータをとり続けた．アポロ計画の遺産は，380kgにもおよぶ月の石として残り，今日でも研究は続き，月の謎を解くのに役立っている．

図1 アポロ11号の飛行計画
(1) ケープ・ケネディからの打上げ．(2) 第1段ロケットの切り離し．(3) エンジンに点火し，地球軌道離脱，月に向かう．(4) 司令船，機械船をいったん切り離し，着陸船とドッキングさせる．(5) 機械船のエンジン点火．(6) 月の軌道に入る．(7) 月着陸船を司令船から切り離す．(8) 月着陸船が月面への降下を開始する．(9) 月着陸船，月面から発進，帰途につく．(10) 司令船とのランデヴーに入る．(11) ドッキング．(12) 宇宙飛行士は司令船に乗り移り，器材も積みかえられる．(13) 地球へ向かう．(14) 機械船を切り離す．(15) 地球大気圏への再突入，一時通信がとだえる．(16) 太平洋に着水．全日程は8日間，途中，21時間半の月滞在を含む．

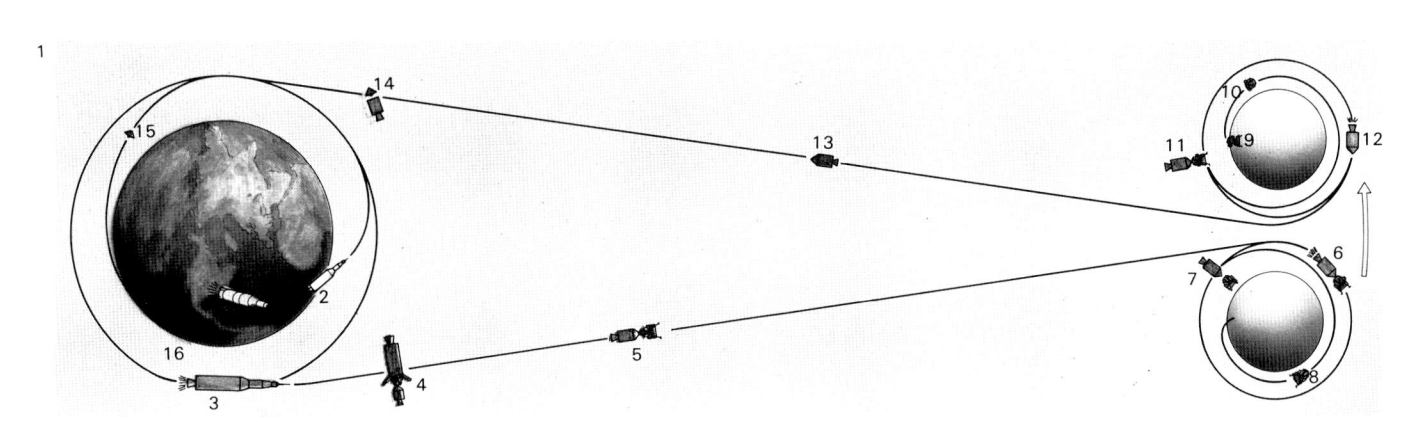

図2 月着陸船
アポロ計画で使用された月着陸船はすべて同じ型である．月から離陸する時には，下の部分が発射台の役割を果たした．

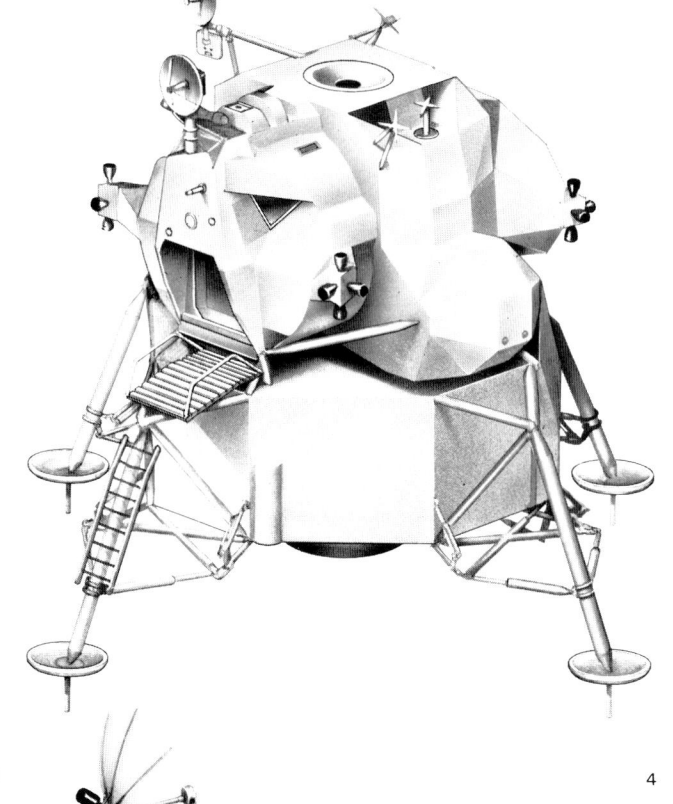

図3 月面車
アポロ15, 16, 17号で使われ，時速15 kmで月面を走った．

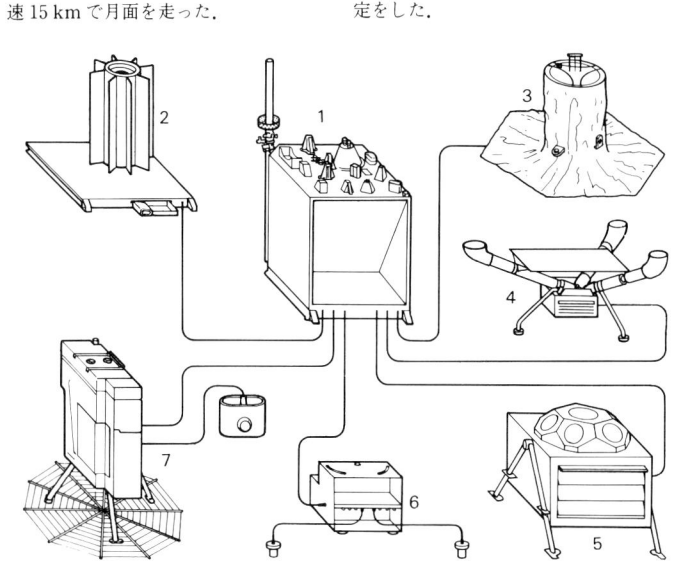

図4 月面実験装置群
配置の一例を示した．それぞれの装置は違った縮尺で描いてあるので注意してほしい．
(1) 中央ステーションは，それぞれの装置をコントロールし，データを地球へ送信する．上に突き出しているのがアンテナである．(2) 原子力電池は核分裂を利用しており，70ワットの電力を供給した．(3) 地震計は断熱材でおおわれており，月の微小な振動を記録した．(4) 月面磁力計は磁場の強さと方向を測定した．(5) 太陽風分析器は，太陽風中の粒子のエネルギー，数，方向，その変動を測定した．(6) 熱流量計は，宇宙飛行士によって掘られた穴の中の温度を測定した．(7) イオン検出器とイオン・ゲージは，月の大気の測定をした．

マリナー10号

マリナー10号の内惑星への飛行は宇宙航空工学の勝利であった．もちろん以前のマリナー探査の経験の上に立ったものではあるが，マリナー10号は軌道修正のために初めて他の惑星（この場合は金星）の重力を用いたのである．またテレビジョンによる画像をそのまま伝送したのもこの探査機が初めてであった．カメラとより精密なセンサーにより多くの科学的情報が得られたのである．

探査機の設計，改良，製作には2年半を費した．本体の組み立ては，1973年11月の打上げに間に合うように行われた．観測装置を維持するために必要となる共通系として，推進系，姿勢制御系，温度制御系，電源，通信装置がある．

マリナーは金星や水星と遭遇するごとに，それらの重力を飛行方向と速度を変えるのに用いるため，推進系は微調整さえできればよい．推進系は全部で119 m/秒の速度変化を起こす能力をもち，何回でも発進・停止が可能である．

軌道上を飛びつづける間，Z軸は日よけのある方向にして太陽に向けられ，X軸とY軸はそれぞれ太陽電池と磁力計のブームのある方向にして，X-Y平面が黄道面と垂直であるように，姿勢を維持しなければならない．この姿勢にあれば，日よけは直接の太陽光できわめてデリケートな装置が高温になることを防ぎ，測定装置を正しい方向に向け，アンテナからデータを送り出すことができる．

飛行の間中この姿勢を保つためには，太陽電池の先端，アンテナ，磁力計の先端にとりつけたジェットにより窒素ガスを少量噴射して，たえずコントロールし続けることが必要である．正しい姿勢は2つの方向により決定される．その1つは太陽の方向であり，太陽センサーで検出されZ軸として定められる．もう1つは明るい恒星カノープスの方向であり，カノープス追尾装置で検出される．

温度制御の頼みの綱は日よけであるが探査機の頭と尻にある多層の断熱板も補助的役割を果たす．8つある側面のうち5つには放熱板がとりつけられており，宇宙空間へ熱を輻射する面積を調整することにより温度を制御する．

マリナーを働かすのに必要な電力は，日よけの影にならないよう外に張り出した2枚の太陽電池により供給される．姿勢を変更している最中やマリナーが惑星の影に入った時のように，太陽電池が使えない間は，蓄電池が電力を供給する．

マリナーが機能するためには，地球からの指令を受け取り，地球へデータを送り返さねばならない．このための通信には低利得と高利得の2つのアンテナが使われる．データの送受信はデジタル信号の形で行われる．

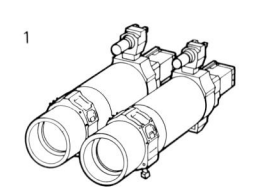

図1　テレビカメラ
カセグレン式望遠鏡から成る光学系は，大きく拡大した像をビジコン管の感光面に結ぶ．シャッターの前には8色の円形フィルターが並んでおり，紫外を含めた各波長域での撮像を可能にする．フィルターを切り換えるばかりでなく，鏡によってカメラを広角レンズ系に切り換えることも可能である．ビジコン管の感光面上には光の強弱に応じた電荷の分布ができ，この分布が電気的に掃引されて，やがて8桁の2進数字からなるデジタル信号に変えられて送信される．

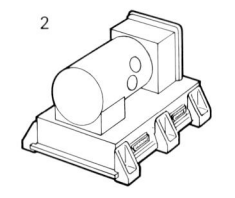

図2　赤外放射計
この放射計は水星と金星の表面温度測定に使われ，誤差0.5℃以内の精度をもつ．望遠鏡の焦点におかれた熱電堆に生ずる微小な温度変化を測るのが放射計のしくみである．隣り合ってとりつけられた2つの独立な熱電堆と望遠鏡が低温域と高温域をそれぞれカバーする．モーターによって鏡を動かし，較正用の内部の既知の温度の面，何もない空間，惑星表面と切り換えることによって，温度の狂いをなくしている．

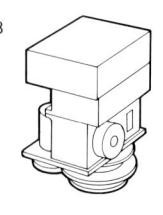

図3　プラズマ測定
惑星間空間に存在する熱い電離ガスの測定を行う．2つのプラズマ検出器から成り，1つは地球方向を指し，もう1つはそれと直角にとりつけられている．太陽風の性質と，その水星と金星との相互作用を解析するために用いられた．水星との最初の遭遇で，そこには十分強い磁場があって太陽風の流れの向きを変え，地球と似たような磁気圏が形成されていることを明らかにした．

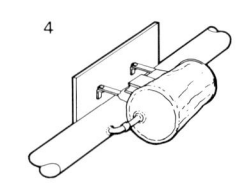

図4　磁力計
金星と水星の磁場はどちらも2つの磁力計を使って測定された．それぞれの磁力計は直交する3つのコイルから成り，各コイルはその軸に平行な成分の磁場を検出する．3成分のベクトル和をとり，外部磁場の大きさと方向が求められる．2つの磁力計の結果を比べ，探査機自体がもつ磁場を除去する．出力を一定に保つため，コイルはある時間間隔で180°回転される．1秒に100回の測定がなされ，地球へ送信される．

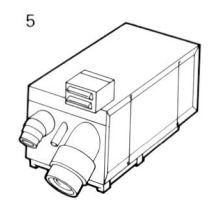

図5　荷電粒子検出器
荷電粒子検出器により，荷電粒子と惑星の相互作用の研究がなされる．プラズマ計測器と組み合わせ，水星の磁場の存在が確認された．太陽高エネルギー粒子と宇宙線の研究もできるように設計されている．

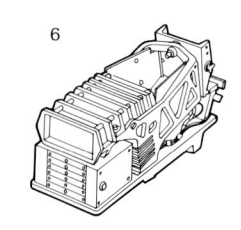

図6　エアグロー分光器
エアグロー紫外分光器により，夜側半球上のガスからの弱い輻射が検出される．コリメーターの板は十分な光を通し，その光は回折格子により反射され，スペクトル分光が行われる．

図7　掩蔽分光器
エアグロー分光器と組み合わせ，水星大気の検出に用いられた．極端紫外部の光のスペクトルは大部分のガスに強く作用する性質がある．ガス分子は特性波長に対応した紫外光を吸収し，紫外スペクトル上に暗線を作る．輻射にさらされたガスは一方で蛍光，すなわち特性波長での発光を行う．この両方の効果が大気の探査に用いられた．掩蔽分光器は太陽紫外線の吸収を調べ，大気の存在の形跡を追求する．太陽光はコリメーターに入射し，狭いビームに絞られ，回折格子の刻まれている鏡で反射されると同時に，6つの波長域のビームに分けられる．検出器は太陽紫外線をネオン，ヘリウム，アルゴン，クリプトンの吸収帯を中心とした4つの波長域で測定する．2つの赤外線のビームが掩蔽の時刻を決定するのに使われる．この測定は，マリナー10号が水星による太陽の掩蔽を見る位置を飛ぶ第1回目の遭遇時だけ行われた．

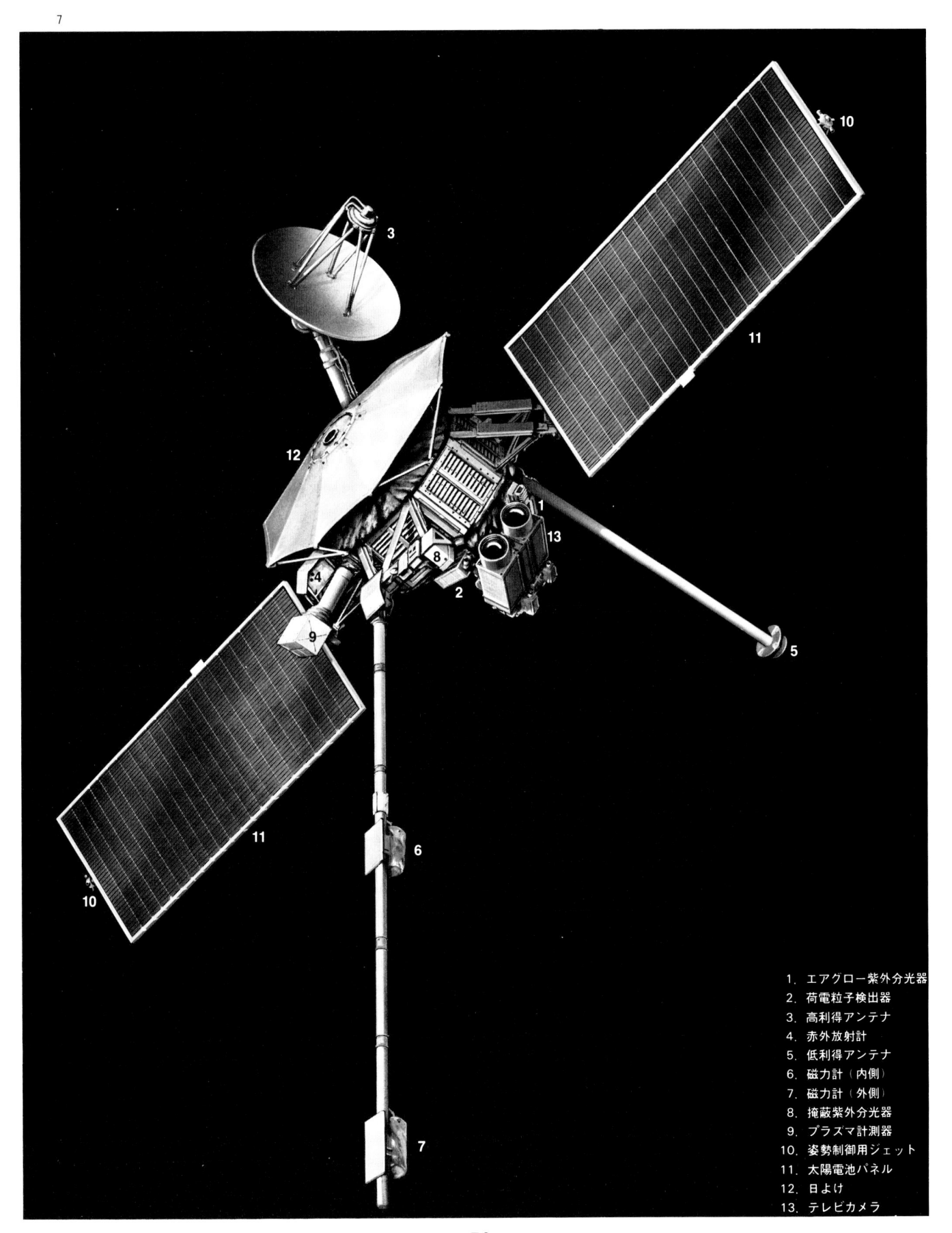

1. エアグロー紫外分光器
2. 荷電粒子検出器
3. 高利得アンテナ
4. 赤外放射計
5. 低利得アンテナ
6. 磁力計（内側）
7. 磁力計（外側）
8. 掩蔽紫外分光器
9. プラズマ計測器
10. 姿勢制御用ジェット
11. 太陽電池パネル
12. 日よけ
13. テレビカメラ

ヴェネラと
パイオニア・ヴィーナス

ソ連の探査計画

ヴェネラ計画は，地球によく似た惑星である金星に対して特別な興味をもつソ連の科学者達が企画したものである．計画は1961年2月に始められたが，1967年10月にヴェネラ4号によって，金星への下降中のデータが得られるまで，3機が犠牲になった．その後，ヴェネラ7号，8号によって軟着陸が成功し，表面からのデータが得られた．これらはもっともみごとな成功をおさめたヴェネラ9号と10号(1975年6月)，13号と14号(1982年3月)の軟着陸のさきがけとなったものである．軟着陸後，表面からテレビジョン画像が送られ，とくに13号と14号はカラー画像であった．これらの成果は大きな評価に値するものである．金星の悪条件下に探査機を降下させて作動させることの技術的な困難さはたいへんなものである．探査機は地球の100倍という大気圧に耐えねばならず，500℃という，亜鉛なら熔けてしまうような高温で作動しなければならない．写真撮影のためカメラを作動させることや，13号と14号の場合に行われた土壌を探査機内に持ち込んで解析する実験など，おそるべき技術であるといってよい．アメリカの探査機と同様，ヴェネラは大気の分析も行った．また，13号と14号には，フランス製のγ線検出器や放電を記録するためのマイクロフォンが積まれていた．

アメリカの探査計画

ソ連の計画に比べるとアメリカの金星に対する興味は最小限度のものであった．全部で31回の金星探査のうち，アメリカの計画は6回である．マリナー計画の中では，マリナー2号，5号，10号がいくらかの成果をあげた．そして1978年のパイオニア・ヴィーナスによって，アメリカは単独の探査機としては最も数多くの実験を行うことに成功した．これは，軌道船と，複数の探査機で構成される着陸船の2つを用いることにより達成されたものである．軌道船には12の観測装置が積まれ，金星の上層大気の測定と，レーダーを用いて表面の等高線図と重力場の分布図を作ることを主目的としていた．着陸船は実際には5つの独立した探査機であり，全体を運ぶ運搬船（バス）と大型探査機1個，小型探査機3個から成る．その中には全部で18の観測装置が積まれていた．4つの探査機は，バスから切り離されて表面へ下降する途中で，下層大気の大気密度と組成に関するデータを送ってきた．バス自身は，破壊されるまでの間，上層大気の情報を送ってきた．小型探査機の1つは表面との激しい衝突にも生き残り，金星の昼側から67分間にわたって，その回路が金星の強い熱で破壊されるまで，データを送り続けた．

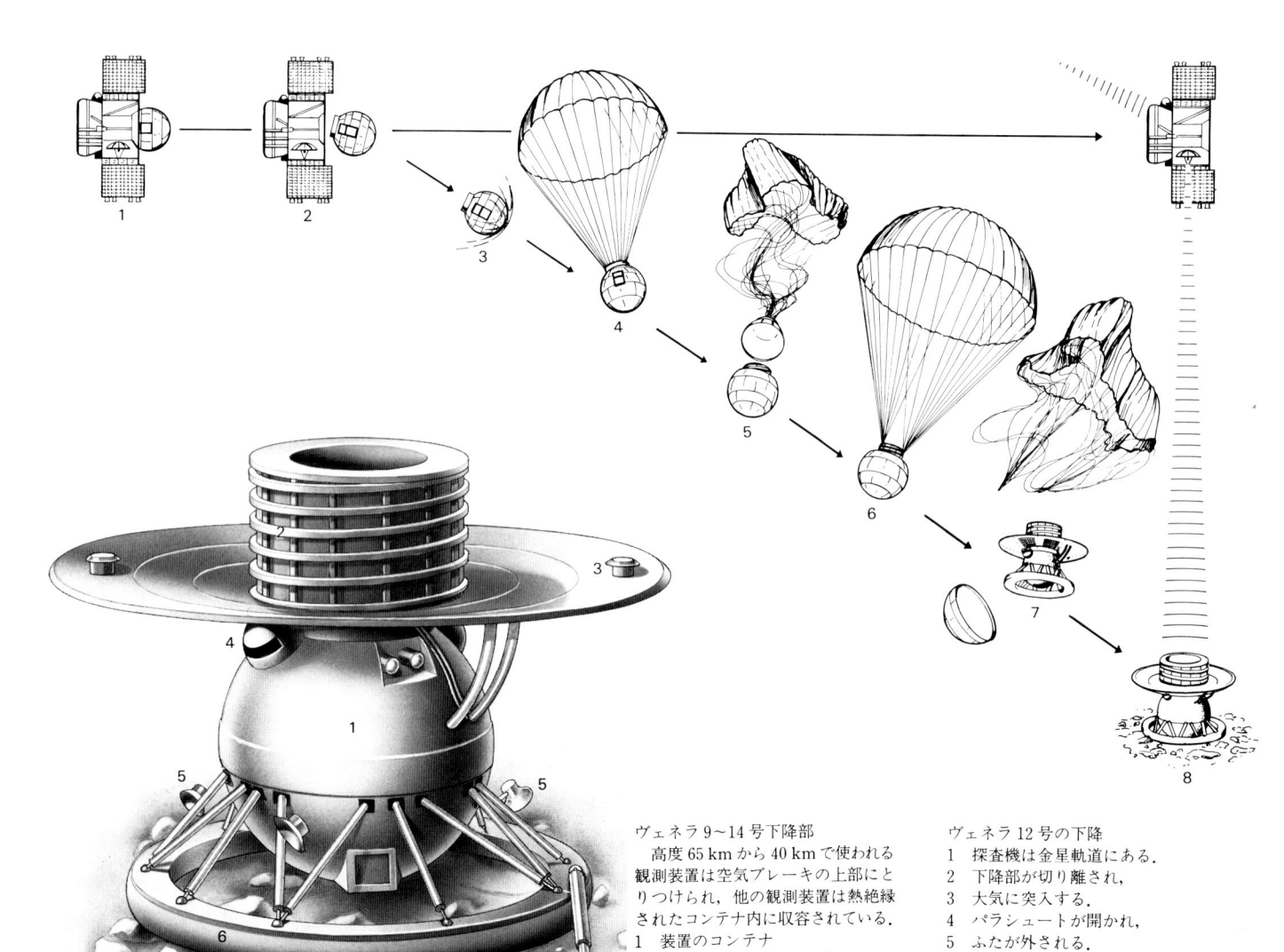

ヴェネラ9～14号下降部
高度65kmから40kmで使われる観測装置は空気ブレーキの上部にとりつけられ，他の観測装置は熱絶縁されたコンテナ内に収容されている．
1 装置のコンテナ
2 アンテナとパラシュート
3 空気ブレーキ
4 カメラ
5 スポットライト
6 衝撃吸収用着陸リング
7 密度計

ヴェネラ12号の下降
1 探査機は金星軌道にある．
2 下降部が切り離され，
3 大気に突入する．
4 パラシュートが開かれ，
5 ふたが外される．
6 制動パラシュートが高度66kmで開き，データ送信開始．
7 パラシュートと熱シールドが高度48kmで外される．
8 着陸した後はデータは，自動的に軌道船経由で地球へ送られる．

軌道船

着陸船

大型探査機

小型探査機

- 全方位アンテナ
- 大型探査機
- 高利得アンテナ
- 小型探査機
- 円筒状太陽電池
- 機器搭載台
- スター・センサー
- 支柱
- 推進機
- 主推進系
- 軸方向推力系
- 推薬タンク
- 軌道投入用エンジン
- 広ビーム全方位アンテナ

- 船尾カバー
- 耐圧殻
- 防熱板
- 風防

- 耐圧殻
- 減速系

パイオニア・ヴィーナス探査機

軌道船上の12の観測装置のうち，6つは大気組成の解析を行い，2つは太陽風との相互作用観測，1つは磁場測定，2つは地形計測，1つは宇宙からのγ線検出に用いられた．着陸船には7つの大気測定器が大型探査機に，それぞれ3つの大気測定器が3つの小型探査機に搭載された．

1. 全方位アンテナ
2. 高利得アンテナ
3. 電場測定
4. プラズマ分析器
5. 推進機
6. 電子温度プローブ
7. レーダー・マッパー
8. スター・センサー
9. 中性大気質量分析器
10. 赤外放射計
11. 光量による雲量測定器
12. 紫外分光器
13. 遅延ポテンシャル分析器
14. 磁力計

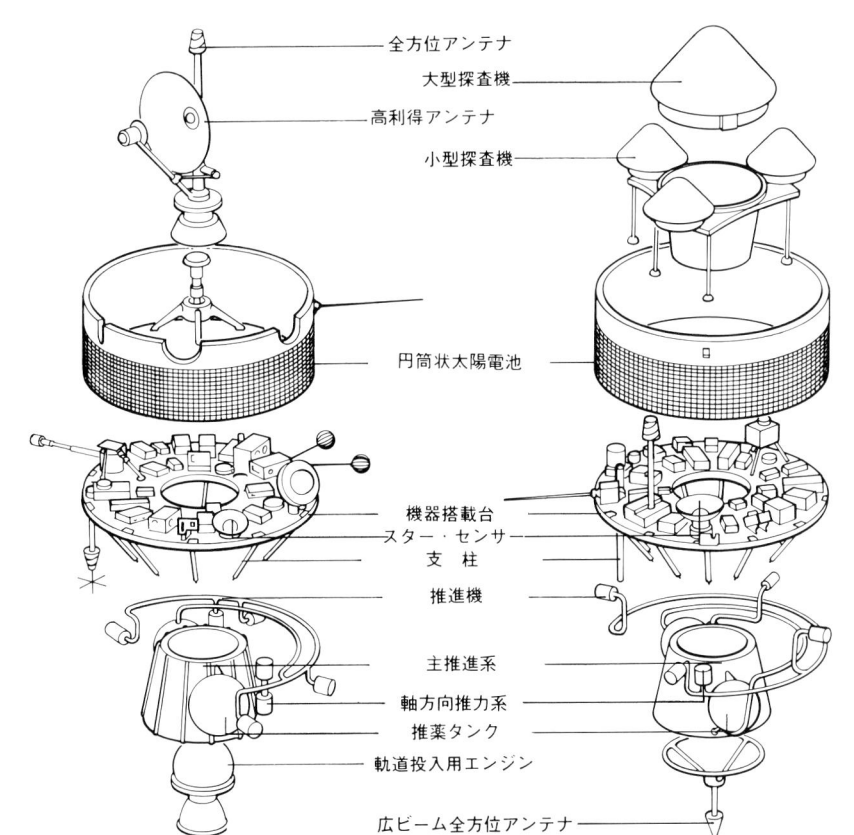

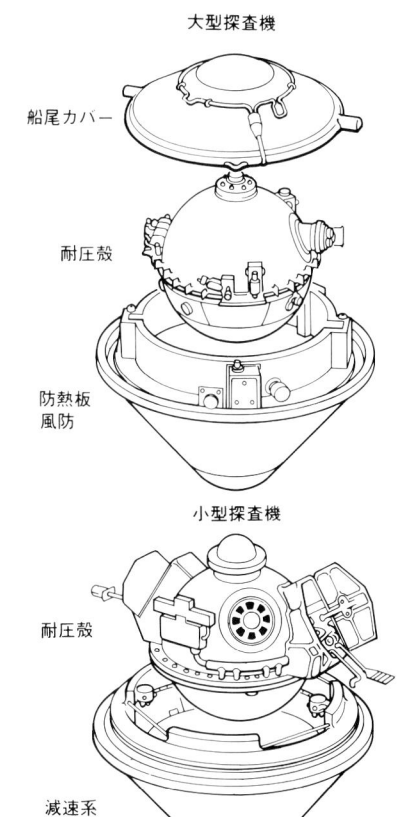

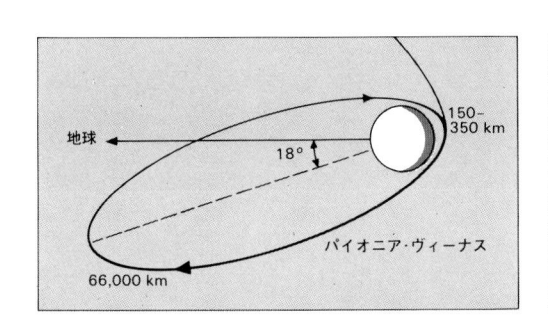

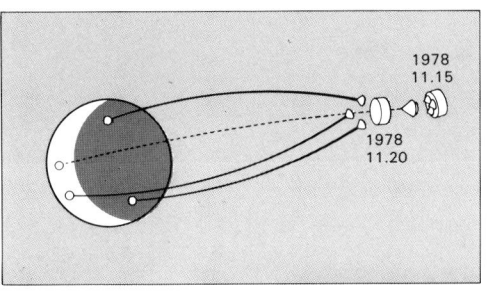

地球　150〜350 km　18°　パイオニア・ヴィーナス　66,000 km

1978 11.15　1978 11.20

軌道船の軌道

パイオニア・ヴィーナスは1978年12月4日に金星に到着し，表面から150 kmまでに近づく楕円軌道をとった．

探査機の分離

大型探査機は1978年11月15日に切り離され，3つの小型探査機はその5日後に切り離された．下降位置が昼半球と夜半球に示されている．

マリナー9号とバイキング

マリナー9号

最初の火星探査の時代は1969年の探査機で終わった．第二の時代は1971年の4つの探査機とともに始まった．4つのうち，2つがアメリカのもので，2つがソ連のものである．アメリカの探査機は，火星のまわりの低高度軌道をまわり，できるだけ完全な表面の地図を作り，同時に他の種々の情報をも得るように計画された．一方ソ連のものは，軟着陸を行い，惑星から直接データを送るように設計された．

実際には，成功したのは4つのうち1つ，マリナー9号だけである．しかし，マリナー9号の成功は他の3機の失敗を十分にうめあわせするものであり，バイキング計画以前には火星について信頼できる唯一の情報源であった．1971年11月14日，ロケットが15分23秒間点火され，スピードを落とした探査機を火星軌道に投入した．火星をまわる回転周期は最初12時間34分で，火星本体の自転周期の半分より少々長かったが，まもなく11時間58分14秒に変えられ，同時に火星表面への最短距離が1,360 kmとなった．残念なことに，マリナー9号の到着は9月半ばに起きた火星の大砂嵐と時期が一致してしまい，その年の末まで観測を開始できなかった．

12月30日に再び軌道が修正され，1周11時間59分28秒とされた．データの送信は翌1972年10月27日まで続けられ，全部で7,329枚の火星の写真が送られてきた．マリナー6号と7号が1969年に撮影したものは表面のわずか10%しかカバーしなかったのに対し，このマリナー9号の写真はほとんど完全に火星表面をカバーしている．結果はみごとなもので，南半球は大部分クレーターに覆われていることが明らかになった．とくにシヌス・サベウスとチレーナ・パテラの暗い領域にはクレーターが多い．一方で北半球には，クレーターが少ないかわりに火山が多い．マリナー9号の測定により，南半球は平均半径よりも約2.8 kmほど高く，北半球はそれより低くてより滑らかであることが示された．

バイキング

マリナー9号による写真撮影結果に基づいて，アメリカの最も野心的な軟着陸船の計画が実行に移された．バイキング1号，2号はともに軌道船と着陸船から成る．それらは1976年の7月と8月に火星に到着し，あらかじめ決められていた火星周回軌道に入って，着陸の場所を捜した．軌道船にのせられたカメラによる映像を手がかりとし，重要なデータは軌道船の赤外線センサーと地球からのレーダー観測からも得られた．着陸点の選定は着陸船の安全を第一として行われた．

地球からの指令により，着陸船が軌道船から切り離され，逆噴射エンジンをふかし，パラシュートによって，火星表面へと降下した．その間に，約5 km/秒の初速から，毎時10 kmほどの着地速度まで減速された．一方，軌道船は軌道をまわって，それ自身の科学観測を続けながら，着陸船からのデータを地球へ中継した．1976年7月20日にバイキング1号の着陸船は火星上北緯23°のクリス平原に降下し，6週間後，バイキング2号の着陸船が北緯48°のユートピア平原に降下した．経度ではこの2つの着陸船は180°隔たっており，火星上の反対側に位置する．そして，軌道船と着陸船両者からの写真の解析に加え，火星上に生命が存在するかという重要な問題に関して集中的な研究が行われた．どちらのバイキングも2台の質量分析器を備え，1台の分析器は表面への降下中に5秒ごとに大気のサンプルを採取して分析を行い，もう1台は火星表面で作動した．組み込まれたガス・クロマトグラフとともに，この2台目の分析器は表面の有機物質を分析し，その一方で，3台の装置が，存在するかもしれない生物体の物質代謝を検出するよう作動した．

マリナー9号
　マリナー9号の望遠と広角の両テレビカメラは，回転台の上にのせられ，7,000枚以上の画像を送ってきた．他には，火星表面上と上層の，ガス，微粒子，温度を測定した赤外分光器，上層大気組成を決定した紫外分光器，惑星表面の温度の日変化を測定した赤外放射計が搭載されていた．

1　低利得アンテナ
2　姿勢制御エンジン
3　燃料タンク
4　カノープス追尾装置
5　推進系
6　温度調整用放熱板
7　赤外分光器
8　望遠テレビカメラ
9　紫外分光器
10　広角テレビカメラ
11　赤外放射計
12　高利得アンテナ
13　太陽センサー（受光用）
14　太陽センサー（航行用）
15　中利得アンテナ
16　太陽電池

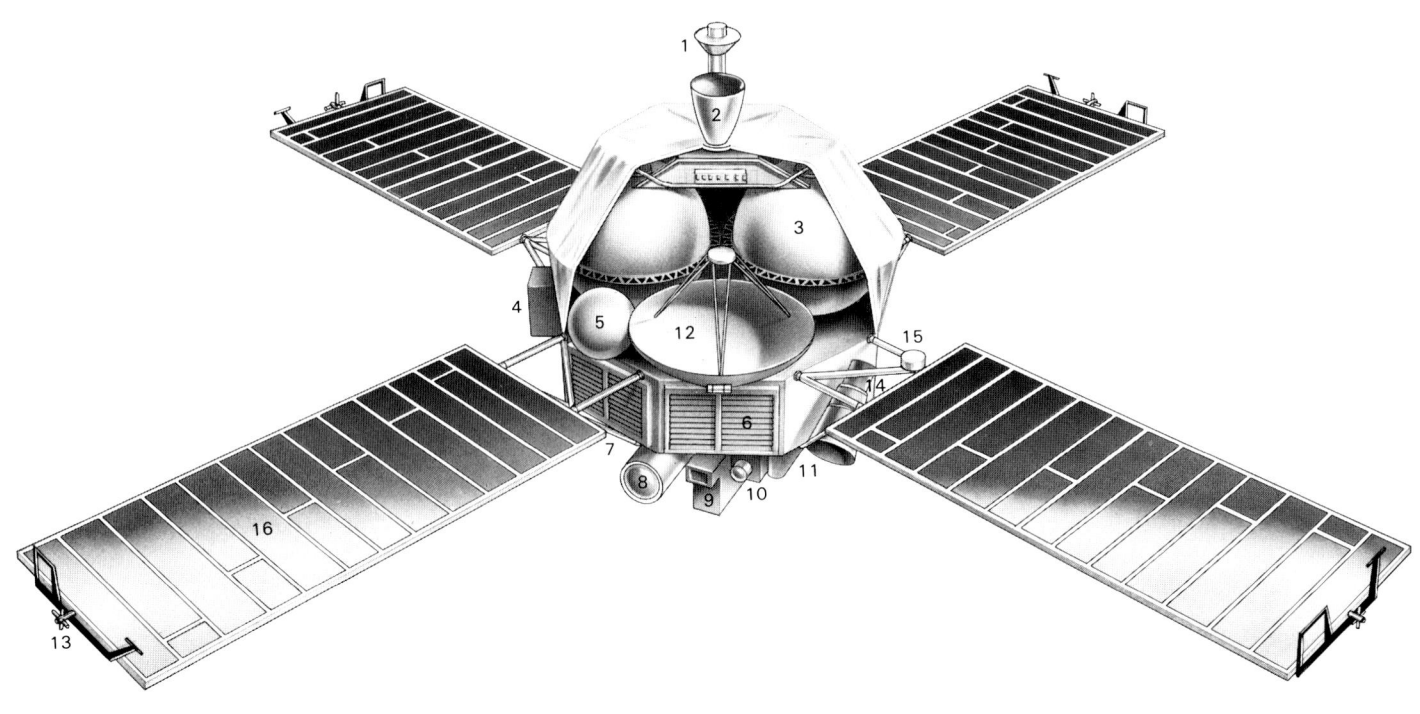

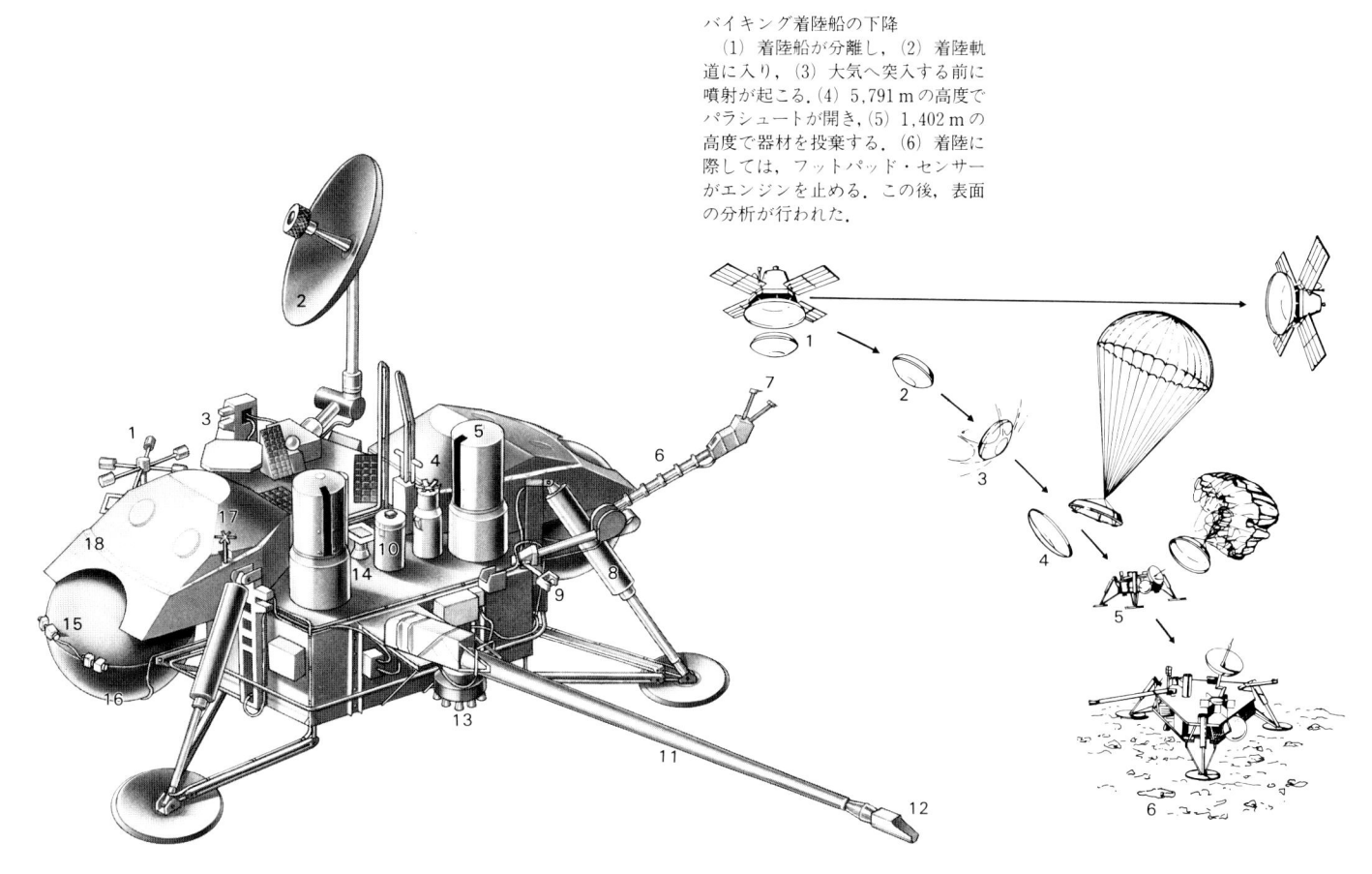

バイキング着陸船の下降
(1) 着陸船が分離し，(2) 着陸軌道に入り，(3) 大気へ突入する前に噴射が起こる．(4) 5,791 m の高度でパラシュートが開き，(5) 1,402 m の高度で器材を投棄する．(6) 着陸に際しては，フットパッド・センサーがエンジンを止める．この後，表面の分析が行われた．

バイキング着陸船

着陸船は土壌をテストして生命の徴候を探るようプログラムされていた．機械的腕がサンプルをすくい取り，着陸船内の自動化された生物学実験室へ運び，そこで3種類の実験が行われた．しかし，生命が存在するという確かな証拠は得られなかった．

1　UHFアンテナ
2　Sバンド高利得アンテナ
3　地震計
4　ガス・クロマトグラフ・質量分析器
5　テレビカメラ
6　気象観測用ブーム
7　気象観測器
8　着陸用ショック・アブソーバー
9　磁気消去ブラシ
10　生物学実験プロセッサ
11　表面サンプル・ブーム
12　サンプル装置
13　最終降下エンジン
14　X線蛍光装置
15　回転制御エンジン
16　最終降下燃料タンク
17　Sバンド低利得アンテナ
18　原子力電池

バイキング軌道船

着陸船からのデータを地球へ中継するだけではなく，軌道船はマリナー9号よりはるかに質のよい画像を送ってきた．また，赤外分光器により火星全域にわたって大気中の水蒸気量を測定し，水蒸気の量が最も多いのは北極冠の端であることを示した．水蒸気は火星大気の成分として重要なものである．

1　Sバンド低利得アンテナ
2　迷光感知器
3　推進装置
4　燃料タンク
5　加圧タンク
6　酸化剤タンク
7　中継用アンテナ
8　S，Xバンド高利得アンテナ
9　赤外温度計
10　可視撮像カメラ
11　大気水蒸気検出器
12　温度調整用放熱板
13　姿勢制御エンジン
14　太陽電池
15　カノープス追尾装置

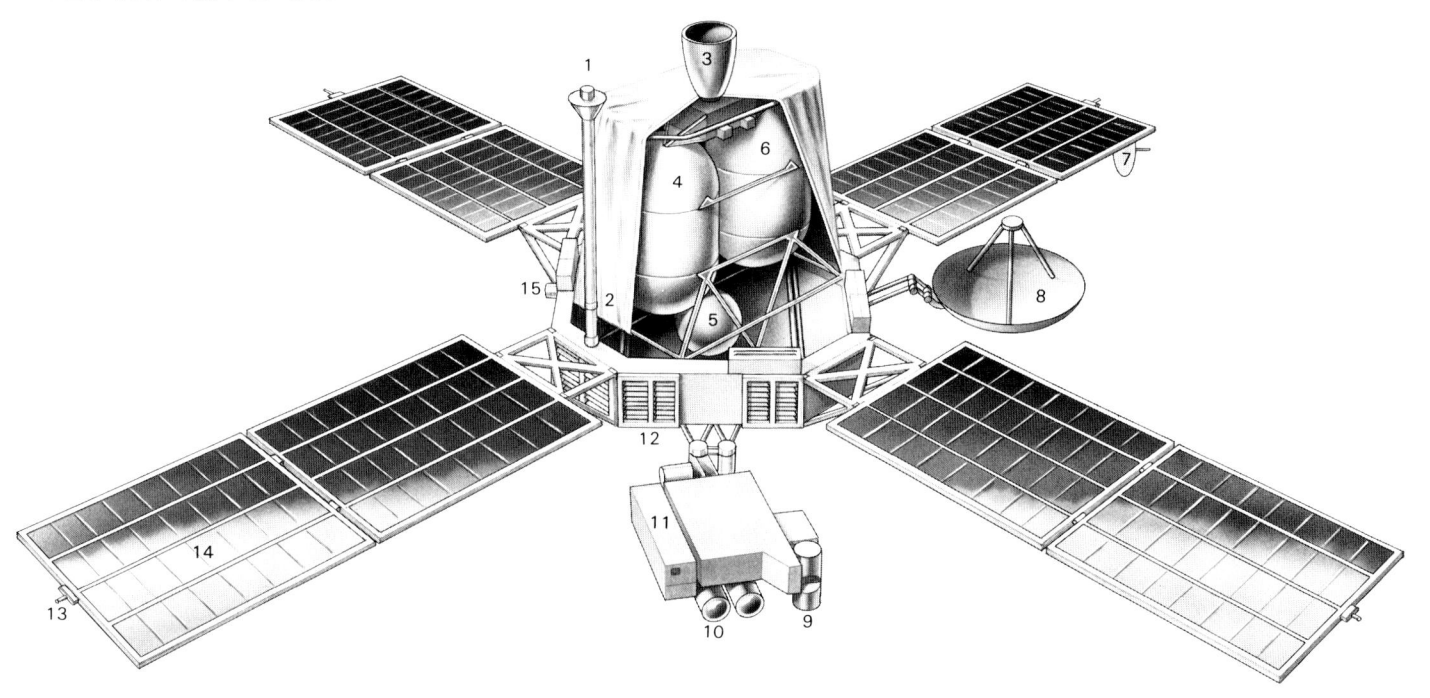

ボイジャー

4つの探査機が今までに木星の傍を通過した．そのうち最近の2つのもの，ボイジャー1号と2号は，多くの点において，それ以前のパイオニア10号，11号をはるかにしのぐ設計がなされている．とくに搭載された計算機システムは複雑な実験装置を操ることができ，また3つの放射性同位元素熱電気発生器（RTG）は強力な電源として働いている．飛翔中は太陽とカノープスを準拠系とする3軸制御を行っており，打上げ後80日間を経過した後は，3.66 mのパラボラ反射鏡は常に地球に向くようになっている．

反射鏡の後ろには，10個のアルミニウムの側板で囲まれた宇宙船の電子回路システムを構成する部分がある．この構造物の中心には，操船に使われるヒドラジン燃料の入っている球形タンクがおさめられている．

宇宙船の姿勢を制御するために12個の，そして軌道修正を行うために4個の，燃料噴射装置が備わっている．このうち軌道修正のみが地上からの指令によってなされ，他のすべての機能は，搭載された計算機により実行される．すべて地上からあらかじめ考えて打上げられねばならなかったパイオニアとはたいへんな違いである．技術的には3つの組織に大別されているが，それらは計算機コマンド・サブシステム（CCS），飛翔データ・サブシステム（FDS），姿勢・接合制御サブシステム（AACS）である．

宇宙船全体の重量はわずか815 kgで，11通りの科学観測を遂行するための装置が積まれている．

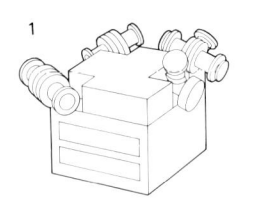

図1 宇宙線検出装置（CRS）
この装置は電子や宇宙線核子を測定するために設計された．この装置は，木星および土星の放射線帯の組成や，さらに遠い太陽系空間の高エネルギー粒子の性質を研究する．高エネルギー望遠鏡（HETS），低エネルギー望遠鏡（LETS），電子望遠鏡（TET）の3つの独立なシステムから成る．これらによって宇宙線を構成する粒子を幅広く研究することが可能になった．

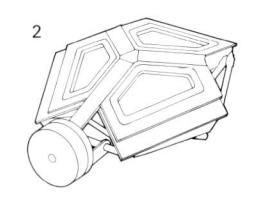

図2 プラズマ実験装置（PLS）
プラズマ実験装置は惑星間領域に存在するひじょうに熱い電離気体の性質を研究した．それは2つのプラズマ検出器から成るが，一つは地球の方向に，他はそれに直角な方向に向けられている．太陽風の性質，太陽風と木星との相互作用，木星の磁気圏などを解析したが，さらに近い将来ボイジャーが訪れる他の惑星の磁気圏についてもまた調べることになろう．PLSはまた衛星イオのまわりのプラズマ環境についての情報をももたらした．

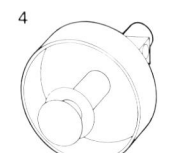

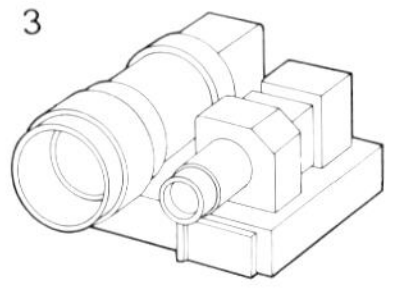

図3 撮像科学装置（ISS）
走査台上に2つのテレビ型のカメラがのっている．一つのカメラは口径f/3の200 mm広角レンズで，他の一つはf/8.5, 1,500 mmの狭い視野角のレンズである．この設計は，以前のマリナー探査船で使われたカメラを修正したものである．これらのカメラは，可変的なシャッター速度，スキャン速度をもち，またいくつかのフィルターが組み込まれている．ISSは，IRIS（図4）やPPS（図7）とともに，惑星の同じ領域を同時にみることができる．

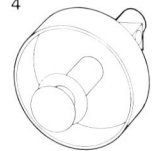

図4 干渉型赤外分光測光装置（IRIS）
この装置は2.5～50 μmと0.3～2.0 μmの2つの赤外領域でのスペクトルや輻射強度を測った．木星大気中のいろいろな高度での温度と圧力の情報，さらに雲の組成に関する情報をもたらした．走査台にのせられたこの装置は2つの視野をもつ．一つは0.5 mカセグレン望遠鏡を利用したもので，1/4°という狭い視野をみる．他の一つはその視野をはずれたもっと広い空間をみる．

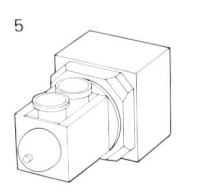

図5 低エネルギー荷電粒子計測実験（LECP）
この計測には，回転台に据えられた2つの固体検出器を使用する．検出器は低エネルギー粒子望遠鏡（LEPT）と低エネルギー磁気圏粒子分析器（LEMPA）とから成る．この装置は，木星の磁気圏や，木星の衛星と荷電粒子の相互作用を研究するのに使われた．また，惑星間空間における太陽風や太陽系外起源の宇宙線をも調べるよう企画されている．

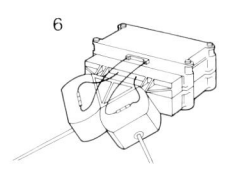

図6 プラズマ波動計測（PWS）と惑星電波天文（PRA）実験
この両方の観測はともに，互いに直角方向に伸展しV字形をつくっている長い2つのアンテナを使用する．PWSは，波動-粒子相互作用を研究するため，10 Hzから56 kHzの振動数域でのプラズマ波動の電場成分を計測した．この装置はまた惑星付近の熱的プラズマの密度を測る目的にも使われる．PRA実験は惑星から出ている電波を検出し，研究した．（木星・土星は強力な電波源であることが，地球からの観測によって知られている．）PRAの受信機は2つの周波数帯，20.4～1,300 kHzと2.3～40.5 MHzをカバーしている．

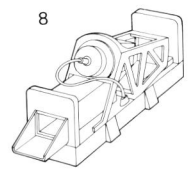

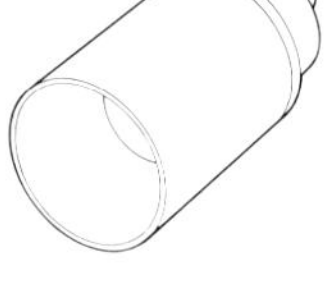

図7 光電偏光装置（PPS）
フィルターをつけた20 cm望遠鏡と偏光分析器とから成り，走査台の上に据えつけられている．235 μmから750 μmの間にある8つの波長区間をカバーしている．PPSは，惑星大気中に存在するガスや（塵）粒子，また空の背景の一部となっている惑星間空間の（塵）粒子を測定した．この装置は，木星や土星の衛星の表面の組成や構造，さらにはイオのナトリウム雲の性質を調べるのにも貢献した．

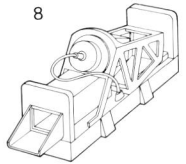

図8 紫外分光装置（UVS）
この装置は40～180 μmの波長域で惑星大気や惑星間空間を見た．その目的は，大気上層部の化学を研究することや，掩蔽（飛翔体が惑星の影に入って太陽の光が遮断される状態）時に太陽の紫外線をどのくらい探査機が吸収するかをみることにある．また惑星大気中から放たれる紫外発光を測定することも重要な役目の一つである．この装置は，集めた光をコリメーターを通して多くの狭い平行光線として回折格子の上に導く．

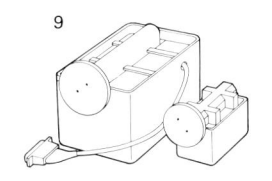

図9 磁場計測実験（MAG）
この実験は4つの磁力計を使用する．そのうちの2つは弱い磁場を測るためのもので，宇宙船から10 mほど外に伸展したブームの先端につけられている．他の2つはもっと大きな磁場を測るためのもので，宇宙船の駆体部につけられている．それぞれは同一の測定器から成っており，得られた結果から宇宙船自身のもっている磁場の影響を取り除くことができる．個々の磁力計は互いに直交した3軸に沿う方向の磁場成分を測定するが，それにより磁場ベクトルの方向とその全強度を決定することができる．

図 10 電波科学実験（RSS）

この実験は，地球とボイジャーの間の通信に使われる電波を利用したものである．たとえば，宇宙船の軌道は送信されてくる電波信号を調べることにより正確に決定される．宇宙船が惑星または衛星の近くを通過したときに，その電波の飛翔経路を詳しく分析することにより，当該問題となっている物体の質量，密度，その形状などを決定することができる．この電波信号は，さらに宇宙船自身の掩蔽が生ずる時には，掩蔽物体の大気や電離層に関する情報をももたらすことができる．

1. 通信と電波科学実験（RSS）のための高利得アンテナ（直径3.7 m）
2. 宇宙線検出装置（CRS）
3. プラズマ実験装置（PLS）
4. 撮像科学装置（ISS）
5. 紫外分光装置（UVS）
6. 干渉型赤外分光測定装置（IRIS）
7. 光電偏光装置（PPS）
8. 低エネルギー荷電粒子計測実験（LECP）
9. ヒドラジン推進機
10. 微隕石保護板
11. 熱放射板
12. プラズマ波動計測（PWS）
13. PWS, PRA のためのアンテナ
14. 放射性同位元素熱電気発生機（RTG）
15. 強磁場磁力計（MAG）
16. 弱磁場磁力計（MAG）
17. エレクトロニクス格納箱
18. 燃料タンク

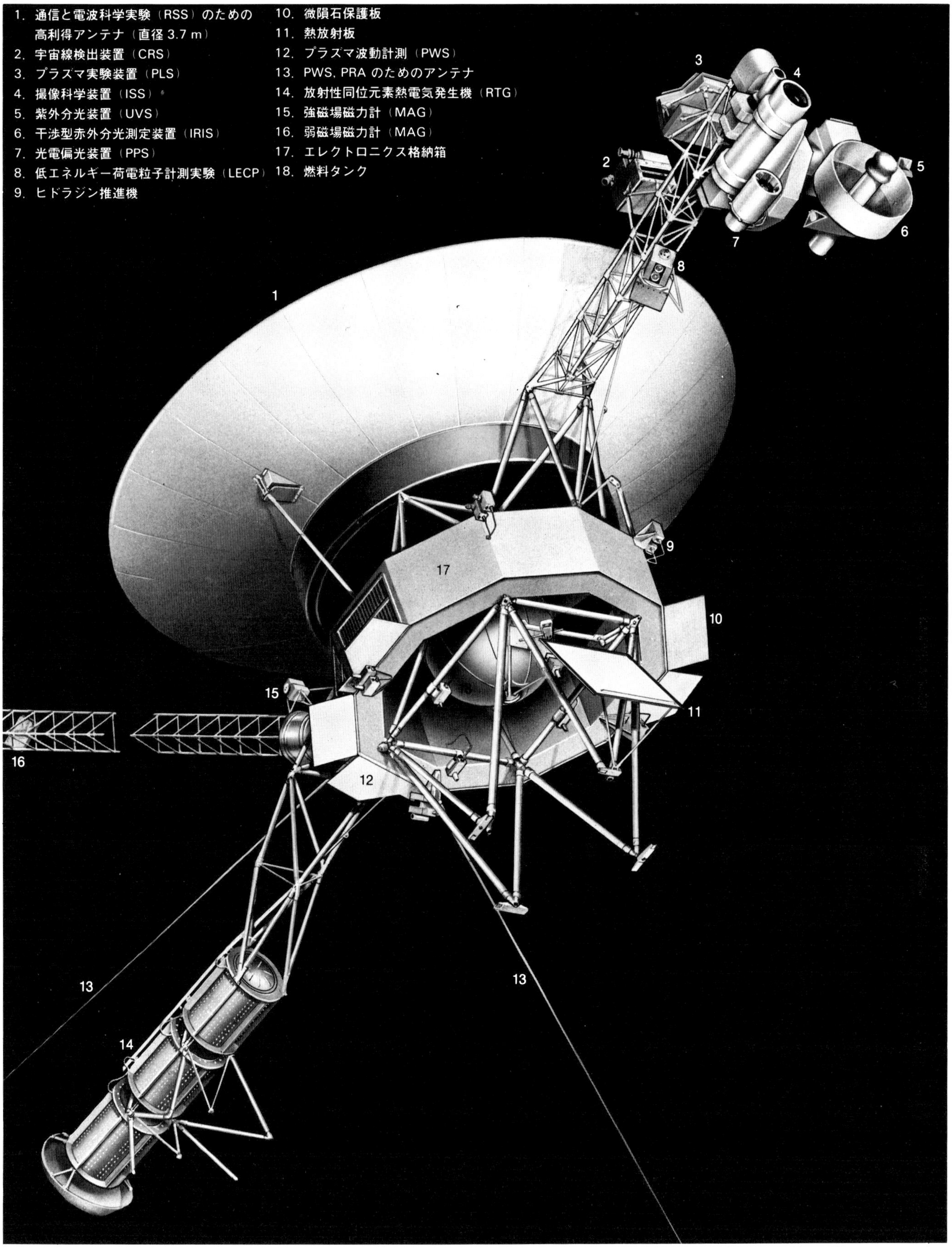

アマチュアのための観測の手びき

宇宙時代が始まってから，アマチュアによる太陽系内の天体観測のもつ意味は大きく変わった．以前には月や惑星面の地図作成には大きな意味があり，アマチュアの作った地図も価値のあるものであったが，この課題は今日では解決してしまった．1980年代のアマチュア観測家はより専門化する必要がある．しかし，時間変化のある現象については，研究すべきことがたくさんある．探査機は，数多くあるとはいえ，常時月や惑星をモニターすることはできないからである．

しかし，水星や外側の3惑星（天王星，海王星，冥王星）については，なしうることはあまりないといわざるをえない．水星の位相変化は適当な大きさの望遠鏡でも容易に観測できるが，ふつう表面の特徴を見ることはできない．天王星は青白い緑色の円板に見え，海王星も恒星とは区別できるが，冥王星はひじょうに暗い恒星と区別がつかない．アマチュアにとって可能性のあるのは外惑星による恒星の掩蔽観測だが，残念なことにこれはきわめてまれにしか起きない．小惑星による掩蔽はもっとたびたび起こるので，アマチュアにも価値のある業績があげられるだろう．しかし，掩蔽観測には口径20 cm以上の望遠鏡と光電測光装置が必要である．

観測の記録

観測記録には次のデータが伴わなければならない．観測者名，望遠鏡の型と口径，等級，倍率，時刻（グリニッジ標準時），視界の条件（アントニアディの等級で1から5，1は完全で5は最悪），もしあれば観測についてのコメントなど．さらに観測は他の観測と組み合わせて初めて真の価値が生まれる．英国では国内の観測者の集まりとして英国天文学協会があり，ヨーロッパやアメリカ，そして日本にも類似の協会がある．

倍率については，一般的には，条件のよい時で口径1 cmあたり25倍であることとされている．大きすぎない倍率を用いることがたいせつである．小さな鋭い像は大きなぼやけた像にまさるからである．

赤道儀や自動追尾は，写真撮影の場合を除いて，絶対に必要というわけではないが，あれば観測がずっと楽になる．

太 陽

多くの点で，太陽はアマチュアの観測にとって理想的な対象である．天気さえよければ毎日観測できるし，大口径の望遠鏡は不要だからである．口径50 mmの望遠鏡であれば黒点の観測には十分であるし，口径75から150 mmの範囲がアマチュアにとって最も使いやすい大きさであろう．この目的には反射望遠鏡より屈折望遠鏡が便利である．

しかし，太陽を見るのは，裸眼の場合でも，危険であることを強調しておこう．たとえ一瞬であっても，望遠鏡を通して太陽を見てはならない．視力を損うおそれが強いし，失明の危険すらある．

アイピースに暗色フィルターをかけるだけでは安全とはいえない．もしそれが破損したとき，観測者が眼をはずすのが間に合わないからである．ハーシェル鏡もしくは太陽対角鏡は，銀をつけていないガラスの鏡で大部分の光と熱を素通して，ほんの一部をアイピースへ反射する．しかし，その場合でもアイピースに暗色フィルターをつけるのを忘れてはならない．アルミ箔をつけた薄いポリエステルのフィルムが市販されており，望遠鏡の開口面全部を覆えば熱が集中することはないが，フィルムのコーティングが全面にわたってきちんとなされているか，破れたりはずれたりしないように固定されているか，十分注意する必要がある．

太陽を観測するのに最も安全な方法は投影法である．望遠鏡の焦点を調整して，アイピースの外に離して置いた白紙やスクリーン上にはっきりした像を結ばせるのである．投影された像が直接の太陽光であいまいにならないよう，望遠鏡のまわりに板を置いてスクリーンに影を作ることが必要である．多くの観測者は，望遠鏡のうしろに投影箱をとりつけて，この目的を果している．

すぐにも実行できる観測は毎日太陽黒点の記録をつけることである．投影された太陽像は標準的な大きさ（直径150 mmが便利）に描き，まず黒点，黒点群，白斑の位置を記入する．詳細はあとでよい．詳細を見るためには倍率を上げることもある．黒点が視野を横切るのを観測できれば，その運動の方向は太陽面上の東西方向を決めるのに使える．その方向がわかれば，1年の時期に応じた太陽面の傾きを考えて，スケッチの正しい向きを決めることができる．

望遠鏡にとりつけたカメラによって，太陽を一次焦点か，アイピースへの射影により撮影できる．しかし，カメラ自体が過熱しないよう気をつけねばならない．別のやり方としては，スクリーンに投影された像を撮影することもできる．

H_αフィルターが市販されるようになったので，アマチュアにもプラージュ，フィラメント，プロミネンス，フレアを撮影する道が開けた．太陽電波天文学もアマチュアにとっておもしろい対象となるだろう．太陽電波バーストやノイズ・ストームの受信は簡単な設備でも可能である．強いバーストは簡単なヤギ（八木）アンテナとテレビ受信機で捕えられる．大部分のアマチュアは数10から数100 MHzの周波数で作動する装置を用いている．周波数範囲は使用する装置とアンテナの種類で決まるのである．

専門の観測所のモニター活動にかからなかった大きな事例をアマチュアが見つける場合があるので，アマチュアの太陽電波観測家と専門の研究所の間にはよい関係があるべきである．観測者がいろいろな事例をできるだけ多くカバーするように協力すれば，どんな形の観測であれ，得られた結果の価値は大きくなる．イギリスでは，英国天文学協会とアマチュア天文学者とが，たくさんの観測家が送ってくる観測結果をまとめる担当者を置いた太陽部門を設けている．英国天文学協会の電波天文部は太陽電波観測を組織している．アメリカでは，変光星観測アメリカ協会（AAVSO）が同様の機能を果している．同等の組織が他の国々にもある．

月

価値のある観測をするためには，月のさまざまな相について徹底的に慣れ親しまなければならない．赤道儀式の架台とモーター・ドライブが必要ではあるが，写真撮影も役に立つだろう．しかし，科学的に価値のある写真をとるのは難しい．経験を積むために，望遠鏡を使って，たくさんのスケッチを描くべきである．スケッチはあまり小さく書かずに，月面での12 kmが1 cmになるぐらいがよいだろう．この縮尺だと，プラトー・クレーターは8 cmの円になる．

楽しむだけなら小型望遠鏡（たとえば15 cm反射式）でもよいが，本格的に行うのならば，口径19 cmはほしい．大きいほどよいが，観測者の腕しだいである．

今日，地球から観測を続ける必要のある最も重要なものは一過性の現象（Transient Lunar Phenomena, TLP）である．そのような現象が実際にあるという強い証拠（1958年にコジレフ（N. A. Kozyrev）が観測したという赤い雲よりも，ずっと確かな証拠）があるにもかかわらず，それに関する知識は乏しい．また，多くの説が出されてはいるが，その原因や分布のようすは，まだよくわかっていない．ある一過性の現象は赤みがかっているというが，色はそれほどはっきりしているわけではない．この現象を見つける1つの方法は，月をまたたかせる装置を利用す

ることである．すなわち，半分は赤で半分は青の回転フィルターを用意し，フィルターをすばやく切り換えながら対象となる地形を観測するのである．赤い点があれば，それがまたたいて見えるはずである．ひじょうに簡単な方法であるが，見間違えることはない．もし，一過性の現象と思われるものがあったら，まず，近くにある他の地形を同じように見てみる．ここでも同じような現象が見えたら，それは地球の大気のせいである．そのあたりが曇ったようになって，細かい地形が見えなくなるという一過性の現象もある．このような現象が起こった時にも，地球の大気のせいでないかどうか，近くの地形を観測すべきである．

アリスタルコス，アルフォンズス，ガッサンディーといったクレーターでは，とくに1回限りの変動する現象が多いとされているので，機会あるごとに観測すべきであろう．しかし，まだこのような一過性の現象が報告されていない地域を調べることもたいせつである．

もし，ほんとうに一過性の現象だったら，通常の観測記録に加えて，現象のあった領域を詳しくメモし，スケッチを作るか，より好ましくは写真の上にマークをつけておくとよい．他の場所にいる者も同じ現象を観測していれば，信頼性が高くなる．この分野の研究は，なかなか実を結ばず，絶対に確かであると思われる一過性の現象についても，疑問視する学者がいる．1958年のコジレフの観測からずいぶんたったが，いまだに分光学的な観測もないのである．

また，掩蔽の観測も重要なものである．これには，0.1秒以下の時間精度が要求される．ときどき，星が一瞬にして消えずに，徐々に消えていくことがある．このような場合は，その星が近接連星であるということがわかる．

月の観測は，現在でも充分価値のあるものであるが，1980年代のわれわれは，1940年代の先輩たちと違い，特殊な現象に的をしぼった観測をしなければならない．

金　　星

金星の観測で新しい発見をするのはたいへん難しいように思える．特徴的な位相変化以外は何も見えないし，表面の特徴はあいまいで変わりやすい．正確にその特徴をつかめることはほとんどない．さらに，金星が裸眼では明るく輝いて見える時は，その高度が低すぎるため，観測には適していないのである．観測には，太陽が地平線上にある昼間か，日没直後もしくは日の出直前がよい．太陽が昇っている時に観測する場合は，正確に位置決定のできる望遠鏡を使って金星を視野に捕えるべきである．望遠鏡をのぞきながら金星を捜すことは，決してしてはならない．太陽が視野に入るという危険があり，もしそうなると視力に障害を生じることがあるからである．

金星のはっきりしない特徴はできるだけ綿密にスケッチするべきだが，そのためには多少の誇張が必要になることがある．上（下）弦時，いいかえれば半分となる位相の時刻には，とくに注意を払うべきである．夕方に見える時（欠けつつある時）はいつも早く，朝方に見える時（満ちつつある時）はいつも遅れて観測される．これはシュレーターの効果として知られており，金星の大気による現象であることは間違いがない．弦の日付は可能な限り記録しておくべきである．しかし，昼と夜の境界は，続く数日間も真直ぐに見え，区別がつき難いこともしばしばである．

アッシェン光，すなわち夜半球のかすかな輝きは，金星が三日月形に見える時期にのみ観測し得る．このためには金星を低高度で観測しなければならず，アイピースに合わせた遮蔽板によって明るい三日月形の部分を隠さねばならない．アッシェン光の観測はおそらくアマチュアにできる最も意味のある金星の観測であるが，たいへん難しく見誤りやすいものである．

火　　星

火星は，アマチュアにとってはありがたくない惑星である．衝の位置には1年おきにしかやってこないし，アマチュアがふつう使っている大きさの望遠鏡で観測可能な時期は，衝前後の数週間に限られている．観測にあたっては次のような点に注意を払うべきである．極冠については，どこまで後退しており，外縁（しばしば不規則になっている）はどこか．暗い特徴的形状，ほとんど固定したものだが，あるものはよく解明されていない理由により大きさと形を変える．ソリス・ラクスはそのよい例である．雲が見えるか否か．ある雲は比較的小さく，毎夜追跡可能であるが，多くは拡がっている．時には火星は，局所的もしくは全惑星的な塵の嵐にみまわれ，よく知られた表面の特徴は覆い隠されてしまう．いつこの塵が晴れわたって表面が見えるようになるか，注意深く観測している必要がある．

火星は比較的小さな惑星であり，大きな倍率を必要とするので，小さな望遠鏡は適さない．ふつう研究に用いられる望遠鏡は最低でも口径30 cmはある．

木星とその衛星

どんな小さな望遠鏡でも木星の縞模様は見えるだろう．詳しい観測には口径15 cmくらいが反射望遠鏡としての最低条件だろう．20 cm反射鏡では可能性はずっと拡がり，30 cm反射鏡があればどんな観測も可能である．

木星は極のところで明らかに平たくなっており，スケッチの際にはいつも気をつける必要がある．あらかじめ木星の本体の形を準備しておくとよい．必ずしも大きさが正確である必要はないが，5 cm以下では小さすぎる．木星の位相変化は，地球から見たのでは小さすぎるので，無視してかまわない．

木星の自転は速いので，主な特徴は手ばやく正確に描くことが望ましい．詳細については，それから高倍率で観測して描き入れればよい．15分以内にスケッチを終えること．特別な観測についてはあとでゆっくり描けばよい．

中規模の望遠鏡を用いた観測者にとっては，最も重要な観測は何らかの特徴が表面を通過するその時刻の測定であろう．子午線通過時刻は驚くほど正確に，だいたい1分以内で決めることができるものである．あとは表を用いて経度を決めればよい．

雲に隠されたり，観測以前に子午線通過が既に終わっていたりして，正確な時刻決定ができないこともある．このような時，手慣れた観測者は子午線通過の推定時刻を出しておくのだが，精度は落ちるし，子午線通過から30分以上たっている場合には推定はやめておいた方がよい．

アマチュアが通常もっている望遠鏡で見える衛星は，ガリレオ衛星に限られる．主な興味は食，掩蔽，木星面通過，衛星の影の木星面通過などの現象であろう．時刻を測定しておくとよいが，これらの観測は主に観測者の興味のためであって，科学的成果は期待できない．

土星とその衛星

土星の環や衛星を見るには双眼鏡では無理であり，最低でも7 cm屈折望遠鏡が必要であろう．アマチュアがよく使っているもう少し大きなクラス，たとえば15 cm反射望遠鏡であれば，環の位置がよければすばらしい姿が見える．1980年代はこの条件にめぐまれている．詳しい観測にはより大口径の望遠鏡が必要で，反射型なら20 cm，屈折型なら8 cmが最低となる．

土星はスケッチしにくい対象である．本体の姿をあらかじめ準備しておくという通常のやり方も，環の角度が刻々と変わっていくため，あまりうまくいかない．土星をスケッチするには，そもそも絵がうまくなければならない．土星本体が平たくなっていることも無視してはならず，本体の大きさは5 cm以上に描くのがよい．

スケッチするにはまず本体と環の外まわりを描く．そして主な特徴，たとえば環が十分広がっている時にはカッシーニの空隙や縞模様を描く．影（環が本体に落とす影と，本体が環に落とす影）を正確に描くように注意してほしい．そして，高倍率に切り換えて細かい特徴に注意を移す．木星の場合，細かい構造が豊富で自転が速いためスケッチは15分くらいで仕上げねばならなかったが，土星ではゆっくりできる．本体上にはあまり特徴がなく，あってもはっきりしないからである．

　帯状の構造については，0（白）から10（黒）までのスケールを用いて濃さを表現しておくとよい．赤道域とB環（最も明るい環）は，このスケールでは1から1.5である．土星はいろいろと変化をみせるので，このような観測は価値のあるものである．

　土星は木星に比べずっとやわらかい印象を与えるが，これは大気高層に存在する多量のもやのためである．赤道の縞模様は，環で隠さなければ，適当な望遠鏡でいつも見ることができる．はっきりした斑点が生ずることはまれだが，時には見えることもある．たとえば1933年には斑点が見られた．もし現われればできるだけ詳しく調べる必要がある．土星子午線の通過時刻はもちろん記録しなければならない．

　衛星のうち，小さな望遠鏡ではタイタンしか見えない．7 cm 屈折望遠鏡ならイアペタスやレアを見るのは容易で，ディオーネやテティスも見えるだろう．他の衛星はもっと口径が大きくなければ見えない．衛星の明るさの決定についてはまだ研究すべき余地が残っている．

　土星面を横切る衛星や衛星の影の観測は，タイタン以外のものについては難しい．しかしそれらがいつ起こるかを見るのは興味深く，最低20 cm（できれば30 cm）の口径の望遠鏡があれば研究できよう．衛星どうしの食はまれであり，同様に環による衛星の食もめったに起こらない．

数　値　表

このページ以降の数値表には，標準的な諸量や太陽系観測のための実用的な情報を示した．専門家向けには天文数値表（Astronomical Ephemeris）やアメリカ数値表（American Ephemeris）が毎年出版されており，日本国内では理科年表が毎年発行されている．

表の使い方

この本で使われているのは国際（SI）単位系である．この単位系は，広く科学および教育の目的に使われている．メートル（m），キログラム（kg），秒（s），アンペア（A），ケルビン（K），モル（mol），カンデラ（cd）の7つの基礎単位があり，他の量はこの基礎単位から導かれた単位で表わすことができる．たとえば，力の単位であるニュートン（N）は1kgの質量に1m/s^{2}の加速度を与える力として定義される（kg·m·s^{-2}）．

しかし，科学のある分野ではいくつかの古い単位系が用いられているので，その点にも配慮した．たとえば，磁場のSI単位であるテスラ（T）は，より多く使われているガウス（G）に，置きかえられている．1Tは10,000 Gにあたる．

ひじょうに大きな数と小さな数はべき数表示がされている．1より小さな数には負のべきが用いられる．それに加えていくつかの略記号が使われており，表1に示した．表2にはSI単位と他の日常単位との換算を，表3には天文学上にあらわれる定数，表4には元素のリストが与えられている．

次のページには，惑星運動の法則とそれらを記述する軌道要素が説明されている．表5には太陽系のメンバーの基礎量がまとめてあり，その数値の意味は図3を参照されたい．

表7から14には，食，離角，衝を含む，軌道上のデータを示す．表15, 16と21から24には，主な惑星の今世紀末までの位置を示す．表17から20には木星のSystem IとSystem IIの回転周期を経度に換算した値を示す．

表1　SI単位の記号

10^{18}	exa	E
10^{15}	peta	P
10^{12}	tera	T
10^{9}	giga	G
10^{6}	mega	M
10^{3}	kilo	k
10^{2}	hecto	h
10^{1}	deca	da
10^{-1}	deci	d
10^{-2}	centi	c
10^{-3}	milli	m
10^{-6}	micro	μ
10^{-9}	nano	n
10^{-12}	pico	p
10^{-15}	femto	f
10^{-18}	atto	a

表2　SI単位との変換

長さ
1 in	25.4 mm
1 mile	1.609344 km

体積
1 imperial gal	4.54609 cm^3
1 US gal	3.78533 liters

速度
1 ft/s	0.3048 m s^{-1}
1 mile/h	0.44704 m s^{-1}

質量
1 lb	0.45359237 kg

力
1 pdl	0.138255 N

エネルギー（仕事，熱）
1 cal	4.1868 J

仕事率
1 hp	745.700 W

温度
°C	=	kelvins − 273.15
°F	=	$\frac{9}{5}$ (°C) + 32

表3　天文・物理定数

天文単位（AU）	1.49597870×10^8 km
光年（ly）	9.4607×10^{12} km = 63,240 AU = 0.306660 pc
パーセク（pc）	30.857×10^{12} km = 206,265 AU = 3.2616 ly
1年の長さ	
回帰年（太陽の春分点通過から次の通過まで）	365.24219 日
恒星年（恒星を基準とした地球の公転周期）	365.25636 日
近点年（近日点を基準とした地球の公転周期）	365.25964 日
食年（太陽の月との交点通過から次の通過まで）	346.62003 日
1カ月の長さ	
分点月（春分点を基準にした月の公転周期）	27.32158 日
恒星月（恒星を基準にした月の公転周期）	27.32166 日
近点月（近地点通過から次の通過まで）	27.55455 日
交点月（昇交点通過から次の通過まで）	27.21222 日
朔望月（新月から新月まで）	29.53059 日
1日の長さ	
平均太陽日	24 時間 03 分 56.555 秒 = 1.00273791 日（平均太陽時間）
平均恒星日	23 時間 56 分 04.091 秒 = 0.99726957 日（平均太陽時間）
対恒星自転周期	23 時間 56 分 04.099 秒 = 0.99726966 日（平均太陽時間）
真空中の光速（c）	2.99792458×10^5 km·s^{-1}
重力定数	6.672×10^{-11} kg^{-1}·m^3·s^{-2}
電子の電荷（e）	1.602×10^{-19} クーロン
プランク定数（h）	6.624×10^{-34} J·s
太陽輻射	
太陽定数	1.37×10^3 J·m^{-2}·s^{-1}
全輻射量	3.86×10^{26} J·s^{-1}
可視絶対等級（M_v）	+4.79
有効温度	5,780 °K

表4　元素，元素記号，原子番号

元素	記号	番号	元素	記号	番号
actinium	Ac	89	mendelevium	Md	101
aluminium	Al	13	mercury (水銀)	Hg	80
americium	Am	95	molybdenum	Mo	42
antimony	Sb	51	neodymium	Nd	60
argon	Ar	18	neon	Ne	10
arsenic (ヒ素)	As	33	neptunium	Np	93
astatine	At	85	nickel	Ni	28
barium	Ba	56	niobium	Nb	41
berkelium	Bk	97	nitrogen (窒素)	N	7
beryllium	Be	4	nobelium	No	102
bismuth	Bi	83	osmium	Os	76
boron (ホウ素)	B	5	oxygen (酸素)	O	8
bromine (臭素)	Br	35	palladium	Pd	46
cadmium	Cd	48	phosphorus (リン)	P	15
caesium	Cs	55	platinum (白金)	Pt	78
calcium	Ca	20	plutonium	Pu	94
californium	Cf	98	polonium	Po	84
carbon (炭素)	C	6	potassium (カリウム)	K	19
cerium	Ce	58	praeseodymium	Pr	59
chlorine (塩素)	Cl	17	promethium	Pm	61
chromium	Cr	24	protactinium	Pa	91
cobalt	Co	27	radium	Ra	88
columbium	Cb		radon	Rn	86
copper (銅)	Cu	29	rhenium	Re	75
curium	Cm	96	rhodium	Rh	45
dysprosium	Dy	66	rubidium	Rb	37
einsteinium	Es	99	ruthenium	Ru	44
erbium	Er	68	samarium	Sm	62
europium	Eu	63	scandium	Sc	21
fermium	Fm	100	selenium	Se	34
fluorine (フッ素)	F	9	silicon (ケイ素)	Si	14
francium	Fr	87	silver (銀)	Ag	47
gadolinium	Gd	64	sodium (ナトリウム)	Na	11
gallium	Ga	31	strontium	Sr	38
germanium	Ge	32	sulphur (硫黄)	S	16
gold (金)	Au	79	tantalum	Ta	73
hafnium	Hf	72	technetium	Tc	43
helium	He	2	tellurium	Te	52
holmium	Ho	67	terbium	Tb	65
hydrogen (水素)	H	1	thallium	Tl	81
indium	In	49	thorium	Th	90
iodine (ヨウ素)	I	53	thulium	Tm	69
iridium	Ir	77	tin (スズ)	Sn	50
iron (鉄)	Fe	26	titanium	Ti	22
krypton	Kr	36	tungsten	W	74
lanthanum	La	57	uranium	U	92
lawrencium	Lr	103	vanadium	V	23
lead (鉛)	Pb	82	xenon	Xe	54
lithium	Li	3	ytterbium	Yb	70
lutetium	Lu	71	yttrium	Y	39
magnesium	Mg	12	zinc (亜鉛)	Zn	30
manganese	Mn	25	zirconium	Zr	40

図1 惑星の配位

内惑星とは，地球軌道の内側に軌道をもつものをいう．その他は外惑星である．外惑星は太陽と反対側にある(J_1)とき，衝，地球からみて太陽となす角(離角)が90°をなす(J_2, J_4)とき，弦(上，下)にあるといわれる．惑星が太陽と並んだとき(V_1, V_3, J_3)が合であり，内惑星には内合(V_1)と外合(V_3)がある．内惑星について，V_2は離角が最大となった位置である．

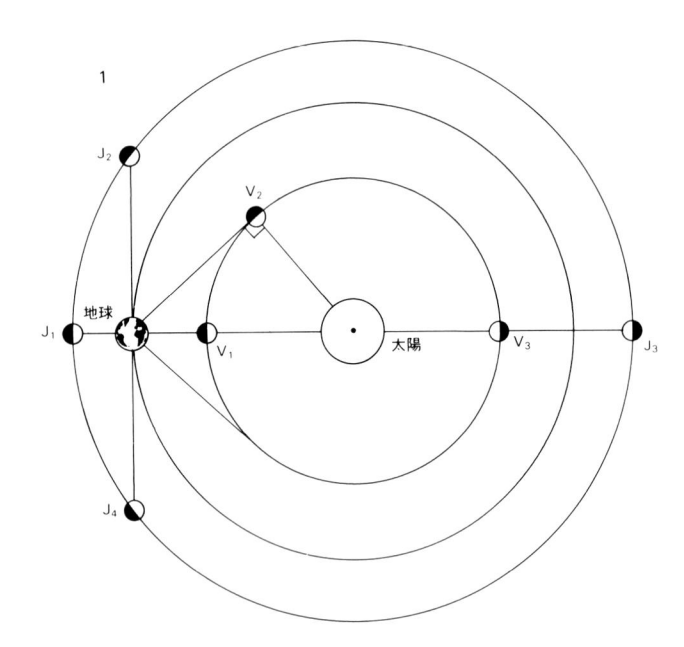

図2 ケプラーの法則

ケプラーの第一法則によれば，惑星は太陽をその一方の焦点とする楕円上を運動する(A)．楕円とは2つの焦点からの距離の和が一定な点の軌跡である．第二法則によれば，惑星の動径ベクトルは一定時間に一定面積を掃引する(B)．第三法則によれば，惑星の公転周期の2乗は太陽からの平均距離の3乗に比例する(C)．ここで平均距離とは，楕円の長軸半径，すなわち最大直径の半分を基準にしている．平均距離を与えれば周期は簡単に求まり，またその逆も同様である．

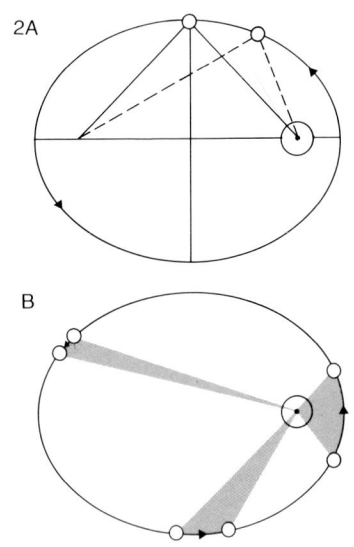

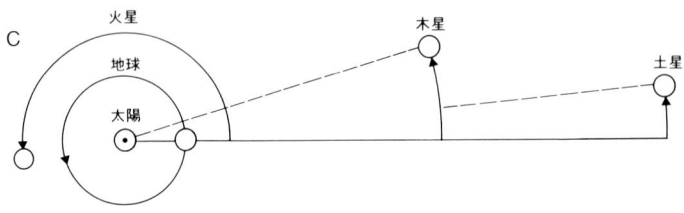

図3 軌道要素

惑星は太陽をその一方の焦点とした楕円上を動く．楕円の大きさは2つの要素，長軸半径(a)と離心率(e)で決まる(A)．惑星の軌道を完全に確定するためにはなお4つの要素が必要である(B)．ここでは，黄道面は地球の軌道で定義されている．傾斜角iは黄道面に対する惑星軌道面の傾きであり，Ωは昇交点黄経(春分点方向より測られる)である．ωは昇交点方向と近日点方向との間の角度で，近日点引数と呼ばれる．最後の1つは，ある特定の時刻での惑星の位置を示すものであればよいが，たとえばその黄経(L)をもって示すことができる($L=\Omega+\omega+\nu$)．惑星や彗星の場合には以上の6要素で完全に軌道が確定するが，中心天体の質量などが不明な場合(たとえば衛星の運動など)には，もう1つの値，周期(T)が必要となる．

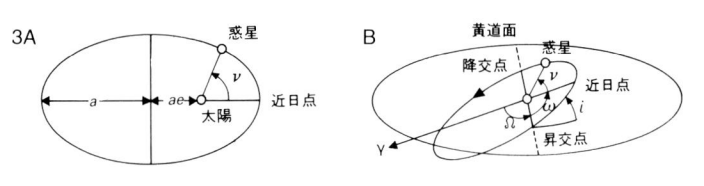

表5 1980年1月1.5日暦表時における惑星の平均軌道要素

惑星	平均距離 a A.U.	100万km	離心率 e	軌道傾斜角 i ° ′ ″	昇交点黄経 Ω ° ′ ″	近日点黄経 ϖ ($=\omega+\Omega$) ° ′ ″	元期における位置 L ° ′ ″	対恒星公転周期 日
水星	0.3870987	57.91	0.2056306	7 00 15.7	48 05 39.2	77 08 39.4	237 26 09.2	87.969
金星	0.7233322	108.21	0.0067826	3 23 40.0	76 29 59.2	131 17 22.7	358 08 12.4	224.701
地球	1.0000000	149.60	0.0167175	― ― ―	― ― ―	102 35 47.2	100 18 43.2	365.256
火星	1.5236915	227.94	0.0933865	1 50 59.3	49 24 11.6	335 41 27.2	127 06 26.0	686.980
木星	5.2028039	778.34	0.0484681	1 18 15.2	100 14 48.0	14 00 01.9	147 05 29.8	4332.59
土星	9.5388437	1,427.01	0.0556125	2 29 20.9	113 28 55.4	92 39 22.9	165 22 24.3	10,759.20
天王星	19.181826	2,869.6	0.0472639	0 46 23.5	73 53 54.2	170 20 10.7	227 17 14.5	30,684.8
海王星	30.058021	4,496.7	0.0085904	1 46 18.8	131 33 36.7	44 27 01.1	260 54 42.6	60,190.5
冥王星	39.44	5,900.0	0.250	17 12 00	110	223		90,465.0

表6 太陽，月，各惑星の物理的データ

	直径 赤道 km	直径 極 km	自転軸傾斜角 °	赤道自転周期	質量 kg	密度 (水=1)	脱出速度 kms^{-1}	体積 (地球=1)	表面重力 (地球=1)	平均眼視等級	表面反射率
太陽	1,392,530	1,392,530	7.25	24.6 d	1.9891×10^{30}	1.41	617.3	1.3×10^6	28.0	−26.8	―
月	3,476	3,476	1.53	27.32 d	7.3483×10^{22}	3.34	2.37	0.02	0.165	−12.7	0.07
水星	4,878	4,878	0	58.65 d	3.3022×10^{23}	5.43	4.25	0.06	0.377	0.0	0.06
金星	12,104	12,104	178	243 d	4.8689×10^{24}	5.24	10.36	0.86	0.902	−4.4	0.76
地球	12,756	12,714	23.44	23.93 hr	5.9742×10^{24}	5.52	11.18	1.00	1.000	―	0.29
火星	6,794	6,759	23.59	24.62 hr	6.4191×10^{23}	3.93	5.02	0.15	0.379	−2.0	0.16
木星	142,800	134,200	3.12	9.8 hr	1.899×10^{27}	1.32	59.6	1,323	2.69	−2.6	0.34
土星	120,000	108,000	26.73	10.2 hr	5.684×10^{26}	0.70	35.6	752	1.19	+0.7	0.33
天王星	51,800	49,000	97.86	24±3 hr	8.6978×10^{25}	1.25	21.1	64	0.93	+5.5	0.34–0.5
海王星	49,500	47,400	29.56	15.8 hr	1.028×10^{26}	1.77	24.6	54	1.22	+7.8	0.34–0.5
冥王星	2,400	3,000	≦50	6.3 d	6.6×10^{23}	4.7	7.7	0.01	0.20	+14.9	0.5

表7 日食（1983-1999）

日．月．年	地域	型
11. 6.1983	インド洋，東インド諸島，太平洋	皆既食
4.12.1983	大西洋，赤道アフリカ	金環食
30. 5.1984	太平洋，メキシコ，アメリカ，大西洋，北アフリカ	金環食
22/23.11.1984	東インド諸島，南太平洋	皆既食
19. 5.1985	北極	部分食
12.11.1985	南太平洋，南極	皆既食
9. 4.1986	南極	部分食
3.10.1986	北大西洋	皆既食
29. 3.1986	アルゼンチン，大西洋，中央アフリカ，インド洋	皆既食
23. 9.1987	ソ連，中国，太平洋	金環食
18. 3.1988	インド洋，東インド諸島，太平洋	皆既食
7. 3.1989	北極	部分食
31. 8.1989	南極	部分食
26. 1.1990	南極	金環食
22. 7.1990	フィンランド，ソ連，太平洋	皆既食
15/16. 1.1991	オーストラリア，ニュージーランド，太平洋	金環食
11. 7.1991	太平洋，メキシコ，ブラジル	皆既食
4/5. 1.1992	中央太平洋	金環食
30. 6.1992	南大西洋	皆既食
24.12.1992	北極	部分食
21. 5.1993	北極	部分食
13.11.1993	南極	部分食
10. 5.1994	太平洋，メキシコ，アメリカ，カナダ	金環食
3.11.1994	ペルー，ブラジル，南大西洋	皆既食
29. 4.1995	南太平洋，ペルー，南大西洋	金環食
24.10.1995	イラン，インド，東インド諸島，太平洋	皆既食
17. 4.1996	南極	部分食
12.10.1996	北極	部分食
9. 3.1997	ソ連，北極	皆既食
2. 9.1997	南極	部分食
26. 2.1998	太平洋，大西洋	皆既食
22. 8.1998	インド洋，東インド諸島，太平洋	金環食
16. 2.1999	インド洋，オーストラリア，太平洋	金環食
11. 8.1999	大西洋，イギリス コーンウォール地方，フランス，トルコ，インド	皆既食

表8 月食（1983-2000）

日．月．年	大きさ %	日．月．年	大きさ %	日．月．年	大きさ %
25. 6.1983	34	9. 2.1990	Total	15. 4.1995	12
4. 5.1985	Total	6. 8.1990	68	4. 4.1996	Total
28.10.1985	Total	21.12.1991	9	27. 9.1996	Total
24. 4.1986	Total	15. 6.1992	69	24. 3.1997	93
17.10.1986	Total	10.12.1992	Total	16. 9.1997	Total
7.10.1987	1	4. 6.1993	Total	28. 7.1999	42
27. 8.1988	30	29.11.1993	Total	21. 1.2000	Total
20. 2.1989	Total	25. 5.1994	28	16. 7.2000	Total
17. 8.1989	Total				

表9 水星最大離角（1983-2000）

日．月．年（西方）	日．月．年（東方）
8. 2./ 8. 6./ 1.10.1983	21. 4./19. 8./13.12.1983
22. 1./19. 5./14. 9.1984	3. 4./31. 7./25.11.1984
3. 1./ 1. 5./28. 8.1985	17. 3./14. 7./ 8.11.1985
13. 4./11. 8./30.11.1986	28. 2./25. 6./21.10.1986
26. 1./25. 7./13.11.1987	12. 2./ 6. 7./ 4.10.1987
8. 3./ 6. 7./26.10.1988	26. 1./19. 5./15. 9.1988
18. 2./18. 6./10.10.1989	9. 1./ 1. 5./29. 8./23.12.1989
1. 2./31. 5./24. 9.1990	13. 4./11. 8./ 6.12.1990
14. 1./12. 5./ 7. 9./27.12.1991	27. 3./25. 7./19.11.1991
23. 4./21. 8./ 9.12.1992	9. 3./ 6. 7./31.10.1992
5. 4./ 4. 8./22.11.1993	21. 2./17. 6./14.10.1993
19. 3./17. 7./ 6.11.1994	4. 2./30. 5./26. 9.1994
1. 3./29. 6./20.10.1995	19. 1./12. 5./ 9. 9.1995
11. 2./10. 6./ 3.10.1996	2. 1./23. 5./21. 8./15.12.1996
24. 1./22. 5./16. 9.1997	6. 4./ 4. 8./28.11.1997
6. 1./ 4. 5./31. 8./20.12.1998	20. 3./17. 6./11.11.1998
16. 4./14. 8./ 2.12.1999	3. 3./28. 6./24.10.1999
28. 3./27. 7./15.11.2000	15. 2./ 9. 6./ 6.10.2000

表10 金星の離角と合

日．月．年	現象	日．月．年	現象
16. 6.1983	東方最大離角	2.11.1991	西方最大離角
25. 8.1983	内合	13. 6.1992	外合
4.11.1983	西方最大離角	19. 1.1993	東方最大離角
15. 6.1984	外合	1. 4.1993	内合
22. 1.1985	東方最大離角	10. 6.1993	西方最大離角
3. 4.1985	内合	17. 1.1994	外合
13. 6.1985	西方最大離角	25. 5.1994	東方最大離角
19. 1.1986	外合	2.11.1994	内合
27. 8.1986	東方最大離角	13. 1.1995	西方最大離角
5.11.1986	内合	20. 8.1995	外合
15. 1.1987	西方最大離角	1. 4.1996	東方最大離角
23. 8.1987	外合	10. 6.1996	内合
3. 4.1988	東方最大離角	19. 8.1996	西方最大離角
13. 6.1988	内合	2. 4.1997	外合
22. 8.1988	西方最大離角	6.11.1997	東方最大離角
5. 4.1989	外合	16. 1.1998	内合
8.11.1989	東方最大離角	27. 3.1998	西方最大離角
10. 1.1990	内合	30.10.1998	外合
30. 3.1990	西方最大離角	11. 6.1999	東方最大離角
1.11.1990	外合	20. 8.1999	内合
13. 6.1991	東方最大離角	30.10.1999	西方最大離角
22. 8.1991	内合	11. 6.2000	外合

表11 火星の衝（1984-1999）

日．月．年	地球に最も近くなる日	みかけの直径 sec of arc	等級
11. 5.1984	19. 5.1984	17.5	−1.8
10. 6.1986	16. 6.1986	23.1	−2.4
28. 9.1988	22. 9.1988	23.7	−2.6
27.11.1990	20.11.1990	17.9	−1.7
7. 1.1993	3. 1.1993	14.9	−1.2
12. 2.1995	11. 2.1995	13.8	−1.0
17. 3.1997	20. 3.1997	14.2	−1.1
24. 4.1999	1. 5.1999	16.2	−1.5

表12 木星の衝（1983-2000）

日．月．年	みかけの直径 sec of arc	等級
27. 5.1983	45.5	−2.1
29. 6.1984	46.8	−2.2
4. 8.1985	48.5	−2.3
10. 9.1986	49.6	−2.4
18.10.1987	49.8	−2.5
23.11.1988	48.7	−2.4
27.12.1989	47.2	−2.3
28. 1.1991	45.7	−2.1
28. 2.1992	44.6	−2.0
30. 3.1993	44.2	−2.0
30. 4.1994	44.5	−2.0
1. 6.1995	45.6	−2.1
4. 7.1996	47.0	−2.2
9. 8.1997	48.6	−2.4
16. 9.1998	49.7	−2.5
23.10.1999	49.8	−2.5
28.11.2000	48.5	−2.4

表13 土星の衝（1983-2000）

日．月．年	等級
21. 4.1983	+0.4
3. 5.1984	+0.3
15. 5.1985	+0.2
27. 5.1986	+0.2
9. 6.1987	+0.2
20. 6.1988	+0.2
2. 7.1989	+0.2
14. 7.1990	+0.3
26. 7.1991	+0.3
7. 8.1992	+0.4
19. 8.1993	+0.5
1. 9.1994	+0.7
14. 9.1995	+0.8
26. 9.1996	+0.7
10.10.1997	+0.4
23.10.1998	+0.2
6.11.1999	0.0
19.11.2000	−0.1

表14 天王星の衝（1983-2000）

日．月．年	日．月．年	日．月．年
29.5.1983	24.6.1989	21.7.1995
1.6.1984	29.6.1990	25.7.1996
6.6.1985	4.7.1991	29.7.1997
11.6.1986	7.7.1992	3.8.1998
16.6.1987	12.7.1993	7.8.1999
20.6.1988	17.7.1994	11.8.2000

表15　火星の位置（1983-1992）

日.月.年	赤経 h m s	赤緯 ° ′ ″	日.月.年	赤経 h m s	赤緯 ° ′ ″	日.月.年	赤経 h m s	赤緯 ° ′ ″	日.月.年	赤経 h m s	赤緯 ° ′ ″	日.月.年	赤経 h m s	赤緯 ° ′ ″
6. 1.83	21 34 45	−15 34 52	6.12.84	21 12 42	−17 33 01	6.11.86	21 19 23	−17 47 12	6.10.88	0 17 29	− 2 30 38	6. 9.90	4 03 45	+19 04 17
16. 1.83	22 05 10	−12 52 00	16.12.84	21 42 39	−15 01 13	16.11.86	21 44 41	−15 23 44	16.10.88	0 08 24	− 2 40 09	16. 9.90	4 21 38	+20 01 42
26. 1.83	22 34 55	− 9 57 05	26.12.84	22 11 59	−12 15 43	26.11.86	22 10 06	−12 48 53	26.10.88	0 03 40	− 2 20 25	26. 9.90	4 36 19	+20 47 55
5. 2.83	23 04 02	− 6 53 41	**5. 1.85**	22 40 44	− 9 19 46	6.12.86	22 35 33	−10 04 40	5.11.88	0 03 52	− 1 32 46	6.10.90	4 46 57	+21 25 24
15. 2.83	23 32 41	− 3 45 07	15. 1.85	23 08 56	− 6 16 43	16.12.86	23 00 57	− 7 13 22	15.11.88	0 08 43	− 0 20 55	16.10.90	4 52 34	+21 56 08
25. 2.83	0 00 57	− 0 34 44	25. 1.85	23 36 44	− 3 09 36	26.12.86	23 26 17	− 4 17 36	25.11.88	0 17 35	+ 1 10 26	26.10.90	4 52 14	+22 21 01
7. 3.83	0 29 00	+ 2 34 18	4. 2.85	0 04 14	− 0 01 30	**5. 1.87**	23 51 35	− 1 19 34	5.12.88	0 29 39	+ 2 56 08	5.11.90	4 45 33	+22 38 57
17. 3.83	0 56 57	+ 5 39 06	14. 2.85	0 31 33	+ 3 04 37	15. 1.87	0 16 56	+ 1 38 17	15.12.88	0 44 19	+ 4 52 24	15.11.90	4 33 10	+22 46 37
27. 3.83	1 24 57	+ 8 36 53	24. 2.85	0 58 50	+ 6 06 11	25. 1.87	0 42 21	+ 4 33 29	25.12.88	1 01 04	+ 6 55 36	25.11.90	4 17 15	+22 41 29
6. 4.83	1 53 04	+11 24 57	6. 3.85	1 26 11	+ 9 00 33	4. 2.87	1 07 57	+ 7 24 00	**4. 1.89**	1 19 28	+ 9 02 18	5.12.90	4 01 21	+22 26 01
16. 4.83	2 21 26	+14 01 00	16. 3.85	1 53 42	+11 45 18	14. 2.87	1 33 48	+10 07 33	14. 1.89	1 39 17	+11 09 52	15.12.90	3 48 42	+22 08 04
26. 4.83	2 50 05	+16 22 46	26. 3.85	2 21 29	+14 18 16	24. 2.87	1 59 58	+12 42 00	24. 1.89	2 00 19	+13 15 31	25.12.90	3 41 20	+21 56 54
6. 5.83	3 19 04	+18 28 13	5. 4.85	2 49 35	+16 37 19	6. 3.87	2 26 30	+15 05 29	3. 2.89	2 22 23	+15 16 41	**4. 1.91**	3 39 49	+21 58 05
16. 5.83	3 48 22	+20 15 40	15. 4.85	3 18 01	+18 40 34	16. 3.87	2 53 26	+17 16 04	13. 2.89	2 45 25	+17 11 13	14. 1.91	3 43 37	+22 12 18
26. 5.83	4 17 56	+21 43 39	25. 4.85	3 46 48	+20 26 24	26. 3.87	3 20 48	+19 11 57	23. 2.89	3 09 19	+18 56 50	24. 1.91	3 51 59	+22 37 21
5. 6.83	4 47 41	+22 51 06	5. 5.85	4 15 52	+21 53 24	5. 4.87	3 48 35	+20 51 42	5. 3.89	3 34 00	+20 31 31	3. 2.91	4 04 04	+23 09 20
15. 6.83	5 17 31	+23 37 20	15. 5.85	4 45 10	+23 00 27	15. 4.87	4 16 43	+22 13 50	15. 3.89	3 59 23	+21 53 33	13. 2.91	4 19 08	+23 44 05
25. 6.83	5 47 17	+24 02 07	25. 5.85	5 14 36	+23 46 54	25. 4.87	4 45 08	+23 17 20	25. 3.89	4 25 23	+23 01 14	23. 2.91	4 36 38	+24 17 47
5. 7.83	6 16 51	+24 05 40	4. 6.85	5 44 02	+24 12 22	5. 5.87	5 13 46	+24 01 24	4. 4.89	4 51 52	+23 53 16	5. 3.91	4 56 03	+24 46 58
15. 7.83	6 46 04	+23 48 37	14. 6.85	6 13 19	+24 16 57	15. 5.87	5 42 27	+24 25 35	14. 4.89	5 18 45	+24 28 35	15. 3.91	5 17 00	+25 08 43
25. 7.83	7 14 48	+23 11 58	24. 6.85	6 42 19	+24 01 07	25. 5.87	6 11 04	+24 29 52	24. 4.89	5 45 52	+24 46 27	25. 3.91	5 39 10	+25 20 41
4. 8.83	7 42 57	+22 17 05	4. 7.85	7 10 55	+23 25 43	4. 6.87	6 39 31	+24 14 29	4. 5.89	6 13 05	+24 46 30	4. 4.91	6 02 16	+25 21 02
14. 8.83	8 10 26	+21 05 31	14. 7.85	7 39 00	+22 31 55	14. 6.87	7 07 38	+23 40 07	14. 5.89	6 40 18	+24 28 41	14. 4.91	6 26 02	+25 08 25
24. 8.83	8 37 13	+19 38 04	24. 7.85	8 06 31	+21 21 04	24. 6.87	7 35 19	+22 47 41	24. 5.89	7 07 20	+23 53 20	24. 4.91	6 50 16	+24 41 55
3. 9.83	9 03 16	+17 59 32	3. 8.85	8 33 24	+19 54 46	4. 7.87	8 02 32	+21 38 22	3. 6.89	7 34 05	+23 01 04	4. 5.91	7 14 45	+24 01 07
13. 9.83	9 28 37	+16 08 48	13. 8.85	8 59 38	+18 14 41	14. 7.87	8 29 11	+20 13 33	13. 6.89	8 00 31	+21 52 41	14. 5.91	7 39 21	+23 05 56
23. 9.83	9 53 17	+14 08 49	23. 8.85	9 25 15	+16 22 31	24. 7.87	8 55 17	+18 34 42	23. 6.89	8 26 30	+20 29 21	24. 5.91	8 03 56	+21 56 37
3.10.83	10 17 20	+12 01 21	2. 9.85	9 50 17	+14 20 02	3. 8.87	9 20 49	+16 43 21	3. 7.89	8 52 04	+18 52 12	3. 6.91	8 28 23	+20 33 45
13.10.83	10 40 48	+ 9 48 13	12. 9.85	10 14 46	+12 08 54	13. 8.87	9 45 51	+14 41 07	13. 7.89	9 17 11	+17 02 35	13. 6.91	8 52 38	+18 58 04
23.10.83	11 03 45	+ 7 31 13	22. 9.85	10 38 48	+ 9 50 46	23. 8.87	10 10 24	+12 29 33	23. 7.89	9 41 52	+15 01 55	23. 6.91	9 16 40	+17 10 29
2.11.83	11 26 15	+ 5 11 58	2.10.85	11 02 27	+ 7 27 22	2. 9.87	10 34 35	+10 10 11	2. 8.89	10 06 10	+12 51 32	3. 7.91	9 40 27	+15 12 10
12.11.83	11 48 22	+ 2 52 09	12.10.85	11 25 48	+ 5 00 10	12. 9.87	10 58 26	+ 7 44 38	12. 8.89	10 30 10	+10 32 54	13. 7.91	10 04 02	+13 04 08
22.11.83	12 10 06	+ 0 33 24	22.10.85	11 48 56	+ 2 30 46	22. 9.87	11 22 04	+ 5 14 20	22. 8.89	10 53 54	+ 8 07 30	23. 7.91	10 27 25	+10 47 39
2.12.83	12 31 32	− 1 42 51	1.11.85	12 11 57	+ 0 00 46	2.10.87	11 45 36	+ 2 40 51	1. 9.89	11 17 30	+ 5 36 40	2. 8.91	10 50 40	+ 8 24 02
12.12.83	12 52 38	− 3 55 02	11.11.85	12 34 55	− 2 28 27	12.10.87	12 09 06	+ 0 05 43	11. 9.89	11 41 03	+ 3 01 53	12. 8.91	11 13 53	+ 5 54 29
22.12.83	13 13 24	− 6 01 41	21.11.85	12 57 56	− 4 55 17	22.10.87	12 32 41	− 2 29 36	21. 9.89	12 04 38	+ 0 24 43	22. 8.91	11 37 07	+ 3 20 26
1. 1.84	13 33 48	− 8 01 37	1.12.85	13 21 3	− 7 18 13	1.11.87	12 56 28	− 5 03 29	1.10.89	12 28 23	− 2 13 27	1. 9.91	12 00 29	+ 0 43 19
11. 1.84	13 53 44	− 9 53 26	11.12.85	13 44 20	− 9 35 53	11.11.87	13 20 32	− 7 34 16	11.10.89	12 52 24	− 4 50 55	11. 9.91	12 24 04	− 1 55 28
21. 1.84	14 13 05	−11 36 06	21.12.85	14 07 50	−11 46 43	21.11.87	13 44 59	−10 00 23	21.10.89	13 16 48	− 7 26 00	21. 9.91	12 48 00	− 4 34 17
31. 1.84	14 31 39	−13 08 46	31.12.85	14 31 33	−13 49 19	1.12.87	14 09 54	−12 20 01	31.10.89	13 41 41	− 9 56 59	1.10.91	13 12 22	− 7 11 23
10. 2.84	14 49 10	−14 30 35	**10. 1.86**	14 55 31	−15 42 27	11.12.87	14 35 21	−14 31 22	10.11.89	14 07 10	−12 21 53	11.10.91	13 37 19	− 9 45 03
20. 2.84	15 05 16	−15 41 12	20. 1.86	15 19 41	−17 24 48	21.12.87	15 01 24	−16 32 40	20.11.89	14 33 20	−14 38 41	21.10.91	14 02 55	−12 13 10
1. 3.84	15 19 33	−16 40 26	30. 1.86	15 44 01	−18 55 23	31.12.87	15 28 04	−18 22 00	30.11.89	15 00 16	−16 45 18	31.10.91	14 29 18	−14 33 37
11. 3.84	15 31 22	−17 28 09	9. 2.86	16 08 26	−20 13 26	**10. 1.88**	15 55 23	−19 57 37	10.12.89	15 28 00	−18 39 26	10.11.91	14 56 33	−16 44 06
21. 3.84	15 40 05	−18 04 41	19. 2.86	16 32 48	−21 18 22	20. 1.88	16 23 18	−21 17 49	20.12.89	15 56 34	−20 18 51	20.11.91	15 24 43	−18 42 08
31. 3.84	15 44 51	−18 30 03	1. 3.86	16 56 58	−22 10 10	30. 1.88	16 51 46	−22 21 02	30.12.89	16 25 57	−21 41 22	30.11.91	15 53 50	−20 25 09
10. 4.84	15 44 53	−18 43 47	11. 3.86	17 20 46	−22 49 09	9. 2.88	17 20 41	−23 06 03	**9. 1.90**	16 56 05	−22 44 49	10.12.91	16 23 53	−21 50 39
20. 4.84	15 39 43	−18 45 19	21. 3.86	17 43 56	−23 16 08	19. 2.88	17 49 56	−23 31 55	19. 1.90	17 26 52	−23 27 27	20.12.91	16 54 47	−22 56 10
30. 4.84	15 29 29	−18 33 38	31. 3.86	18 06 14	−23 32 38	29. 2.88	18 19 21	−23 38 06	29. 1.90	17 58 08	−23 47 47	30.12.91	17 26 26	−23 39 33
10. 5.84	15 15 33	−18 09 38	10. 4.86	18 27 21	−23 40 41	10. 3.88	18 48 46	−23 24 34	8. 2.90	18 29 43	−23 44 53	**9. 1.92**	17 58 41	−23 59 02
20. 5.84	15 00 32	−17 38 48	20. 4.86	18 46 53	−23 43 08	20. 3.88	19 18 04	−22 51 44	18. 2.90	19 01 25	−23 18 23	19. 1.92	18 31 16	−23 53 29
30. 5.84	14 47 20	−17 10 09	30. 4.86	19 04 26	−23 43 27	30. 3.88	19 47 02	−22 00 36	28. 2.90	19 33 02	−22 28 31	29. 1.92	19 03 59	−23 22 24
9. 6.84	14 38 25	−16 54 07	10. 5.86	19 19 27	−23 45 48	9. 4.88	20 15 34	−20 52 30	10. 3.90	20 04 22	−21 16 13	8. 2.92	19 36 38	−22 26 02
19. 6.84	14 34 53	−16 57 23	20. 5.86	19 31 16	−23 54 58	19. 4.88	20 43 33	−19 29 14	20. 3.90	20 35 19	−19 42 55	18. 2.92	20 08 57	−21 05 28
29. 6.84	14 36 48	−17 21 15	30. 5.86	19 39 10	−24 15 25	29. 4.88	21 10 52	−17 53 04	30. 3.90	21 05 45	−17 50 32	28. 2.92	20 40 49	−19 22 19
9. 7.84	14 43 46	−18 03 56	9. 6.86	19 42 19	−24 50 38	9. 5.88	21 37 26	−16 06 22	9. 4.90	21 35 36	−15 41 31	9. 3.92	21 12 07	−17 18 50
19. 7.84	14 55 05	−19 01 04	19. 6.86	19 40 09	−25 40 44	19. 5.88	22 03 12	−14 11 55	19. 4.90	22 04 53	−13 18 22	19. 3.92	21 42 47	−14 57 46
29. 7.84	15 10 08	−20 07 35	29. 6.86	19 32 48	−26 40 07	29. 5.88	22 28 03	−12 12 52	29. 4.90	22 33 35	−10 43 55	29. 3.92	22 12 50	−12 21 59
8. 8.84	15 28 25	−21 18 36	9. 7.86	19 21 26	−27 37 47	8. 6.88	22 51 56	−10 12 05	9. 5.90	23 01 45	− 8 01 14	8. 4.92	22 42 18	− 9 34 38
18. 8.84	15 49 29	−22 28 53	19. 7.86	19 08 49	−28 20 39	18. 6.88	23 14 40	− 8 13 10	19. 5.90	23 29 28	− 5 13 06	18. 4.92	23 11 15	− 6 39 00
28. 8.84	16 13 00	−23 33 38	29. 7.86	18 58 18	−28 41 08	28. 6.88	23 36 2	− 6 19 45	29. 5.90	23 56 46	− 2 22 37	28. 4.92	23 39 48	− 3 38 10
7. 9.84	16 38 40	−24 28 27	8. 8.86	18 52 29	−28 39 35	8. 7.88	23 55 46	− 4 35 09	8. 6.90	0 23 42	+ 0 27 12	8. 5.92	0 08 02	− 0 35 22
17. 9.84	17 06 09	−25 09 00	18. 8.86	18 52 47	−28 20 28	18. 7.88	0 13 26	− 3 03 36	18. 6.90	0 50 21	+ 3 13 42	18. 5.92	0 36 04	+ 2 26 15
27. 9.84	17 35 09	−25 31 42	28. 8.86	18 59 04	−27 47 58	28. 7.88	0 28 28	− 1 48 53	28. 6.90	1 16 41	+ 5 54 03	28. 5.92	1 04 01	+ 5 23 51
7.10.84	18 05 21	−25 33 33	7. 9.86	19 10 36	−27 03 43	7. 8.88	0 40 13	− 0 54 25	8. 7.90	1 42 42	+ 8 25 45	7. 6.92	1 31 58	+ 8 14 32
17.10.84	18 36 22	−25 12 20	17. 9.86	19 26 27	−26 07 13	17. 8.88	0 47 47	− 0 24 01	18. 7.90	2 08 21	+10 46 47	17. 6.92	1 59 57	+10 55 38
27.10.84	19 07 52	−24 26 54	27. 9.86	19 45 32	−24 57 19	27. 8.88	0 50 23	− 0 19 04	28. 7.90	2 33 29	+12 55 08	27. 6.92	2 28 02	+13 24 50
6.11.84	19 39 31	−23 17 01	7.10.86	20 07 0	−23 32 45	6. 9.88	0 47 39	− 0 38 15	7. 8.90	2 57 54	+14 49 30	7. 7.92	2 56 13	+15 39 55
16.11.84	20 11 00	−21 43 32	17.10.86	20 30 12	−21 52 40	16. 9.88	0 39 55	− 1 15 44	17. 8.90	3 21 22	+16 29 11	17. 7.92	3 24 26	+17 39 09
26.11.84	20 42 07	−19 48 06	27.10.86	20 54 27	−19 57 16	26. 9.88	0 28 56	− 1 58 16	27. 8.90	3 43 28	+17 53 53	27. 7.92	3 52 37	+19 21 11

表16 木星の位置 (1981-1989)

日.月.年	赤経 h m s	赤緯 ° ′ ″	日.月.年	赤経 h m s	赤緯 ° ′ ″	日.月.年	赤経 h m s	赤緯 ° ′ ″	日.月.年	赤経 h m s	赤緯 ° ′ ″	日.月.年	赤経 h m s	赤緯 ° ′ ″	日.月.年	赤経 h m s	赤緯 ° ′ ″
31. 5.80	10 17 39	+11 50 14	1. 5.82	14 12 10	−11 46 6	31. 3.84	18 50 23	−22 42 49	1. 3.86	22 17 12	−11 32 52	30. 1.88	1 27 20	+ 7 55 19
10. 6.80	10 21 46	+11 25 22	11. 5.82	14 7 24	−11 22 19	10. 4.84	18 53 37	−22 39 31	11. 3.86	22 26 15	−10 42 5	9. 2.88	1 32 56	+ 8 30 47
20. 6.80	10 26 41	+10 55 42	21. 5.82	14 3 7	−11 1 15	20. 4.84	18 55 36	−22 37 44	21. 3.86	22 35 6	− 9 51 34	19. 2.88	1 39 21	+ 9 10 13
30. 6.80	10 32 19	+10 21 45	31. 5.82	13 59 35	−10 44 24	30. 4.84	18 56 15	−22 37 43	31. 3.86	22 43 40	− 9 1 55	29. 2.88	1 46 28	+ 9 52 42
10. 7.80	10 38 32	+ 9 44 2	10. 6.82	13 57 0	−10 32 53	10. 5.84	18 55 33	−22 39 36	10. 4.86	22 51 52	− 8 13 44	10. 3.88	1 54 10	+10 37 23
20. 7.80	10 45 15	+ 9 2 59	20. 6.82	13 55 29	−10 27 21	20. 5.84	18 53 32	−22 43 17	20. 4.86	22 59 38	− 7 27 44	20. 3.88	2 2 21	+11 23 30
30. 7.80	10 52 22	+ 8 19 5	30. 6.82	13 55 6	−10 28 9	30. 5.84	18 50 18	−22 48 27	30. 4.86	23 6 53	− 6 44 35	30. 3.88	2 10 57	+12 10 20
9. 8.80	10 59 49	+ 7 32 49	10. 7.82	13 55 51	−10 35 12	9. 6.84	18 46 2	−22 54 36	10. 5.86	23 13 33	− 6 4 57	9. 4.88	2 19 52	+12 57 12
19. 8.80	11 7 31	+ 6 44 39	20. 7.82	13 57 3	−10 46 11	19. 6.84	18 40 59	−23 1 10	20. 5.86	23 19 31	− 5 29 37	19. 4.88	2 29 2	+13 43 32
29. 8.80	11 15 23	+ 5 55 6	30. 7.82	14 0 38	−11 6 39	29. 6.84	18 35 31	−23 7 31	30. 5.86	23 24 42	− 4 59 14	29. 4.88	2 38 21	+14 28 46
8. 9.80	11 23 20	+ 5 4 38	9. 8.82	14 4 30	−11 29 58	9. 7.84	18 30 0	−23 13 16	9. 6.86	23 29 0	− 4 34 33	9. 5.88	2 47 45	+15 12 26
18. 9.80	11 31 20	+ 4 13 46	19. 8.82	14 9 15	−11 57 26	19. 7.84	18 24 50	−23 18 4	19. 6.86	23 32 19	− 4 16 16	19. 5.88	2 57 10	+15 54 8
28. 9.80	11 39 17	+ 3 23 4	29. 8.82	14 14 49	−12 28 25	29. 7.84	18 20 22	−23 21 51	29. 6.86	23 34 35	− 4 4 55	29. 5.88	3 6 31	+16 33 29
8.10.80	11 47 8	+ 2 33 5	8. 9.82	14 21 4	−13 2 8	8. 8.84	18 16 53	−23 24 44	9. 7.86	23 35 42	− 4 1 0	8. 6.88	3 15 43	+17 10 11
18.10.80	11 54 47	+ 1 44 23	18. 9.82	14 27 57	−13 37 58	18. 8.84	18 14 37	−23 26 52	19. 7.86	23 35 38	− 4 4 46	18. 6.88	3 24 41	+17 43 59
28.10.80	12 2 9	+ 0 57 37	28. 9.82	14 35 22	−14 15 13	28. 8.84	18 13 40	−23 28 22	29. 7.86	23 34 22	− 4 16 4	28. 6.88	3 33 19	+18 14 41
7.11.80	12 9 11	+ 0 13 24	8.10.82	14 43 15	−14 53 14	7. 9.84	18 14 5	−23 29 21	8. 8.86	23 31 58	− 4 34 27	8. 7.88	3 41 31	+18 42 9
17.11.80	12 15 46	− 0 27 36	18.10.82	14 51 30	−15 31 28	17. 9.84	18 15 52	−23 29 45	18. 8.86	23 28 33	− 4 58 51	18. 7.88	3 49 12	+19 6 17
27.11.80	12 21 47	− 1 4 42	28.10.82	15 0 3	−16 9 10	27. 9.84	18 18 56	−23 29 27	28. 8.86	23 24 21	− 5 27 43	28. 7.88	3 56 14	+19 26 59
7.12.80	12 27 10	− 1 37 12	7.11.82	15 8 49	−16 46 17	7.10.84	18 23 14	−23 28 12	7. 9.86	23 19 37	− 5 59 4	7. 8.88	4 2 30	+19 44 15
17.12.80	12 31 46	− 2 4 26	17.11.82	15 17 43	−17 21 54	17.10.84	18 28 37	−23 25 43	17. 9.86	23 14 44	− 6 30 31	17. 8.88	4 7 51	+19 58 6
27.12.80	12 35 30	− 2 25 42	27.11.82	15 26 30	−17 55 45	27.10.84	18 34 6	−23 21 43	27. 9.86	23 10 3	− 6 59 47	27. 8.88	4 12 11	+20 8 31
6. 1.81	12 38 14	− 2 40 27	7.12.82	15 35 33	−18 27 26	6.11.84	18 42 14	−23 15 51	7.10.86	23 5 55	− 7 24 44	6. 9.88	4 15 21	+20 15 32
16. 1.81	12 39 54	− 2 48 8	17.12.82	15 44 17	−18 56 41	16.11.84	18 50 12	−23 7 51	17.10.86	23 2 38	− 7 43 36	16. 9.88	4 17 14	+20 19 11
26. 1.81	12 40 25	− 2 48 28	27.12.82	15 52 47	−19 23 15	26.11.84	18 58 47	−22 57 30	27.10.86	23 0 25	− 7 55 18	26. 9.88	4 17 45	+20 19 29
5. 2.81	12 39 45	− 2 41 24	6. 1.83	16 0 54	−19 46 58	6.12.84	19 7 51	−22 44 36	6.11.86	22 59 25	− 7 59 11	6.10.88	4 16 51	+20 16 26
15. 2.81	12 27 57	− 2 27 11	16. 1.83	16 8 32	−20 7 43	16.12.84	19 17 18	−22 29 5	16.11.86	22 59 41	− 7 55 1	16.10.88	4 14 34	+20 10 6
25. 2.81	12 35 6	− 2 26 35	26. 1.83	16 15 34	−20 25 26	26.12.84	19 27 1	−22 10 55	26.11.86	23 1 13	− 7 43 3	26.10.88	4 11 2	+20 0 41
7. 3.81	12 31 22	− 1 40 48	5. 2.83	16 21 51	−20 40 8	5. 1.85	19 36 54	−21 50 11	6.12.86	23 3 57	− 7 23 39	5.11.88	4 6 27	+19 48 32
17. 3.81	12 27 0	− 1 11 30	15. 2.83	16 27 17	−20 51 54	15. 1.85	19 46 49	−21 27 5	16.12.86	23 7 47	− 6 57 21	15.11.88	4 1 7	+19 34 18
27. 3.81	12 22 19	− 0 40 43	25. 2.83	16 31 43	−21 0 47	25. 1.85	19 56 43	−21 1 50	26.12.86	23 12 37	− 6 24 54	25.11.88	3 55 28	+19 18 57
6. 4.81	12 17 38	− 0 10 37	7. 3.83	16 35 2	−21 6 53	4. 2.85	20 6 28	−20 34 49	5. 1.87	23 18 19	− 5 46 51	5.12.88	3 49 56	+19 3 40
16. 4.81	12 13 16	+ 0 16 42	17. 3.83	16 37 8	−21 10 19	14. 2.85	20 15 58	−20 6 26	15. 1.87	23 24 46	− 5 4 1	15.12.88	3 44 55	+18 49 48
26. 4.81	12 9 32	+ 0 39 24	27. 3.83	16 37 56	−21 11 9	24. 2.85	20 25 9	−19 37 10	25. 1.87	23 31 52	− 4 17 4	25.12.88	3 40 48	+18 38 42
6. 5.81	12 6 39	+ 0 56 9	6. 4.83	16 37 24	−21 9 27	6. 3.85	20 33 55	−19 7 38	4. 2.87	23 39 29	− 3 26 40	4. 1.89	3 37 50	+18 31 21
16. 5.81	12 4 45	+ 1 6 3	16. 4.83	16 35 35	−21 5 17	16. 3.85	20 42 10	−18 38 25	14. 2.87	23 47 32	− 2 33 32	14. 1.89	3 36 12	+18 28 31
26. 5.81	12 3 57	+ 1 8 42	26. 4.83	16 32 33	−20 58 46	26. 3.85	20 49 49	−18 10 13	24. 2.87	23 55 55	− 1 38 21	24. 1.89	3 35 58	+18 30 30
5. 6.81	12 4 14	+ 1 4 6	6. 5.83	16 28 30	−20 50 7	5. 4.85	20 56 46	−17 43 46	6. 3.87	0 4 32	− 0 41 43	3. 2.89	3 37 9	+18 37 11
15. 6.81	12 5 37	+ 0 52 29	16. 5.83	16 23 40	−20 39 40	15. 4.85	21 2 56	−17 19 48	16. 3.87	0 13 19	+ 0 15 42	13. 2.89	3 39 40	+18 48 14
25. 6.81	12 8 0	+ 0 34 19	26. 5.83	16 18 25	−20 27 59	25. 4.85	21 8 12	−16 59 4	26. 3.87	0 22 12	+ 1 13 18	23. 2.89	3 43 25	+19 3 3
5. 7.81	12 11 20	+ 0 10 11	5. 6.83	16 13 5	−20 15 53	5. 5.85	21 12 28	−16 42 20	5. 4.87	0 31 5	+ 2 10 32	5. 3.89	3 48 19	+19 20 55
15. 7.81	12 15 32	− 0 19 18	15. 6.83	16 8 2	−20 4 13	15. 5.85	21 15 46	−16 30 15	15. 4.87	0 39 56	+ 3 6 47	15. 3.89	3 54 13	+19 41 6
25. 7.81	12 20 29	− 0 53 27	25. 6.83	16 3 37	−19 54 3	25. 5.85	21 17 41	−16 23 26	25. 4.87	0 48 39	+ 4 1 32	25. 3.89	4 1 0	+20 2 48
4. 8.81	12 26 6	− 1 31 39	5. 7.83	16 0 6	−19 46 14	4. 6.85	21 18 28	−16 22 16	5. 5.87	0 57 10	+ 4 54 15	4. 4.89	4 8 32	+20 25 18
14. 8.81	12 32 19	− 2 13 15	15. 7.83	15 57 41	−19 41 29	14. 6.85	21 18 0	−16 26 53	15. 5.87	1 5 25	+ 5 44 24	14. 4.89	4 16 44	+20 47 54
24. 8.81	12 39 1	− 2 57 35	25. 7.83	15 56 29	−19 40 17	24. 6.85	21 16 17	−16 37 9	25. 5.87	1 13 19	+ 6 31 32	24. 4.89	4 25 27	+21 10 0
3. 9.81	12 46 8	− 3 44 5	4. 8.83	15 56 32	−19 42 47	4. 7.85	21 13 25	−16 52 29	4. 6.87	1 20 47	+ 7 15 7	4. 5.89	4 34 37	+21 31 3
13. 9.81	12 53 36	− 4 32 9	14. 8.83	15 57 51	−19 48 55	14. 7.85	21 9 31	−17 11 52	14. 6.87	1 27 43	+ 7 54 40	14. 5.89	4 44 8	+21 50 37
23. 9.81	13 1 21	− 5 21 10	24. 8.83	16 0 23	−19 58 25	24. 7.85	21 4 52	−17 34 0	24. 6.87	1 34 2	+ 8 29 44	24. 5.89	4 53 54	+22 8 18
3.10.81	13 9 17	− 6 10 37	3. 9.83	16 4 4	−20 10 49	3. 8.85	20 59 46	−17 57 11	4. 7.87	1 39 36	+ 8 59 48	3. 6.89	5 3 49	+22 23 50
13.10.81	13 17 21	− 6 59 55	13. 9.83	16 8 48	−20 25 35	13. 8.85	20 54 33	−18 19 47	14. 7.87	1 44 20	+ 9 24 26	13. 6.89	5 13 48	+22 37 2
23.10.81	13 25 28	− 7 48 32	23. 9.83	16 14 29	−20 42 8	23. 8.85	20 49 39	−18 40 16	24. 7.87	1 48 7	+ 9 43 12	23. 6.89	5 23 47	+22 47 44
2.11.81	13 33 34	− 8 35 56	3.10.83	16 21 2	−20 59 48	2. 9.85	20 45 23	−18 57 18	3. 8.87	1 50 49	+ 9 55 38	3. 7.89	5 33 40	+22 55 56
12.11.81	13 41 33	− 9 21 34	13.10.83	16 28 20	−21 17 59	12. 9.85	20 42 23	−19 10 1	13. 8.87	1 52 21	+10 1 28	13. 7.89	5 43 21	+23 1 40
22.11.81	13 49 21	−10 4 57	23.10.83	16 36 19	−21 36 7	22. 9.85	20 39 54	−19 17 53	23. 8.87	1 52 38	+10 0 27	23. 7.89	5 52 45	+23 5 4
2.12.81	13 56 52	−10 45 35	2.11.83	16 44 50	−21 53 37	2.10.85	20 39 2	−19 20 36	2. 9.87	1 51 40	+ 9 52 33	2. 8.89	6 1 47	+23 6 19
12.12.81	14 3 59	−11 22 58	12.11.83	16 53 50	−22 10 1	12.10.85	20 39 31	−19 18 11	12. 9.87	1 49 28	+ 9 38 6	12. 8.89	6 10 19	+23 5 42
22.12.81	14 10 37	−11 56 39	22.11.83	17 3 11	−22 24 53	22.10.85	20 41 20	−19 10 41	22. 9.87	1 46 9	+ 9 17 45	22. 8.89	6 18 16	+23 3 36
1. 1.82	14 16 37	−12 26 12	2.12.83	17 12 47	−22 37 51	1.11.85	20 44 25	−18 58 15	2.10.87	1 41 56	+ 8 52 40	1. 9.89	6 25 31	+23 0 24
11. 1.82	14 21 54	−12 51 11	12.12.83	17 22 34	−22 48 43	11.11.85	20 48 39	−18 41 4	12.10.87	1 37 7	+ 8 24 31	11. 9.89	6 31 55	+22 56 35
21. 1.82	14 26 19	−13 11 15	22.12.83	17 32 25	−22 57 14	21.11.85	20 53 57	−18 19 19	22.10.87	1 32 2	+ 7 55 21	21. 9.89	6 37 23	+22 52 40
31. 1.82	14 29 45	−13 26 3	1. 1.84	17 42 13	−23 3 21	1.12.85	20 59 9	−17 53 14	1.11.87	1 27 6	+ 7 27 26	1.10.89	6 41 45	+22 49 22
10. 2.82	14 32 5	−13 35 17	11. 1.84	17 51 54	−23 7 7	11.12.85	21 7 8	−17 23 2	11.11.87	1 22 40	+ 7 3 1	11.10.89	6 44 55	+22 46 32
20. 2.82	14 33 16	−13 38 48	21. 1.84	18 1 16	−23 8 35	21.12.85	21 14 47	−16 48 59	21.11.87	1 19 4	+ 6 43 55	21.10.89	6 46 46	+22 45 14
2. 3.82	14 33 13	−13 36 29	31. 1.84	18 10 18	−23 8 1	31.12.85	21 22 57	−16 11 22	1.12.87	1 16 32	+ 6 31 40	31.10.89	6 47 12	+22 45 33
12. 3.82	14 31 56	−13 28 27	10. 2.84	18 18 52	−23 5 40	10. 1.86	21 31 33	−15 30 33	11.12.87	1 15 14	+ 6 27 2	10.11.89	6 46 12	+22 47 34
22. 3.82	14 29 31	−13 15 3	20. 2.84	18 26 49	−23 1 58	20. 1.86	21 40 27	−14 46 52	21.12.87	1 15 13	+ 6 30 18	20.11.89	6 43 47	+22 51 10
1. 4.82	14 26 4	−12 56 55	1. 3.84	18 34 5	−22 57 19	30. 1.86	21 49 33	−14 0 48	31.12.87	1 16 30	+ 6 41 23	30.11.89	6 40 4	+22 56 0
11. 4.82	14 21 50	−12 35 7	11. 3.84	18 40 30	−22 52 13	9. 2.86	21 58 46	−13 12 45	10. 1.88	1 19 0	+ 6 59 44	10.12.89	6 35 17	+23 1 33
21. 4.82	14 17 6	−12 10 59	21. 3.84	18 45 58	−22 47 13	19. 2.86	22 8 1	−12 23 15	20. 1.88	1 22 39	+ 7 24 38	20.12.89	6 29 45	+23 7 10

73

表 17　木星 System Ⅰ 座標系における中央子午線座標

m	0h	1h	2h	3h	4h	5h	6h	7h	8h	9h	10h	11h
0	0.0°	36.6°	73.2°	109.7°	146.3°	182.9°	219.5°	256.1°	292.7°	329.2°	5.8°	42.4°
1	0.6	37.2	73.8	110.4	146.9	183.5	220.1	256.7	293.3	329.8	6.4	43.0
2	1.2	37.8	74.4	111.0	147.5	184.1	220.7	257.3	293.9	330.5	7.0	43.6
3	1.8	38.4	75.0	111.6	148.2	184.7	221.3	257.9	294.5	331.1	7.6	44.2
4	2.4	39.0	75.6	112.2	148.8	185.3	221.9	258.5	295.1	331.7	8.3	44.8
5	3.0	39.6	76.2	112.8	149.4	186.0	222.5	259.1	295.7	332.3	8.9	45.4
6	3.7	40.2	76.8	113.4	150.0	186.6	223.1	259.7	296.3	332.9	9.5	46.1
7	4.3	40.8	77.4	114.0	150.6	187.2	223.8	260.3	296.9	333.5	10.1	46.7
8	4.9	41.5	78.0	114.6	151.2	187.8	224.4	260.9	297.5	334.1	10.7	47.3
9	5.5	42.1	78.6	115.2	151.8	188.4	225.0	261.6	298.1	334.7	11.3	47.9
10	6.1	42.7	79.3	115.8	152.4	189.0	225.6	262.2	298.7	335.3	11.9	48.5
11	6.7	43.3	79.9	116.5	153.0	189.6	226.2	262.8	299.4	335.9	12.5	49.1
12	7.3	43.9	80.5	117.1	153.6	190.2	226.8	263.4	300.0	336.5	13.1	49.7
13	7.9	44.5	81.1	117.7	154.3	190.8	227.4	264.0	300.6	337.2	13.7	50.3
14	8.5	45.1	81.7	118.3	154.9	191.4	228.0	264.6	301.2	337.8	14.3	50.9
15	9.1	45.7	82.3	118.9	155.5	192.1	228.6	265.2	301.8	338.4	15.0	51.5
16	9.8	46.3	82.9	119.5	156.1	192.7	229.2	265.8	302.4	339.0	15.6	52.1
17	10.4	46.9	83.5	120.1	156.7	193.3	229.9	266.4	303.0	339.6	16.2	52.8
18	11.0	47.6	84.1	120.7	157.3	193.9	230.5	267.0	303.6	340.2	16.8	53.4
19	11.6	48.2	84.7	121.3	157.9	194.5	231.1	267.7	304.2	340.8	17.4	54.0
20	12.2	48.8	85.4	121.9	158.5	195.1	231.7	268.3	304.8	341.4	18.0	54.6
21	12.8	49.4	86.0	122.5	159.1	195.7	232.3	268.9	305.5	342.0	18.6	55.2
22	13.4	50.0	86.6	123.2	159.7	196.3	232.9	269.5	306.1	342.6	19.2	55.8
23	14.0	50.6	87.2	123.8	160.3	196.9	233.5	270.1	306.7	343.3	19.8	56.4
24	14.6	51.2	87.8	124.4	161.0	197.5	234.1	270.7	307.3	343.9	20.4	57.0
25	15.2	51.8	88.4	125.0	161.6	198.1	234.7	271.3	307.9	344.5	21.1	57.6
26	15.9	52.4	89.0	125.6	162.2	198.8	235.3	271.9	308.5	345.1	21.7	58.2
27	16.5	53.0	89.6	126.2	162.8	199.4	235.9	272.5	309.1	345.7	22.3	58.9
28	17.1	53.7	90.2	126.8	163.4	200.0	236.6	273.1	309.7	346.3	22.9	59.5
29	17.7	54.3	90.8	127.4	164.0	200.6	237.2	273.7	310.3	346.9	23.5	60.1
30	18.3	54.9	91.5	128.0	164.6	201.2	237.8	274.4	310.9	347.5	24.1	60.7
31	18.9	55.5	92.1	128.6	165.2	201.8	238.4	275.0	311.6	348.1	24.7	61.3
32	19.5	56.1	92.7	129.3	165.8	202.4	239.0	275.6	312.2	348.7	25.3	61.9
33	20.1	56.7	93.3	129.9	166.4	203.0	239.6	276.2	312.8	349.4	25.9	62.5
34	20.7	57.3	93.9	130.5	167.1	203.6	240.2	276.8	313.4	350.0	26.5	63.1
35	21.3	57.9	94.5	131.1	167.7	204.2	240.8	277.4	314.0	350.6	27.2	63.7
36	21.9	58.5	95.1	131.7	168.3	204.9	241.4	278.0	314.6	351.2	27.8	64.3
37	22.6	59.1	95.7	132.3	168.9	205.5	242.0	278.6	315.2	351.8	28.4	65.0
38	23.2	59.7	96.3	132.9	169.5	206.1	242.7	279.2	315.8	352.4	29.0	65.6
39	23.8	60.4	96.9	133.5	170.1	206.7	243.3	279.8	316.4	353.0	29.6	66.2
40	24.4	61.0	97.6	134.1	170.7	207.3	243.9	280.5	317.0	353.6	30.2	66.8
41	25.0	61.6	98.2	134.7	171.3	207.9	244.5	281.1	317.6	354.2	30.8	67.4
42	25.6	62.2	98.8	135.4	171.9	208.5	245.1	281.7	318.3	354.8	31.4	68.0
43	26.2	62.8	99.4	136.0	172.5	209.1	245.7	282.3	318.9	355.4	32.0	68.6
44	26.8	63.4	100.0	136.6	173.2	209.7	246.3	282.9	319.5	356.1	32.6	69.2
45	27.4	64.0	100.6	137.2	173.8	210.3	246.9	283.5	320.1	356.7	33.2	69.8
46	28.0	64.6	101.2	137.8	174.4	211.0	247.5	284.1	320.7	357.3	33.9	70.4
47	28.7	65.2	101.8	138.4	175.0	211.6	248.1	284.7	321.3	357.9	34.5	71.0
48	29.3	65.8	102.4	139.0	175.6	212.2	248.8	285.3	321.9	358.5	35.1	71.7
49	29.9	66.5	103.0	139.6	176.2	212.8	249.4	285.9	322.5	359.1	35.7	72.3
50	30.5	67.1	103.6	140.2	176.8	213.4	250.0	286.6	323.1	359.7	36.3	72.9
51	31.1	67.7	104.3	140.8	177.4	214.0	250.6	287.2	323.7	0.3	36.9	73.5
52	31.7	68.3	104.9	141.4	178.0	214.6	251.2	287.8	324.4	0.9	37.5	74.1
53	32.3	68.9	105.5	142.1	178.6	215.2	251.8	288.4	325.0	1.5	38.1	74.7
54	32.9	69.5	106.1	142.7	179.2	215.8	252.4	289.0	325.6	2.2	38.7	75.3
55	33.5	70.1	106.7	143.3	179.9	216.4	253.0	289.6	326.2	2.8	39.3	75.9
56	34.1	70.7	107.3	143.9	180.5	217.0	253.6	290.2	326.8	3.4	40.0	76.5
57	34.8	71.3	107.9	144.5	181.1	217.7	254.2	290.8	327.4	4.0	40.6	77.1
58	35.4	71.9	108.5	145.1	181.7	218.3	254.8	291.4	328.0	4.6	41.2	77.8
59	36.0	72.6	109.1	145.7	182.3	218.9	255.5	292.0	328.6	5.2	41.8	78.4
60	36.6	73.2	109.7	146.3	182.9	219.5	256.1	292.7	329.2	5.8	42.4	79.0

表 18　木星 System Ⅱ 座標系における中央子午線座標

m	0h	1h	2h	3h	4h	5h	6h	7h	8h	9h	10h	11h
0	0.0°	36.3°	72.5°	108.8°	145.1°	181.3°	217.6°	253.8°	290.1°	326.4	2.6°	38.9°
1	0.6	36.9	73.1	109.4	145.7	181.9	218.2	254.4	290.7	327.0	3.2	39.5
2	1.2	37.5	73.7	110.0	146.3	182.5	218.8	255.0	291.3	327.6	3.8	40.1
3	1.8	38.1	74.3	110.6	146.9	183.1	219.4	255.7	291.9	328.2	4.4	40.7
4	2.4	38.7	74.9	111.2	147.5	183.7	220.0	256.3	292.5	328.8	5.0	41.3
5	3.0	39.3	75.5	111.8	148.1	184.3	220.6	256.9	293.1	329.4	5.7	41.9
6	3.6	39.9	76.2	112.4	148.7	184.9	221.2	257.5	293.7	330.0	6.3	42.5
7	4.2	40.5	76.8	113.0	149.3	185.5	221.8	258.1	294.3	330.6	6.9	43.1
8	4.8	41.1	77.4	113.6	149.9	186.1	222.4	258.7	294.9	331.2	7.5	43.7
9	5.4	41.7	78.0	114.2	150.5	186.8	223.0	259.3	295.5	331.8	8.1	44.3
10	6.0	42.3	78.6	114.8	151.1	187.4	223.6	259.9	296.1	332.4	8.7	44.9
11	6.6	42.9	79.2	115.4	151.7	188.0	224.2	260.5	296.7	333.0	9.3	45.5
12	7.3	43.5	79.8	116.0	152.3	188.6	224.8	261.1	297.4	333.6	9.9	46.1
13	7.9	44.1	80.4	116.6	152.9	189.2	225.4	261.7	298.0	334.2	10.5	46.7
14	8.5	44.7	81.0	117.2	153.5	189.8	226.0	262.3	298.6	334.8	11.1	47.4
15	9.1	45.3	81.6	117.9	154.1	190.4	226.6	262.9	299.2	335.4	11.7	48.0
16	9.7	45.9	82.2	118.5	154.7	191.0	227.2	263.5	299.8	336.0	12.3	48.6
17	10.3	46.5	82.8	119.1	155.3	191.6	227.8	264.1	300.4	336.6	12.9	49.2
18	10.9	47.1	83.4	119.7	155.9	192.2	228.5	264.7	301.0	337.2	13.5	49.8
19	11.5	47.7	84.0	120.3	156.5	192.8	229.1	265.3	301.6	337.8	14.1	50.4
20	12.1	48.4	84.6	120.9	157.1	193.4	229.7	265.9	302.2	338.5	14.7	51.0
21	12.7	49.0	85.2	121.5	157.7	194.0	230.3	266.5	302.8	339.1	15.3	51.6
22	13.3	49.6	85.8	122.1	158.3	194.6	230.9	267.1	303.4	339.7	15.9	52.2
23	13.9	50.2	86.4	122.7	159.0	195.2	231.5	267.7	304.0	340.3	16.5	52.8
24	14.5	50.8	87.0	123.3	159.6	195.8	232.1	268.3	304.6	340.9	17.1	53.4
25	15.1	51.4	87.6	123.9	160.2	196.4	232.7	268.9	305.2	341.5	17.7	54.0
26	15.7	52.0	88.2	124.5	160.8	197.0	233.3	269.6	305.8	342.1	18.3	54.6
27	16.3	52.6	88.8	125.1	161.4	197.6	233.9	270.2	306.4	342.7	18.9	55.2
28	16.9	53.2	89.4	125.7	162.0	198.2	234.5	270.8	307.0	343.3	19.6	55.8
29	17.5	53.8	90.1	126.3	162.6	198.8	235.1	271.4	307.6	343.9	20.2	56.4
30	18.1	54.4	90.7	126.9	163.2	199.4	235.7	272.0	308.2	344.5	20.8	57.0
31	18.7	55.0	91.3	127.5	163.8	200.0	236.3	272.6	308.8	345.1	21.4	57.6
32	19.3	55.6	91.9	128.1	164.4	200.7	236.9	273.2	309.4	345.7	22.0	58.2
33	19.9	56.2	92.5	128.7	165.0	201.3	237.5	273.8	310.0	346.3	22.6	58.8
34	20.5	56.8	93.1	129.3	165.6	201.9	238.1	274.4	310.6	346.9	23.2	59.4
35	21.2	57.4	93.7	129.9	166.2	202.5	238.7	275.0	311.3	347.5	23.8	60.0
36	21.8	58.0	94.3	130.5	166.8	203.1	239.3	275.6	311.9	348.1	24.4	60.6
37	22.4	58.6	94.9	131.1	167.4	203.7	239.9	276.2	312.5	348.7	25.0	61.3
38	23.0	59.2	95.5	131.8	168.0	204.3	240.5	276.8	313.1	349.3	25.6	61.9
39	23.6	59.8	96.1	132.4	168.6	204.9	241.1	277.4	313.7	349.9	26.2	62.5
40	24.2	60.4	96.7	133.0	169.2	205.5	241.8	278.0	314.3	350.5	26.8	63.1
41	24.8	61.0	97.3	133.6	169.8	206.1	242.4	278.6	314.9	351.1	27.4	63.7
42	25.4	61.6	97.9	134.2	170.4	206.7	243.0	279.2	315.5	351.7	28.0	64.3
43	26.0	62.3	98.5	134.8	171.0	207.3	243.6	279.8	316.1	352.4	28.6	64.9
44	26.6	62.9	99.1	135.4	171.6	207.9	244.2	280.4	316.7	353.0	29.2	65.5
45	27.2	63.5	99.7	136.0	172.2	208.5	244.8	281.0	317.3	353.6	29.8	66.1
46	27.8	64.1	100.3	136.6	172.9	209.1	245.4	281.6	317.9	354.2	30.4	66.7
47	28.4	64.7	100.9	137.2	173.5	209.7	246.0	282.2	318.5	354.8	31.0	67.3
48	29.0	65.3	101.5	137.8	174.1	210.3	246.6	282.8	319.1	355.4	31.6	67.9
49	29.6	65.9	102.1	138.4	174.7	210.9	247.2	283.5	319.7	356.0	32.2	68.5
50	30.2	66.5	102.7	139.0	175.3	211.5	247.8	284.1	320.3	356.6	32.8	69.1
51	30.8	67.1	103.3	139.6	175.9	212.1	248.4	284.7	320.9	357.2	33.5	69.7
52	31.4	67.7	104.0	140.2	176.5	212.7	249.0	285.3	321.5	357.8	34.1	70.3
53	32.0	68.3	104.6	140.8	177.1	213.3	249.6	285.9	322.1	358.4	34.7	70.9
54	32.6	68.9	105.2	141.4	177.7	213.9	250.2	286.5	322.7	359.0	35.3	71.5
55	33.2	69.5	105.8	142.0	178.3	214.6	250.8	287.1	323.3	359.6	35.9	72.1
56	33.8	70.1	106.4	142.6	178.9	215.2	251.4	287.7	323.9	0.2	36.5	72.7
57	34.4	70.7	107.0	143.2	179.5	215.8	252.0	288.3	324.5	0.8	37.1	73.3
58	35.1	71.3	107.6	143.8	180.1	216.4	252.6	288.9	325.2	1.4	37.7	73.9
59	35.7	71.9	108.2	144.4	180.7	217.0	253.2	289.5	325.8	2.0	38.3	74.6
60	36.3	72.5	108.8	145.1	181.3	217.6	253.8	290.1	326.4	2.6	38.9	75.2

表19 木星 System I 座標系での回転周期（P）に対する経度（Long.）の変化（30日間）

Long.	P	Long.	P	Long.	P	Long.	P	Long.	P
	9ʰ48ᵐ		9ʰ49ᵐ		9ʰ50ᵐ		9ʰ51ᵐ		9ʰ52ᵐ
−112°.4	0ˢ	−67°.5	0ˢ	−22°.7	0ˢ	+21°.9	0ˢ	+66°.3	0ˢ
111.7	1	66.8	1	22.0	1	22.6	1	67.0	1
110.9	2	66.0	2	21.3	2	23.3	2	67.8	2
110.2	3	65.3	3	20.5	3	24.1	3	68.5	3
109.4	4	64.5	4	19.8	4	24.8	4	69.3	4
108.7	5	63.8	5	19.0	5	25.6	5	70.0	5
107.9	6	63.0	6	18.3	6	26.3	6	70.7	6
107.2	7	62.3	7	17.5	7	27.1	7	71.5	7
106.4	8	61.5	8	16.8	8	27.8	8	72.2	8
105.7	9	60.8	9	16.0	9	28.5	9	73.0	9
104.9	10	60.0	10	15.3	10	29.3	10	73.7	10
104.2	11	59.3	11	14.6	11	30.0	11	74.4	11
103.4	12	58.5	12	13.8	12	30.8	12	75.2	12
102.7	13	57.8	13	13.1	13	31.5	13	75.9	13
101.9	14	57.0	14	12.3	14	32.2	14	76.7	14
101.2	15	56.3	15	11.6	15	33.0	15	77.4	15
100.4	16	55.5	16	10.8	16	33.7	16	78.1	16
99.7	17	54.8	17	10.1	17	34.5	17	78.9	17
98.9	18	54.1	18	9.3	18	35.2	18	79.6	18
98.2	19	53.3	19	8.6	19	36.0	19	80.4	19
97.4	20	52.6	20	7.9	20	36.7	20	81.1	20
96.7	21	51.8	21	7.1	21	37.4	21	81.8	21
95.9	22	51.1	22	6.4	22	38.2	22	82.6	22
95.2	23	50.3	23	5.6	23	38.9	23	83.3	23
94.4	24	49.6	24	4.9	24	39.7	24	84.0	24
93.7	25	48.8	25	4.1	25	40.4	25	84.8	25
92.9	26	48.1	26	3.4	26	41.1	26	85.5	26
92.2	27	47.3	27	2.6	27	41.9	27	86.3	27
91.4	28	46.6	28	1.9	28	42.6	28	87.0	28
90.7	29	45.8	29	1.2	29	43.4	29	87.7	29
89.9	30	45.1	30	−0.4	30	44.1	30	88.5	30
89.2	31	44.4	31	+0.3	31	44.8	31	+89.2	30
88.4	32	43.6	32	1.1	32	45.6	32		
87.7	33	42.9	33	1.8	33	46.3	33		
86.9	34	42.1	34	2.5	34	47.1	34		
86.2	35	41.4	35	3.3	35	47.8	35		
85.4	36	40.6	36	4.0	36	48.5	36		
84.7	37	39.9	37	4.8	37	49.3	37		
83.9	38	39.1	38	5.5	38	50.0	38		
83.2	39	38.4	39	6.3	39	50.8	39		
82.5	40	37.6	40	7.0	40	51.5	40		
81.7	41	36.9	41	7.8	41	52.2	41		
81.0	42	36.2	42	8.5	42	53.0	42		
80.2	43	35.4	43	9.2	43	53.7	43		
79.5	44	34.7	44	10.0	44	54.5	44		
78.7	45	33.9	45	10.7	45	55.2	45		
78.0	46	33.2	46	11.5	46	56.0	46		
77.2	47	32.4	47	12.2	47	56.7	47		
76.5	48	31.7	48	13.0	48	57.4	48		
75.7	49	30.9	49	13.7	49	58.2	49		
75.0	50	30.2	50	14.4	50	58.9	50		
74.2	51	29.4	51	15.2	51	59.7	51		
73.5	52	28.7	52	15.9	52	60.4	52		
72.7	53	28.0	53	16.7	53	61.1	53		
72.0	54	27.2	54	17.4	54	61.9	54		
71.2	55	26.5	55	18.1	55	62.6	55		
70.5	56	25.7	56	18.9	56	63.4	56		
69.7	57	25.0	57	19.6	57	64.1	57		
69.0	58	24.2	58	20.4	58	64.8	58		
68.2	59	23.5	59	21.1	59	65.6	59		
67.5	60	22.7	60	21.9	60	66.3	60		
−66.8		−22.0		+22.6		+67.0			

表20 木星 System II 座標系での回転周期（P）に対する経度（Long.）の変化（30日間）

Long.	P	Long.	P	Long.	P	Long.	P	Long.	P	Long.	P	Long.	P	Long.	P
	9ʰ52ᵐ		9ʰ53ᵐ		9ʰ54ᵐ		9ʰ55ᵐ		9ʰ56ᵐ		9ʰ57ᵐ		9ʰ58ᵐ		9ʰ59ᵐ
−162°.6	0ˢ	−118°.3	0ˢ	−74°.1	0ˢ	−30°.1	0ˢ	+13°.7	0ˢ	+57°.4	0ˢ	+101°.0	0ˢ	+144°.4	0ˢ
161.9	1	117.6	1	73.4	1	29.4	1	14.5	1	58.2	1	101.7	1	145.1	1
161.1	2	116.8	2	72.7	2	28.7	2	15.2	2	58.9	2	102.4	2	145.9	2
160.4	3	116.1	3	71.9	3	27.9	3	15.9	3	59.6	3	103.2	3	146.6	3
159.6	4	115.3	4	71.2	4	27.2	4	16.6	4	60.3	4	103.9	4	147.3	4
158.9	5	114.6	5	70.5	5	26.5	5	17.4	5	61.1	5	104.6	5	148.0	5
158.2	6	113.9	6	69.7	6	25.7	6	18.1	6	61.8	6	105.3	6	148.8	6
157.4	7	113.1	7	69.0	7	25.0	7	18.8	7	62.5	7	106.1	7	149.5	7
156.7	8	112.4	8	68.3	8	24.3	8	19.6	8	63.3	8	106.8	8	150.2	8
155.9	9	111.7	9	67.5	9	23.5	9	20.3	9	64.0	9	107.5	9	150.9	9
155.2	10	110.9	10	66.8	10	22.8	10	21.0	10	64.7	10	108.2	10	151.6	10
154.5	11	110.2	11	66.1	11	22.1	11	21.7	11	65.4	11	109.0	11	152.4	11
153.7	12	109.4	12	65.3	12	21.3	12	22.5	12	66.2	12	109.7	12	153.1	12
153.0	13	108.7	13	64.6	13	20.6	13	23.2	13	66.9	13	110.4	13	153.8	13
152.2	14	108.0	14	63.9	14	19.9	14	23.9	14	67.6	14	111.1	14	154.5	14
151.5	15	107.2	15	63.1	15	19.2	15	24.7	15	68.3	15	111.9	15	155.2	15
150.8	16	106.5	16	62.4	16	18.4	16	25.4	16	69.1	16	112.6	16	156.0	16
150.0	17	105.8	17	61.7	17	17.7	17	26.1	17	69.8	17	113.3	17	156.7	17
149.3	18	105.0	18	60.9	18	17.0	18	26.9	18	70.5	18	114.0	18	157.4	18
148.5	19	104.3	19	60.2	19	16.2	19	27.6	19	71.2	19	114.8	19	158.1	19
147.8	20	103.6	20	59.5	20	15.5	20	28.3	20	72.0	20	115.5	20	158.9	20
147.1	21	102.8	21	58.7	21	14.8	21	29.0	21	72.7	21	116.2	21	159.6	21
146.3	22	102.1	22	58.0	22	14.0	22	29.8	22	73.4	22	116.9	22	160.3	22
145.6	23	101.3	23	57.2	23	13.3	23	30.5	23	74.2	23	117.7	23	161.0	23
144.9	24	100.6	24	56.5	24	12.6	24	31.2	24	74.9	24	118.4	24	161.7	24
144.1	25	99.9	25	55.8	25	11.8	25	32.0	25	75.6	25	119.1	25	162.5	25
143.4	26	99.1	26	55.0	26	11.1	26	32.7	26	76.3	26	119.8	26	163.2	26
142.6	27	98.4	27	54.3	27	10.4	27	33.4	27	77.1	27	120.6	27	163.9	27
141.9	28	97.7	28	53.6	28	9.6	28	34.1	28	77.8	28	121.3	28	164.6	28
141.2	29	96.9	29	52.8	29	8.9	29	34.9	29	78.5	29	122.0	29	165.4	29
140.4	30	96.2	30	52.1	30	8.2	30	35.6	30	79.2	30	122.7	30	166.1	30
139.7	31	95.5	31	51.4	31	7.5	31	36.3	31	80.0	31	123.4	31	166.8	31
138.9	32	94.7	32	50.6	32	6.7	32	37.1	32	80.7	32	124.2	32	167.5	32
138.2	33	94.0	33	49.9	33	6.0	33	37.8	33	81.4	33	124.9	33	168.2	33
137.5	34	93.3	34	49.2	34	5.3	34	38.5	34	82.1	34	125.6	34	169.0	34
136.7	35	92.5	35	48.4	35	4.5	35	39.2	35	82.9	35	126.3	35	169.7	35
136.0	36	91.8	36	47.7	36	3.8	36	40.0	36	83.6	36	127.1	36	170.4	36
135.3	37	91.0	37	47.0	37	3.1	37	40.7	37	84.3	37	127.8	37	171.1	37
134.5	38	90.3	38	46.2	38	2.3	38	41.4	38	85.0	38	128.5	38	171.8	38
133.8	39	89.6	39	45.5	39	1.6	39	42.2	39	85.8	39	129.2	39	172.6	39
133.0	40	88.9	40	44.8	40	0.9	40	42.9	40	86.5	40	130.0	40	173.3	40
132.3	41	88.1	41	44.0	41	−0.1	41	43.6	41	87.2	41	130.7	41	174.0	41
131.6	42	87.4	42	43.3	42	+0.6	42	44.3	42	87.9	42	131.4	42	174.7	42
130.8	43	86.6	43	42.6	43	1.3	43	45.1	43	88.7	43	132.1	43	175.4	43
130.1	44	85.9	44	41.8	44	2.0	44	45.8	44	89.4	44	132.9	44	176.2	44
129.4	45	85.2	45	41.1	45	2.8	45	46.5	45	90.1	45	133.6	45	176.9	45
128.6	46	84.4	46	40.4	46	3.5	46	47.2	46	90.8	46	134.3	46	177.6	46
127.9	47	83.7	47	39.7	47	4.2	47	48.0	47	91.6	47	135.0	47	178.3	47
127.1	48	83.0	48	38.9	48	5.0	48	48.7	48	92.3	48	135.7	48	179.0	48
126.4	49	82.2	49	38.2	49	5.7	49	49.4	49	93.0	49	136.5	49	179.8	49
125.7	50	81.5	50	37.5	50	6.4	50	50.2	50	93.7	50	137.2	50	180.5	50
124.9	51	80.7	51	36.7	51	7.2	51	50.9	51	94.5	51	137.9	51	181.2	51
124.2	52	80.0	52	36.0	52	7.9	52	51.6	52	95.2	52	138.6	52	181.9	52
123.4	53	79.3	53	35.3	53	8.6	53	52.3	53	95.9	53	139.4	53	182.6	53
122.7	54	78.5	54	34.5	54	9.3	54	53.1	54	96.6	54	140.1	54	183.4	54
122.0	55	77.8	55	33.8	55	10.1	55	53.8	55	97.4	55	140.8	55	184.1	55
121.2	56	77.1	56	33.1	56	10.8	56	54.5	56	98.1	56	141.5	56	184.8	56
120.5	57	76.3	57	32.3	57	11.5	57	55.3	57	98.8	57	142.2	57	185.5	57
119.8	58	75.6	58	31.6	58	12.3	58	56.0	58	99.5	58	143.0	58	186.2	58
119.0	59	74.9	59	30.9	59	13.0	59	56.7	59	100.3	59	143.7	59	187.0	59
118.3	60	74.1	60	30.1	60	13.7	60	57.4	60	101.0	60	144.4	60	187.7	60
−117.6		−73.4		−29.4		+14.5		+58.2		+101.7		+145.1		+188.4	

表 21　土星の位置（1982-1992）

日.月.年	赤経 h m s	赤緯 ° ′ ″	日.月.年	赤経 h m s	赤緯 ° ′ ″	日.月.年	赤経 h m s	赤緯 ° ′ ″	日.月.年	赤経 h m s	赤緯 ° ′ ″	日.月.年	赤経 h m s	赤緯 ° ′ ″
28.10.82	13 40 46	− 8 2 20	27. 9.84	14 48 29	−14 0 32	28. 8.86	16 6 57	−19 7 43	28. 7.88	17 46 8	−22 20 20	28. 6.90	19 40 13	−21 20 41
7.11.82	13 45 18	− 8 27 38	7.10.84	14 52 35	−14 20 17	7. 9.86	16 8 38	−19 14 32	7. 8.88	17 44 16	−22 21 13	8. 7.90	19 37 12	−21 28 37
17.11.82	13 49 43	− 8 51 39	17.10.84	14 56 58	−14 40 33	17. 9.86	16 10 55	−19 22 46	17. 8.88	17 43 1	−22 22 22	18. 7.90	19 34 5	−21 36 38
27.11.82	13 53 56	− 9 13 59	27.10.84	15 1 52	−15 0 60	27. 9.86	16 13 46	−19 32 11	27. 8.88	17 42 26	−22 23 49	28. 7.90	19 31 0	−21 44 19
7.12.82	13 57 53	− 9 34 14	6.11.84	15 6 15	−15 21 15	7.10.86	16 17 8	−19 42 31	6. 9.88	17 42 32	−22 25 34	7. 8.90	19 28 8	−21 51 22
17.12.82	14 1 29	− 9 52 5	16.11.84	15 11 2	−15 40 57	17.10.86	16 20 57	−19 53 28	16. 9.88	17 43 21	−22 27 35	17. 8.90	19 25 36	−21 57 30
27.12.82	14 4 41	−10 7 11	26.11.84	15 15 47	−15 59 49	27.10.86	16 25 10	−20 4 44	26. 9.88	17 44 51	−22 29 48	27. 8.90	19 23 32	−22 2 32
6. 1.83	14 7 23	−10 19 18	6.12.84	15 20 27	−16 17 32	6.11.86	16 29 41	−20 16 4	6.10.88	17 47 0	−22 32 6	6. 9.90	19 22 3	−22 6 19
16. 1.83	14 9 32	−10 28 10	16.12.84	15 24 57	−16 33 51	16.11.86	16 34 27	−20 27 11	16.10.88	17 49 47	−22 34 21	16. 9.90	19 21 13	−22 8 48
26. 1.83	14 11 5	−10 33 37	26.12.84	15 29 12	−16 48 32	26.11.86	16 39 22	−20 37 53	26.10.88	17 53 6	−22 36 25	26. 9.90	19 21 4	−22 9 53
5. 2.83	14 11 59	−10 35 36	**5. 1.85**	15 33 7	−17 1 21	6.12.86	16 44 23	−20 47 55	5.11.88	17 56 55	−22 38 10	6.10.90	19 21 37	−22 9 35
15. 2.83	14 12 12	−10 34 3	15. 1.85	15 36 37	−17 12 12	16.12.86	16 49 24	−20 57 10	15.11.88	18 1 8	−22 39 26	16.10.90	19 22 53	−22 7 53
25. 2.83	14 11 46	−10 29 7	25. 1.85	15 39 38	−17 20 54	26.12.86	16 54 20	−21 5 28	25.11.88	18 5 42	−22 40 8	26.10.90	19 24 49	−22 4 45
7. 3.83	14 10 40	−10 21 2	4. 2.85	15 42 5	−17 27 23	**5. 1.87**	16 59 6	−21 12 45	5.12.88	18 10 32	−22 40 9	5.11.90	19 27 22	−22 0 12
17. 3.83	14 9 0	−10 10 9	14. 2.85	15 43 55	−17 31 36	15. 1.87	17 3 37	−21 18 56	15.12.88	18 15 33	−22 39 25	15.11.90	19 30 30	−21 54 17
27. 3.83	14 6 50	− 9 56 59	24. 2.85	15 45 6	−17 33 30	25. 1.87	17 7 48	−21 24 4	25.12.88	18 20 39	−22 37 56	25.11.90	19 34 8	−21 46 58
6. 4.83	14 4 17	− 9 42 13	6. 3.85	15 45 35	−17 33 9	4. 2.87	17 11 35	−21 28 7	**4. 1.89**	18 25 46	−22 35 44	5.12.90	19 38 11	−21 38 21
16. 4.83	14 1 29	− 9 26 33	16. 3.85	15 45 23	−17 30 36	14. 2.87	17 14 52	−21 31 9	14. 1.89	18 30 49	−22 32 51	15.12.90	19 42 36	−21 28 30
26. 4.83	13 58 36	− 9 10 50	26. 3.85	15 44 29	−17 25 59	24. 2.87	17 17 36	−21 33 14	24. 1.89	18 35 42	−22 29 24	25.12.90	19 47 17	−21 17 30
6. 5.83	13 55 45	− 8 55 54	5. 4.85	15 42 58	−17 19 31	6. 3.87	17 19 42	−21 34 26	3. 2.89	18 40 21	−22 25 32	**4. 1.91**	19 52 9	−21 5 30
16. 5.83	13 53 7	− 8 42 30	15. 4.85	15 40 53	−17 11 29	16. 3.87	17 21 9	−21 34 53	13. 2.89	18 44 40	−22 21 25	14. 1.91	19 57 8	−20 52 40
26. 5.83	13 50 48	− 8 31 22	25. 4.85	15 38 22	−17 2 12	26. 3.87	17 21 53	−21 34 36	23. 2.89	18 48 35	−22 17 16	24. 1.91	20 2 7	−20 39 13
5. 6.83	13 48 56	− 8 23 2	5. 5.85	15 35 32	−16 52 8	5. 4.87	17 21 54	−21 33 42	5. 3.89	18 52 3	−22 13 16	3. 2.91	20 7 4	−20 25 24
15. 6.83	13 47 35	− 8 17 56	15. 5.85	15 32 32	−16 41 46	15. 4.87	17 21 13	−21 32 14	15. 3.89	18 54 57	−22 9 38	13. 2.91	20 11 52	−20 11 29
25. 6.83	13 46 49	− 8 16 19	25. 5.85	15 29 30	−16 31 37	25. 4.87	17 19 52	−21 30 16	25. 3.89	18 57 16	−22 6 38	23. 2.91	20 16 26	−19 57 46
5. 7.83	13 46 40	− 8 18 16	4. 6.85	15 26 37	−16 22 16	5. 5.87	17 17 55	−21 27 50	4. 4.89	18 58 56	−22 4 24	5. 3.91	20 20 44	−19 44 36
15. 7.83	13 47 8	− 8 23 46	14. 6.85	15 24 1	−16 14 13	15. 5.87	17 15 28	−21 25 2	14. 4.89	18 59 55	−22 3 5	15. 3.91	20 24 40	−19 52 17
25. 7.83	13 48 12	− 8 32 39	24. 6.85	15 21 49	−16 7 55	25. 5.87	17 12 37	−21 21 55	24. 4.89	19 0 12	−22 2 47	25. 3.91	20 28 10	−19 21 9
4. 8.83	13 49 52	− 8 44 40	4. 7.85	15 20 8	−16 3 45	4. 6.87	17 9 33	−21 18 39	4. 5.89	18 59 47	−22 3 33	4. 4.91	20 31 10	−19 11 34
14. 8.83	13 52 5	− 8 59 34	14. 7.85	15 19 1	−16 1 57	14. 6.87	17 6 23	−21 15 22	14. 5.89	18 58 41	−22 5 20	14. 4.91	20 33 37	−19 3 48
24. 8.83	13 54 48	− 9 16 58	24. 7.85	15 18 31	−16 2 41	24. 6.87	17 3 18	−21 12 15	24. 5.89	18 56 58	−22 8 1	24. 4.91	20 35 29	−18 58 8
3. 9.83	13 57 59	− 9 36 29	3. 8.85	15 18 41	−16 5 58	4. 7.87	17 0 26	−21 9 33	3. 6.89	18 54 42	−22 11 28	4. 5.91	20 36 43	−18 54 47
13. 9.83	14 1 33	− 9 57 44	13. 8.85	15 19 30	−16 11 42	14. 7.87	16 57 57	−21 7 28	13. 6.89	18 52 0	−22 15 28	14. 5.91	20 37 17	−18 53 52
23. 9.83	14 5 28	−10 20 17	23. 8.85	15 20 56	−16 19 47	24. 7.87	16 55 56	−21 6 11	23. 6.89	18 49 0	−22 19 46	24. 5.91	20 37 10	−18 55 27
3.10.83	14 9 40	−10 43 44	2. 9.85	15 22 59	−16 29 57	3. 8.87	16 54 31	−21 5 53	3. 7.89	18 45 51	−22 24 9	3. 6.91	20 36 25	−18 59 26
13.10.83	14 14 5	−11 7 41	12. 9.85	15 25 36	−16 41 56	13. 8.87	16 53 43	−21 6 40	13. 7.89	18 42 42	−22 28 25	13. 6.91	20 35 3	−19 5 40
23.10.83	14 18 39	−11 31 42	22. 9.85	15 28 44	−16 55 25	23. 8.87	16 53 37	−21 8 34	23. 7.89	18 39 42	−22 32 24	23. 6.91	20 33 7	−19 13 51
2.11.83	14 23 18	−11 55 25	2.10.85	15 32 19	−17 10 4	2. 9.87	16 54 12	−21 11 34	2. 8.89	18 37 2	−22 35 60	3. 7.91	20 30 42	−19 23 34
12.11.83	14 27 57	−12 18 27	12.10.85	15 36 17	−17 25 34	12. 9.87	16 55 27	−21 15 35	12. 8.89	18 34 47	−22 39 7	13. 7.91	20 27 57	−19 34 20
22.11.83	14 32 32	−12 40 24	22.10.85	15 40 36	−17 41 33	22. 9.87	16 57 22	−21 20 29	22. 8.89	18 35 7	−22 41 44	23. 7.91	20 24 58	−19 45 37
2.12.83	14 36 59	−13 0 58	1.11.85	15 45 10	−17 57 41	2.10.87	16 59 54	−21 26 5	1. 9.89	18 32 3	−22 43 50	2. 8.91	20 21 54	−19 56 50
12.12.83	14 41 13	−13 19 50	11.11.85	15 49 56	−18 13 40	12.10.87	17 3 0	−21 32 10	11. 9.89	18 31 43	−22 45 24	12. 8.91	20 18 56	−20 7 27
22.12.83	14 45 9	−13 36 39	21.11.85	15 54 48	−18 29 13	22.10.87	17 6 37	−21 38 33	21. 9.89	18 32 1	−22 46 25	22. 8.91	20 16 12	−20 17 0
1. 1.84	14 48 43	−13 51 13	1.12.85	15 59 42	−18 44 2	1.11.87	17 10 39	−21 44 59	1.10.89	18 33 4	−22 46 51	1. 9.91	20 13 51	−20 25 6
11. 1.84	14 51 50	−14 3 17	11.12.85	16 4 34	−18 57 55	11.11.87	17 15 4	−21 51 15	11.10.89	18 34 48	−22 46 38	11. 9.91	20 11 59	−20 31 26
21. 1.84	14 54 25	−14 12 38	21.12.85	16 9 19	−19 10 39	21.11.87	17 19 46	−21 57 11	21.10.89	18 37 10	−22 45 44	21. 9.91	20 10 42	−20 35 47
31. 1.84	14 56 25	−14 19 10	31.12.85	16 13 50	−19 22 5	1.12.87	17 24 41	−22 2 36	31.10.89	18 40 8	−22 44 5	1.10.91	20 10 5	−20 38 1
10. 2.84	14 57 47	−14 22 45	**10. 1.86**	16 18 5	−19 32 6	11.12.87	17 29 44	−22 7 21	10.11.89	18 43 38	−22 41 36	11.10.91	20 10 9	−20 38 6
20. 2.84	14 58 29	−14 23 24	20. 1.86	16 21 57	−19 40 35	21.12.87	17 34 50	−22 11 23	20.11.89	18 47 36	−22 38 15	21.10.91	20 10 55	−20 35 59
1. 3.84	14 58 30	−14 21 9	30. 1.86	16 25 21	−19 47 30	31.12.87	17 39 54	−22 14 36	30.11.89	18 51 58	−22 33 59	31.10.91	20 12 21	−20 31 43
11. 3.84	14 57 51	−14 16 6	9. 2.86	16 28 15	−19 52 48	**10. 1.88**	17 44 51	−22 17 1	10.12.89	18 56 37	−22 28 48	10.11.91	20 14 27	−20 25 21
21. 3.84	14 56 33	−14 8 31	19. 2.86	16 30 33	−19 56 30	20. 1.88	17 49 35	−22 18 38	20.12.89	19 1 30	−22 22 43	20.11.91	20 17 9	−20 16 57
31. 3.84	14 54 41	−13 58 45	1. 3.86	16 32 12	−19 58 37	30. 1.88	17 54 2	−22 19 33	30.12.89	19 6 32	−22 15 47	30.11.91	20 20 23	−20 6 38
10. 4.84	14 52 20	−13 47 12	11. 3.86	16 33 9	−19 59 12	9. 2.88	17 58 7	−22 19 51	**9. 1.90**	19 11 37	−22 8 7	10.12.91	20 24 5	−19 54 32
20. 4.84	14 49 39	−13 34 28	21. 3.86	16 33 25	−19 58 18	19. 2.88	18 1 46	−22 19 39	19. 1.90	19 16 40	−21 59 51	20.12.91	20 28 11	−19 40 48
30. 4.84	14 46 45	−13 21 10	31. 3.86	16 32 58	−19 55 60	29. 2.88	18 4 53	−22 19 6	29. 1.90	19 21 38	−21 51 9	30.12.91	20 32 36	−19 25 38
10. 5.84	14 43 47	−13 7 60	10. 4.86	16 31 50	−19 52 25	10. 3.88	18 7 25	−22 18 22	8. 2.90	19 26 23	−21 42 13	**9. 1.92**	20 37 15	−19 9 13
20. 5.84	14 40 56	−12 55 39	20. 4.86	16 30 6	−19 47 40	20. 3.88	18 9 18	−22 17 34	18. 2.90	19 30 52	−21 33 20	19. 1.92	20 42 3	−18 51 50
30. 5.84	14 38 18	−12 44 46	30. 4.86	16 27 49	−19 41 59	30. 3.88	18 10 31	−22 16 50	28. 2.90	19 35 1	−21 24 45	29. 1.92	20 46 56	−18 33 44
9. 6.84	14 36 3	−12 35 57	10. 5.86	16 25 8	−19 35 32	9. 4.88	18 11 1	−22 16 16	10. 3.90	19 38 44	−21 16 44	8. 2.92	20 51 48	−18 15 14
19. 6.84	14 34 16	−12 29 40	20. 5.86	16 22 9	−19 28 40	19. 4.88	18 10 49	−22 15 56	20. 3.90	19 41 58	−21 9 34	18. 2.92	20 56 34	−17 56 40
29. 6.84	14 33 1	−12 26 14	30. 5.86	16 19 3	−19 21 41	29. 4.88	18 9 54	−22 15 52	30. 3.90	19 44 39	−21 3 32	28. 2.92	21 1 12	−17 38 23
9. 7.84	14 32 23	−12 25 52	9. 6.86	16 15 59	−19 14 57	9. 5.88	18 8 21	−22 16 2	9. 4.90	19 46 44	−20 58 53	9. 3.92	21 5 35	−17 20 45
19. 7.84	14 32 22	−12 28 38	19. 6.86	16 13 6	−19 8 52	19. 5.88	18 6 14	−22 16 23	19. 4.90	19 48 11	−20 55 48	19. 3.92	21 9 40	−17 4 9
29. 7.84	14 32 59	−12 34 26	29. 6.86	16 10 32	−19 3 49	29. 5.88	18 3 38	−22 16 53	29. 4.90	19 48 56	−20 54 27	29. 3.92	21 13 23	−16 48 57
8. 8.84	14 34 14	−12 43 11	9. 7.86	16 8 25	−19 0 5	8. 6.88	18 0 41	−22 17 25	9. 5.90	19 49 1	−20 54 55	8. 4.92	21 16 40	−16 35 33
18. 8.84	14 36 4	−12 54 35	19. 7.86	16 6 51	−18 57 57	18. 6.88	17 57 33	−22 17 52	19. 5.90	19 48 25	−20 57 10	18. 4.92	21 19 27	−16 24 16
28. 8.84	14 38 28	−13 8 22	29. 7.86	16 5 53	−18 57 37	28. 6.88	17 54 22	−22 18 30	29. 5.90	19 47 10	−21 1 7	28. 4.92	21 21 42	−16 15 26
7. 9.84	14 41 22	−13 24 12	8. 8.86	16 5 34	−18 59 8	8. 7.88	17 51 18	−22 19 3	8. 6.90	19 45 19	−21 6 33	8. 5.92	21 23 21	−16 9 19
17. 9.84	14 44 44	−13 41 43	18. 8.86	16 5 56	−19 2 32	18. 7.88	17 48 31	−22 19 38	18. 6.90	19 42 58	−21 13 11	18. 5.92	21 24 23	−16 6 8

表 22　天王星の位置（1983-1992）

日.月.年	赤経 h m s	赤緯 ° ′ ″	日.月.年	赤経 h m s	赤緯 ° ′ ″	日.月.年	赤経 h m s	赤緯 ° ′ ″	日.月.年	赤経 h m s	赤緯 ° ′ ″	日.月.年	赤経 h m s	赤緯 ° ′ ″
6. 1.83	16 21 36	−21 24 13	6.12.84	16 49 45	−22 27 30	6.11.86	17 17 51	−23 11 43	6.10.88	17 48 50	−23 37 59	6. 9.90	18 24 36	−23 38 52
16. 1.83	16 23 42	−21 29 08	16.12.84	16 52 23	−22 31 55	16.11.86	17 20 11	−23 14 03	16.10.88	17 50 07	−23 38 17	16. 9.90	18 24 28	−23 38 52
26. 1.83	16 25 32	−21 33 21	26.12.84	16 54 57	−22 36 05	26.11.86	17 22 40	−23 16 24	26.10.88	17 51 44	−23 38 37	26. 9.90	18 24 42	−23 38 39
5. 2.83	16 27 04	−21 36 50	**5. 1.85**	16 57 25	−22 39 56	6.12.86	17 25 16	−23 18 42	5.11.88	17 53 37	−23 38 57	6.10.90	18 25 18	−23 38 12
15. 2.83	16 28 17	−21 39 33	15. 1.85	16 59 43	−22 43 24	16.12.86	17 27 54	−23 20 54	15.11.88	17 55 46	−23 39 14	16.10.90	18 26 16	−23 37 31
25. 2.83	16 29 08	−21 41 27	25. 1.85	17 01 49	−22 46 28	26.12.86	17 30 32	−23 22 56	25.11.88	17 58 06	−23 39 26	26.10.90	18 27 34	−23 36 36
7. 3.83	16 29 37	−21 42 32	4. 2.85	17 03 39	−22 49 04	**5. 1.87**	17 33 07	−23 24 46	5.12.88	18 00 36	−23 39 31	5.11.90	18 29 12	−23 35 27
17. 3.83	16 29 43	−21 42 47	14. 2.85	17 05 11	−22 51 12	15. 1.87	17 35 34	−23 26 23	15.12.88	18 03 11	−23 39 27	15.11.90	18 31 06	−23 34 02
27. 3.83	16 29 26	−21 42 14	24. 2.85	17 06 22	−22 52 51	25. 1.87	17 37 52	−23 27 47	25.12.88	18 05 49	−23 39 15	25.11.90	18 33 14	−23 32 22
6. 4.83	16 28 48	−21 40 54	6. 3.85	17 07 12	−22 54 01	4. 2.87	17 39 56	−23 28 58	**4. 1.89**	18 08 26	−23 38 54	5.12.90	18 35 35	−23 30 27
16. 4.83	16 27 50	−21 38 52	16. 3.85	17 07 40	−22 54 42	14. 2.87	17 41 45	−23 29 57	14. 1.89	18 11 00	−23 38 26	15.12.90	18 38 03	−23 28 18
26. 4.83	16 26 36	−21 36 11	26. 3.85	17 07 44	−22 54 54	24. 2.87	17 43 15	−23 30 44	24. 1.89	18 13 26	−23 37 52	25.12.90	18 40 37	−23 25 56
6. 5.83	16 25 07	−21 32 57	5. 4.85	17 07 26	−22 54 38	6. 3.87	17 44 25	−23 31 20	3. 2.89	18 15 41	−23 37 14	**4. 1.91**	18 43 14	−23 23 24
16. 5.83	16 23 29	−21 29 18	15. 4.85	17 06 47	−22 53 54	16. 3.87	17 45 13	−23 31 48	13. 2.89	18 17 43	−23 36 35	14. 1.91	18 45 49	−23 20 46
26. 5.83	16 21 45	−21 25 22	25. 4.85	17 05 48	−22 52 45	26. 3.87	17 45 39	−23 32 06	23. 2.89	18 19 29	−23 36 00	24. 1.91	18 48 19	−23 18 05
5. 6.83	16 20 00	−21 21 21	5. 5.85	17 04 32	−22 51 12	5. 4.87	17 45 42	−23 32 17	5. 3.89	18 20 57	−23 35 29	3. 2.91	18 50 42	−23 15 26
15. 6.83	16 18 18	−21 17 22	15. 5.85	17 03 02	−22 49 18	15. 4.87	17 45 22	−23 32 20	15. 3.89	18 22 05	−23 35 07	13. 2.91	18 52 54	−23 12 53
25. 6.83	16 16 43	−21 13 38	25. 5.85	17 01 23	−22 47 07	25. 4.87	17 44 41	−23 32 15	25. 3.89	18 22 50	−23 34 55	23. 2.91	18 54 53	−23 10 33
5. 7.83	16 15 20	−21 10 20	4. 6.85	16 59 37	−22 44 44	5. 5.87	17 43 41	−23 32 01	4. 4.89	18 23 14	−23 34 55	5. 3.91	18 56 36	−23 08 31
15. 7.83	16 14 11	−21 07 35	14. 6.85	16 57 51	−22 42 15	15. 5.87	17 42 24	−23 31 38	14. 4.89	18 23 15	−23 35 08	15. 3.91	18 58 00	−23 06 50
25. 7.83	16 13 19	−21 05 33	24. 6.85	16 56 08	−22 39 46	25. 5.87	17 40 53	−23 31 07	24. 4.89	18 22 54	−23 35 32	25. 3.91	18 59 04	−23 05 35
4. 8.83	16 12 47	−21 04 19	4. 7.85	16 54 33	−22 37 24	4. 6.87	17 39 13	−23 30 27	4. 5.89	18 22 11	−23 36 07	4. 4.91	18 59 47	−23 04 50
14. 8.83	16 12 35	−21 03 59	14. 7.85	16 53 08	−22 35 17	14. 6.87	17 37 28	−23 29 38	14. 5.89	18 21 10	−23 36 50	14. 4.91	19 00 09	−23 04 36
24. 8.83	16 12 46	−21 04 33	24. 7.85	16 51 59	−22 33 31	24. 6.87	17 35 41	−23 28 44	24. 5.89	18 19 53	−23 37 39	24. 4.91	19 00 07	−23 04 53
3. 9.83	16 13 17	−21 06 03	3. 8.85	16 51 07	−22 32 11	4. 7.87	17 33 58	−23 27 47	3. 6.89	18 18 22	−23 38 29	4. 5.91	18 59 45	−23 05 41
13. 9.83	16 14 10	−21 08 26	13. 8.85	16 50 35	−22 31 23	14. 7.87	17 32 22	−23 26 50	13. 6.89	18 16 42	−23 39 19	14. 5.91	18 59 01	−23 06 57
23. 9.83	16 15 24	−21 11 38	23. 8.85	16 50 24	−22 31 09	24. 7.87	17 30 58	−23 25 56	23. 6.89	18 14 57	−23 40 06	24. 5.91	18 58 00	−23 08 36
3.10.83	16 16 56	−21 15 34	2. 9.85	16 50 34	−22 31 32	3. 8.87	17 29 48	−23 25 10	3. 7.89	18 13 10	−23 40 46	3. 6.91	18 56 42	−23 10 34
13.10.83	16 18 46	−21 20 08	12. 9.85	16 51 07	−22 32 31	13. 8.87	17 28 57	−23 24 34	13. 7.89	18 11 28	−23 41 20	13. 6.91	18 55 12	−23 12 45
23.10.83	16 20 50	−21 25 12	22. 9.85	16 52 02	−22 34 05	23. 8.87	17 28 25	−23 24 12	23. 7.89	18 09 53	−23 41 46	23. 6.91	18 53 33	−23 15 02
2.11.83	16 23 07	−21 30 38	2.10.85	16 53 17	−22 36 10	2. 9.87	17 28 15	−23 24 05	2. 8.89	18 08 29	−23 42 05	3. 7.91	18 51 49	−23 17 19
12.11.83	16 25 33	−21 36 18	12.10.85	16 54 52	−22 38 43	12. 9.87	17 28 27	−23 24 15	12. 8.89	18 07 21	−23 42 18	13. 7.91	18 50 04	−23 19 31
22.11.83	16 28 06	−21 42 03	22.10.85	16 56 43	−22 41 39	22. 9.87	17 29 01	−23 24 41	22. 8.89	18 06 30	−23 42 25	23. 7.91	18 48 23	−23 21 31
2.12.83	16 30 43	−21 47 46	1.11.85	16 58 50	−22 44 51	2.10.87	17 29 57	−23 25 22	1. 9.89	18 06 00	−23 42 27	2. 8.91	18 46 49	−23 23 17
12.12.83	16 33 19	−21 53 21	11.11.85	17 01 09	−22 48 14	12.10.87	17 31 14	−23 26 17	11. 9.89	18 05 51	−23 42 25	12. 8.91	18 45 28	−23 24 46
22.12.83	16 35 53	−21 58 39	21.11.85	17 03 37	−22 51 43	22.10.87	17 32 50	−23 27 22	21. 9.89	18 06 04	−23 42 20	22. 8.91	18 44 21	−23 25 53
1. 1.84	16 38 20	−22 03 36	1.12.85	17 06 12	−22 55 12	1.11.87	17 34 43	−23 28 34	1.10.89	18 06 39	−23 42 12	1. 9.91	18 43 32	−23 26 40
11. 1.84	16 40 38	−22 08 06	11.12.85	17 08 50	−22 58 35	11.11.87	17 36 51	−23 29 50	11.10.89	18 07 37	−23 41 59	11. 9.91	18 43 03	−23 27 04
21. 1.84	16 42 44	−22 12 05	21.12.85	17 11 28	−23 01 49	21.11.87	17 39 11	−23 31 06	21.10.89	18 08 55	−23 41 40	21. 9.91	18 42 56	−23 27 05
31. 1.84	16 44 34	−22 15 30	31.12.85	17 14 03	−23 04 49	1.12.87	17 41 40	−23 32 19	31.10.89	18 10 32	−23 41 16	1.10.91	18 43 10	−23 26 42
10. 2.84	16 46 06	−22 18 19	**10. 1.86**	17 16 31	−23 07 33	11.12.87	17 44 16	−23 33 26	10.11.89	18 12 26	−23 40 43	11.10.91	18 43 47	−23 25 57
20. 2.84	16 47 19	−22 20 30	20. 1.86	17 18 49	−23 10 00	21.12.87	17 46 54	−23 34 26	20.11.89	18 14 34	−23 40 01	21.10.91	18 44 46	−23 24 49
1. 3.84	16 48 09	−22 22 03	30. 1.86	17 20 54	−23 12 07	31.12.87	17 49 32	−23 35 16	30.11.89	18 16 55	−23 39 09	31.10.91	18 46 04	−23 23 18
11. 3.84	16 48 38	−22 22 55	9. 2.86	17 22 43	−23 13 54	**10. 1.88**	17 52 06	−23 35 57	10.12.89	18 19 24	−23 38 06	10.11.91	18 47 42	−23 21 23
21. 3.84	16 48 43	−22 23 08	19. 2.86	17 24 14	−23 15 21	20. 1.88	17 54 33	−23 36 27	20.12.89	18 21 59	−23 36 53	20.11.91	18 49 36	−23 19 07
31. 3.84	16 48 25	−22 22 44	1. 3.86	17 25 25	−23 16 28	30. 1.88	17 56 50	−23 36 50	30.12.89	18 24 36	−23 35 30	30.11.91	18 51 44	−23 16 30
10. 4.84	16 47 47	−22 21 41	11. 3.86	17 26 15	−23 17 17	9. 2.88	17 58 53	−23 37 06	**9. 1.90**	18 27 13	−23 34 00	10.12.91	18 54 04	−23 13 33
20. 4.84	16 46 48	−22 20 05	21. 3.86	17 26 41	−23 17 46	19. 2.88	18 00 41	−23 37 16	19. 1.90	18 29 45	−23 32 24	20.12.91	18 56 32	−23 10 19
30. 4.84	16 45 33	−22 17 58	31. 3.86	17 26 45	−23 17 57	29. 2.88	18 02 10	−23 37 24	29. 1.90	18 32 09	−23 30 46	30.12.91	18 59 05	−23 06 51
10. 5.84	16 44 04	−22 15 23	10. 4.86	17 26 26	−23 17 50	10. 3.88	18 03 19	−23 37 30	8. 2.90	18 34 23	−23 29 10	**9. 1.92**	19 01 40	−23 03 12
20. 5.84	16 42 25	−22 12 28	20. 4.86	17 25 46	−23 17 26	20. 3.88	18 04 06	−23 37 37	18. 2.90	18 36 24	−23 27 40	19. 1.92	19 04 13	−22 59 29
30. 5.84	16 40 40	−22 09 18	30. 4.86	17 24 46	−23 16 44	30. 3.88	18 04 31	−23 37 46	28. 2.90	18 38 08	−23 26 19	29. 1.92	19 06 42	−22 55 45
9. 6.84	16 38 55	−22 06 02	10. 5.86	17 23 29	−23 15 46	9. 4.88	18 04 32	−23 37 57	10. 3.90	18 39 34	−23 25 13	8. 2.92	19 09 03	−22 52 07
19. 6.84	16 37 12	−22 02 48	20. 5.86	17 21 59	−23 14 33	19. 4.88	18 04 12	−23 38 11	20. 3.90	18 40 40	−23 24 23	18. 2.92	19 11 13	−22 48 42
29. 6.84	16 35 37	−21 59 45	30. 5.86	17 20 20	−23 13 07	29. 4.88	18 03 30	−23 38 26	30. 3.90	18 41 25	−23 23 54	28. 2.92	19 13 10	−22 45 34
9. 7.84	16 34 13	−21 57 01	9. 6.86	17 18 34	−23 11 32	9. 5.88	18 02 30	−23 38 40	9. 4.90	18 41 47	−23 23 47	9. 3.92	19 14 51	−22 42 52
19. 7.84	16 33 04	−21 54 46	19. 6.86	17 16 47	−23 09 50	19. 5.88	18 01 12	−23 38 53	19. 4.90	18 41 47	−23 24 01	19. 3.92	19 16 13	−22 40 39
29. 7.84	16 32 12	−21 53 04	29. 6.86	17 15 04	−23 08 07	29. 5.88	17 59 42	−23 39 03	29. 4.90	18 41 25	−23 24 37	29. 3.92	19 17 16	−22 39 01
8. 8.84	16 31 39	−21 52 03	9. 7.86	17 13 28	−23 06 27	8. 6.88	17 58 01	−23 39 08	9. 5.90	18 40 42	−23 25 32	8. 4.92	19 17 57	−22 38 02
18. 8.84	16 31 28	−21 51 46	19. 7.86	17 12 04	−23 04 57	18. 6.88	17 56 16	−23 39 07	19. 5.90	18 39 41	−23 26 44	18. 4.92	19 18 17	−22 37 43
28. 8.84	16 31 38	−21 52 15	29. 7.86	17 10 55	−23 03 40	28. 6.88	17 54 29	−23 39 01	29. 5.90	18 38 23	−23 28 07	28. 4.92	19 18 15	−22 38 04
7. 9.84	16 32 11	−21 53 30	8. 8.86	17 10 03	−23 02 43	8. 7.88	17 52 46	−23 38 50	8. 6.90	18 36 53	−23 29 38	8. 5.92	19 17 51	−22 39 04
17. 9.84	16 33 05	−21 55 29	18. 8.86	17 09 31	−23 02 07	18. 7.88	17 51 11	−23 38 34	18. 6.90	18 35 13	−23 31 12	18. 5.92	19 17 08	−22 40 40
27. 9.84	16 34 19	−21 58 08	28. 8.86	17 09 20	−23 01 57	28. 7.88	17 49 47	−23 38 17	28. 6.90	18 33 28	−23 32 45	28. 5.92	19 16 06	−22 42 47
7.10.84	16 35 53	−22 01 23	7. 9.86	17 09 31	−23 02 14	7. 8.88	17 48 38	−23 38 01	8. 7.90	18 31 42	−23 34 11	7. 6.92	19 14 48	−22 45 18
17.10.84	16 37 43	−22 05 08	17. 9.86	17 10 05	−23 02 57	17. 8.88	17 47 47	−23 37 47	18. 7.90	18 30 00	−23 35 29	17. 6.92	19 13 19	−22 48 07
27.10.84	16 39 49	−22 09 17	27. 9.86	17 11 00	−23 04 04	27. 8.88	17 47 15	−23 37 37	28. 7.90	18 28 26	−23 36 36	27. 6.92	19 11 40	−22 51 06
6.11.84	16 42 07	−22 13 43	7.10.86	17 12 16	−23 05 35	6. 9.88	17 47 06	−23 37 33	7. 8.90	18 27 03	−23 37 30	7. 7.92	19 09 57	−22 54 07
16.11.84	16 44 34	−22 18 18	17.10.86	17 13 52	−23 07 24	16. 9.88	17 47 18	−23 37 35	17. 8.90	18 25 56	−23 38 11	17. 7.92	19 08 13	−22 57 01
26.11.84	16 47 08	−22 22 56	27.10.86	17 15 44	−23 09 28	26. 9.88	17 47 53	−23 37 44	27. 8.90	18 25 06	−23 38 38	27. 7.92	19 06 33	−22 59 43

表 23　海王星の位置（1983-1992）

日.月.年	赤経 h m s	赤緯 ° ′ ″	日.月.年	赤経 h m s	赤緯 ° ′ ″	日.月.年	赤経 h m s	赤緯 ° ′ ″	日.月.年	赤経 h m s	赤緯 ° ′ ″	日.月.年	赤経 h m s	赤緯 ° ′ ″
6. 1.83	17 48 54	−22 12 26	6.12.84	18 02 12	−22 19 27	6.11.86	18 16 17	−22 21 34	6.10.88	18 32 26	−22 17 20	6. 9.90	18 51 21	−22 03 54
16. 1.83	17 50 26	−22 12 44	16.12.84	18 03 48	−22 19 29	16.11.86	18 17 31	−22 21 24	16.10.88	18 32 58	−22 17 19	16. 9.90	18 51 03	−22 04 37
26. 1.83	17 51 52	−22 12 55	26.12.84	18 05 27	−22 19 24	26.11.86	18 18 54	−22 21 04	26.10.88	18 33 43	−22 17 06	26. 9.90	18 50 59	−22 05 04
5. 2.83	17 53 09	−22 12 57	**5. 1.85**	18 07 04	−22 19 11	6.12.86	18 20 24	−22 20 36	5.11.88	18 34 41	−22 16 40	6.10.90	18 51 10	−22 05 15
15. 2.83	17 54 17	−22 12 53	15. 1.85	18 08 38	−22 18 52	16.12.86	18 21 59	−22 19 58	15.11.88	18 35 50	−22 16 00	16.10.90	18 51 34	−22 05 07
25. 2.83	17 55 13	−22 12 43	25. 1.85	18 10 08	−22 18 27	26.12.86	18 23 37	−22 19 12	25.11.88	18 37 09	−22 15 08	26.10.90	18 52 13	−22 04 40
7. 3.83	17 55 55	−22 12 29	4. 2.85	18 11 29	−22 17 57	**5. 1.87**	18 25 15	−22 18 18	5.12.88	18 38 36	−22 14 04	5.11.90	18 53 05	−22 03 55
17. 3.83	17 56 25	−22 12 12	14. 2.85	18 12 42	−22 17 24	15. 1.87	18 26 51	−22 17 19	15.12.88	18 40 08	−22 12 48	15.11.90	18 54 08	−22 02 52
27. 3.83	17 56 39	−22 11 53	24. 2.85	18 13 44	−22 16 51	25. 1.87	18 28 23	−22 16 15	25.12.88	18 41 45	−22 11 22	25.11.90	18 55 22	−22 01 32
6. 4.83	17 56 39	−22 11 33	6. 3.85	18 14 33	−22 16 19	4. 2.87	18 29 48	−22 15 10	**4. 1.89**	18 43 23	−22 09 48	5.12.90	18 56 45	−21 59 55
16. 4.83	17 56 26	−22 11 12	16. 3.85	18 15 09	−22 15 49	14. 2.87	18 31 05	−22 14 05	14. 1.89	18 45 00	−22 08 08	15.12.90	18 58 15	−21 58 03
26. 4.83	17 55 58	−22 10 52	26. 3.85	18 15 31	−22 15 23	24. 2.87	18 32 12	−22 13 04	24. 1.89	18 46 34	−22 06 24	25.12.90	18 59 50	−21 55 59
6. 5.83	17 55 19	−22 10 33	5. 4.85	18 15 38	−22 15 02	6. 3.87	18 33 08	−22 12 07	3. 2.89	18 48 02	−22 04 41	**4. 1.91**	19 01 27	−21 53 45
16. 5.83	17 54 29	−22 10 15	15. 4.85	18 15 31	−22 14 47	16. 3.87	18 33 50	−22 11 19	13. 2.89	18 49 23	−22 03 00	14. 1.91	19 03 04	−21 51 24
26. 5.83	17 53 31	−22 09 58	25. 4.85	18 15 10	−22 14 38	26. 3.87	18 34 19	−22 10 40	23. 2.89	18 50 36	−22 01 26	24. 1.91	19 04 39	−21 49 01
5. 6.83	17 52 26	−22 09 43	5. 5.85	18 14 37	−22 14 36	5. 4.87	18 34 33	−22 10 12	5. 3.89	18 51 36	−22 00 02	3. 2.91	19 06 10	−21 46 38
15. 6.83	17 51 18	−22 09 30	15. 5.85	18 13 52	−22 14 39	15. 4.87	18 34 33	−22 09 57	15. 3.89	18 52 25	−21 58 49	13. 2.91	19 07 35	−21 44 19
25. 6.83	17 50 08	−22 09 19	25. 5.85	18 12 58	−22 14 48	25. 4.87	18 34 19	−22 09 54	25. 3.89	18 53 00	−21 57 52	23. 2.91	19 08 51	−21 42 10
5. 7.83	17 49 00	−22 09 11	4. 6.85	18 11 56	−22 15 02	5. 5.87	18 33 52	−22 10 03	4. 4.89	18 53 21	−21 57 12	5. 3.91	19 09 57	−21 40 13
15. 7.83	17 47 55	−22 09 07	14. 6.85	18 10 49	−22 15 19	15. 5.87	18 33 13	−22 10 23	14. 4.89	18 53 28	−21 56 50	15. 3.91	19 10 51	−21 38 33
25. 7.83	17 46 57	−22 09 08	24. 6.85	18 09 39	−22 15 39	25. 5.87	18 32 23	−22 10 54	24. 4.89	18 53 21	−21 56 46	25. 3.91	19 11 33	−21 37 12
4. 8.83	17 46 07	−22 09 13	4. 7.85	18 08 30	−22 16 02	4. 6.87	18 31 25	−22 11 33	4. 5.89	18 53 00	−21 57 01	4. 4.91	19 12 01	−21 36 13
14. 8.83	17 45 27	−22 09 24	14. 7.85	18 07 23	−22 16 26	14. 6.87	18 30 20	−22 12 19	14. 5.89	18 52 27	−21 57 33	14. 4.91	19 12 15	−21 35 38
24. 8.83	17 45 00	−22 09 41	24. 7.85	18 06 21	−22 16 52	24. 6.87	18 29 12	−22 13 10	24. 5.89	18 51 43	−21 58 20	24. 4.91	19 12 15	−21 35 28
3. 9.83	17 44 46	−22 10 04	3. 8.85	18 05 27	−22 17 19	4. 7.87	18 28 02	−22 14 04	3. 6.89	18 50 49	−21 59 22	4. 5.91	19 12 01	−21 35 42
13. 9.83	17 44 45	−22 10 34	13. 8.85	18 04 42	−22 17 46	14. 7.87	18 26 53	−22 14 58	13. 6.89	18 49 47	−22 00 34	14. 5.91	19 11 34	−21 36 20
23. 9.83	17 44 59	−22 11 08	23. 8.85	18 04 08	−22 18 14	24. 7.87	18 25 49	−22 15 52	23. 6.89	18 48 40	−22 01 53	24. 5.91	19 10 55	−21 37 19
3.10.83	17 45 26	−22 11 47	2. 9.85	18 03 47	−22 18 43	3. 8.87	18 24 50	−22 16 44	3. 7.89	18 47 31	−22 03 17	3. 6.91	19 10 06	−21 38 38
13.10.83	17 46 08	−22 12 29	12. 9.85	18 03 40	−22 19 10	13. 8.87	18 24 00	−22 17 33	13. 7.89	18 46 22	−22 04 43	13. 6.91	19 09 08	−21 40 12
23.10.83	17 47 02	−22 13 12	22. 9.85	18 03 46	−22 19 38	23. 8.87	18 23 21	−22 18 17	23. 7.89	18 45 15	−22 06 08	23. 6.91	19 08 04	−21 41 57
2.11.83	17 48 08	−22 13 56	2.10.85	18 04 07	−22 20 03	2. 9.87	18 22 53	−22 18 57	2. 8.89	18 44 13	−22 07 28	3. 7.91	19 06 56	−21 43 51
12.11.83	17 49 24	−22 14 37	12.10.85	18 04 42	−22 20 26	12. 9.87	18 22 39	−22 19 30	12. 8.89	18 43 19	−22 08 42	13. 7.91	19 05 47	−21 45 47
22.11.83	17 50 48	−22 15 14	22.10.85	18 05 30	−22 20 46	22. 9.87	18 22 39	−22 19 56	22. 8.89	18 42 34	−22 09 48	23. 7.91	19 04 39	−21 47 42
2.12.83	17 52 19	−22 15 47	1.11.85	18 06 31	−22 21 00	2.10.87	18 22 53	−22 20 14	1. 9.89	18 42 01	−22 10 43	2. 8.91	19 03 35	−21 49 33
12.12.83	17 53 55	−22 16 13	11.11.85	18 07 42	−22 21 09	12.10.87	18 23 21	−22 20 23	11. 9.89	18 41 40	−22 11 27	12. 8.91	19 02 37	−21 51 16
22.12.83	17 55 33	−22 16 31	21.11.85	18 09 03	−22 21 11	22.10.87	18 24 02	−22 20 24	21. 9.89	18 41 32	−22 11 58	22. 8.91	19 01 47	−21 52 46
1. 1.84	17 57 11	−22 16 43	1.12.85	18 10 32	−22 21 05	1.11.87	18 24 57	−22 20 15	1.10.89	18 41 39	−22 12 15	1. 9.91	19 01 08	−21 54 03
11. 1.84	17 58 46	−22 16 47	11.12.85	18 12 05	−22 20 51	11.11.87	18 26 03	−22 19 54	11.10.89	18 42 00	−22 12 17	11. 9.91	19 00 41	−21 55 03
21. 1.84	18 00 17	−22 16 43	21.12.85	18 13 43	−22 20 29	21.11.87	18 27 20	−22 19 24	21.10.89	18 42 35	−22 12 04	21. 9.91	19 00 27	−21 55 45
31. 1.84	18 01 41	−22 16 32	31.12.85	18 15 21	−22 20 00	1.12.87	18 28 45	−22 18 42	31.10.89	18 43 24	−22 11 36	1.10.91	19 00 26	−21 56 07
10. 2.84	18 02 56	−22 16 17	**10. 1.86**	18 16 58	−22 19 23	11.12.87	18 30 16	−22 17 50	10.11.89	18 44 25	−22 10 52	11.10.91	19 00 41	−21 56 08
20. 2.84	18 04 00	−22 15 58	20. 1.86	18 18 31	−22 18 41	21.12.87	18 31 52	−22 16 48	20.11.89	18 45 36	−22 09 53	21.10.91	19 01 09	−21 55 48
1. 3.84	18 04 53	−22 15 36	30. 1.86	18 19 58	−22 17 56	31.12.87	18 33 30	−22 15 37	30.11.89	18 46 57	−22 08 38	31.10.91	19 01 51	−21 55 06
11. 3.84	18 05 32	−22 15 13	9. 2.86	18 21 18	−22 17 08	**10. 1.88**	18 35 08	−22 14 21	10.12.89	18 48 26	−22 07 11	10.11.91	19 02 45	−21 54 04
21. 3.84	18 05 58	−22 14 50	19. 2.86	18 22 28	−22 16 20	20. 1.88	18 36 43	−22 12 59	20.12.89	18 49 59	−22 05 31	20.11.91	19 03 52	−21 52 41
31. 3.84	18 06 09	−22 14 29	1. 3.86	18 23 26	−22 15 34	30. 1.88	18 38 13	−22 11 35	30.12.89	18 51 36	−22 03 40	30.11.91	19 05 08	−21 50 58
10. 4.84	18 06 05	−22 14 11	11. 3.86	18 24 12	−22 14 53	9. 2.88	18 39 36	−22 10 11	**9. 1.90**	18 53 14	−22 01 43	10.12.91	19 06 33	−21 48 58
20. 4.84	18 05 48	−22 13 55	21. 3.86	18 24 44	−22 14 18	19. 2.88	18 40 51	−22 08 51	19. 1.90	18 54 50	−21 59 40	20.12.91	19 08 04	−21 46 42
30. 4.84	18 05 18	−22 13 44	31. 3.86	18 25 02	−22 13 50	29. 2.88	18 41 55	−22 07 37	29. 1.90	18 56 23	−21 57 37	30.12.91	19 09 39	−21 44 14
10. 5.84	18 04 36	−22 13 35	10. 4.86	18 25 06	−22 13 31	10. 3.88	18 42 47	−22 06 32	8. 2.90	18 57 49	−21 55 35	**9. 1.92**	19 11 16	−21 41 37
20. 5.84	18 03 43	−22 13 30	20. 4.86	18 24 56	−22 13 21	20. 3.88	18 43 26	−22 05 38	18. 2.90	18 59 08	−21 53 39	19. 1.92	19 12 53	−21 38 54
30. 5.84	18 02 43	−22 13 28	30. 4.86	18 24 32	−22 13 20	30. 3.88	18 43 51	−22 04 58	28. 2.90	19 00 17	−21 51 53	29. 1.92	19 14 27	−21 36 10
9. 6.84	18 01 37	−22 13 29	10. 5.86	18 23 55	−22 13 29	9. 4.88	18 44 02	−22 04 32	10. 3.90	19 01 15	−21 50 20	8. 2.92	19 15 56	−21 33 29
19. 6.84	18 00 28	−22 13 33	20. 5.86	18 23 08	−22 13 46	19. 4.88	18 43 58	−22 04 21	20. 3.90	19 02 00	−21 49 02	18. 2.92	19 17 19	−21 30 55
29. 6.84	17 59 19	−22 13 38	30. 5.86	18 22 12	−22 14 09	29. 4.88	18 43 41	−22 04 27	30. 3.90	19 02 32	−21 48 03	28. 2.92	19 18 32	−21 28 33
9. 7.84	17 58 11	−22 13 47	9. 6.86	18 21 08	−22 14 39	9. 5.88	18 43 10	−22 04 46	9. 4.90	19 02 49	−21 47 25	9. 3.92	19 19 35	−21 26 28
19. 7.84	17 57 08	−22 13 58	19. 6.86	18 20 01	−22 15 13	19. 5.88	18 42 28	−22 05 20	19. 4.90	19 02 53	−21 47 08	19. 3.92	19 20 26	−21 24 42
29. 7.84	17 56 11	−22 14 12	29. 6.86	18 18 51	−22 15 50	29. 5.88	18 41 36	−22 06 06	29. 4.90	19 02 42	−21 47 12	29. 3.92	19 21 04	−21 23 20
8. 8.84	17 55 24	−22 14 29	9. 7.86	18 17 42	−22 16 29	8. 6.88	18 40 36	−22 07 01	9. 5.90	19 02 18	−21 47 38	8. 4.92	19 21 29	−21 22 23
18. 8.84	17 54 47	−22 14 50	19. 7.86	18 16 36	−22 17 08	18. 6.88	18 39 31	−22 08 04	19. 5.90	19 01 42	−21 48 23	18. 4.92	19 21 39	−21 21 53
28. 8.84	17 54 23	−22 15 13	29. 7.86	18 15 36	−22 17 48	28. 6.88	18 38 22	−22 09 11	29. 5.90	19 00 55	−21 49 26	28. 4.92	19 21 36	−21 21 51
7. 9.84	17 54 12	−22 15 39	8. 8.86	18 14 43	−22 18 26	8. 7.88	18 37 12	−22 10 21	8. 6.90	18 59 59	−21 50 43	8. 5.92	19 21 18	−21 22 17
17. 9.84	17 54 15	−22 16 08	18. 8.86	18 14 01	−22 19 02	18. 7.88	18 36 04	−22 11 31	18. 6.90	18 58 56	−21 52 12	18. 5.92	19 20 48	−21 23 08
27. 9.84	17 54 32	−22 16 40	28. 8.86	18 13 31	−22 19 37	28. 7.88	18 35 01	−22 12 39	28. 6.90	18 57 49	−21 53 49	28. 5.92	19 20 07	−21 24 22
7.10.84	17 55 03	−22 17 11	7. 9.86	18 13 13	−22 20 08	7. 8.88	18 34 05	−22 13 42	8. 7.90	18 56 39	−21 55 29	7. 6.92	19 19 15	−21 25 57
17.10.84	17 55 48	−22 17 43	17. 9.86	18 13 09	−22 20 36	17. 8.88	18 33 17	−22 14 40	18. 7.90	18 55 31	−21 57 10	17. 6.92	19 18 16	−21 27 48
27.10.84	17 56 45	−22 18 12	27. 9.86	18 13 19	−22 21 00	27. 8.88	18 32 41	−22 15 31	28. 7.90	18 54 25	−21 58 48	27. 6.92	19 17 11	−21 29 50
6.11.84	17 57 54	−22 18 39	7.10.86	18 13 44	−22 21 18	6. 9.88	18 32 17	−22 16 13	7. 8.90	18 53 25	−22 00 20	7. 7.92	19 16 03	−21 32 00
16.11.84	17 59 13	−22 19 01	17.10.86	18 14 22	−22 21 31	16. 9.88	18 32 06	−22 16 46	17. 8.90	18 52 33	−22 01 43	17. 7.92	19 14 54	−21 34 12
26.11.84	18 00 39	−22 19 17	27.10.86	18 15 13	−22 21 36	26. 9.88	18 32 09	−22 17 09	27. 8.90	18 51 51	−22 02 55	27. 7.92	19 13 47	−21 36 21

表 24　冥王星の位置（1983-1992）

日.月.年	赤経 h m s	赤緯 ° ′ ″	日.月.年	赤経 h m s	赤緯 ° ′ ″	日.月.年	赤経 h m s	赤緯 ° ′ ″	日.月.年	赤経 h m s	赤緯 ° ′ ″	日.月.年	赤経 h m s	赤緯 ° ′ ″
6. 1.83	14 12 42	+4 35 07	6.12.84	14 27 38	+2 41 39	6.11.86	14 41 09	+1 02 24	6.10.88	14 54 38	−0 28 12	6. 9.90	15 09 25	−1 57 55
16. 1.83	14 13 17	+4 37 46	16.12.84	14 28 50	+2 39 14	16.11.86	14 42 38	+0 55 47	16.10.88	14 55 58	−0 37 01	16. 9.90	15 10 16	−2 06 33
26. 1.83	14 13 40	+4 41 44	26.12.84	14 29 54	+2 38 16	26.11.86	14 44 04	+0 50 17	26.10.88	14 57 23	−0 45 20	26. 9.90	15 11 17	−2 15 21
5. 2.83	14 13 49	+4 46 52	**5. 1.85**	14 30 47	+2 38 46	6.12.86	14 45 27	+0 46 01	5.11.88	14 58 52	−0 52 57	6.10.90	15 12 27	−2 24 07
15. 2.83	14 13 46	+4 52 58	15. 1.85	14 31 29	+2 40 40	16.12.86	14 46 43	+0 43 04	15.11.88	15 00 21	−0 59 43	16.10.90	15 13 45	−2 32 40
25. 2.83	14 13 29	+4 59 49	25. 1.85	14 31 59	+2 43 53	26.12.86	14 47 52	+0 41 29	25.11.88	15 01 50	−1 05 28	26.10.90	15 15 09	−2 40 47
7. 3.83	14 13 01	+5 07 08	4. 2.85	14 32 15	+2 48 18	**5. 1.87**	14 48 51	+0 41 17	5.12.88	15 03 15	−1 10 05	5.11.90	15 16 36	−2 48 19
17. 3.83	14 12 23	+5 14 38	14. 2.85	14 32 18	+2 53 44	15. 1.87	14 49 39	+0 42 29	15.12.88	15 04 35	−1 13 30	15.11.90	15 18 06	−2 55 06
27. 3.83	14 11 35	+5 22 02	24. 2.85	14 32 08	+2 59 59	25. 1.87	14 50 16	+0 44 58	25.12.88	15 05 49	−1 15 36	25.11.90	15 19 36	−3 00 58
6. 4.83	14 10 41	+5 29 02	6. 3.85	14 31 46	+3 06 48	4. 2.87	14 50 39	+0 48 38	**4. 1.89**	15 06 53	−1 16 24	5.12.90	15 21 04	−3 05 49
16. 4.83	14 09 42	+5 35 22	16. 3.85	14 31 12	+3 13 54	14. 2.87	14 50 49	+0 53 22	14. 1.89	15 07 48	−1 15 53	15.12.90	15 22 28	−3 09 33
26. 4.83	14 08 41	+5 40 47	26. 3.85	14 30 29	+3 21 03	24. 2.87	14 50 46	+0 58 57	24. 1.89	15 08 31	−1 14 06	25.12.90	15 23 46	−3 12 06
6. 5.83	14 07 40	+5 45 03	5. 4.85	14 29 38	+3 27 55	6. 3.87	14 50 29	+1 05 11	3. 2.89	15 09 01	−1 11 09	**4. 1.91**	15 24 55	−3 13 24
16. 5.83	14 06 42	+5 48 02	15. 4.85	14 28 41	+3 34 16	16. 3.87	14 50 01	+1 11 48	13. 2.89	15 09 17	−1 07 09	14. 1.91	15 25 55	−3 13 29
26. 5.83	14 05 49	+5 49 35	25. 4.85	14 27 40	+3 39 50	26. 3.87	14 49 22	+1 18 33	23. 2.89	15 09 21	−1 02 16	24. 1.91	15 26 44	−3 12 21
5. 6.83	14 05 02	+5 49 39	5. 5.85	14 26 38	+3 44 24	5. 4.87	14 48 34	+1 25 11	5. 3.89	15 09 11	−0 56 42	3. 2.91	15 27 21	−3 10 06
15. 6.83	14 04 24	+5 48 11	15. 5.85	14 25 38	+3 47 46	15. 4.87	14 47 40	+1 31 24	15. 3.89	15 08 49	−0 50 39	13. 2.91	15 27 45	−3 06 49
25. 6.83	14 03 56	+5 45 14	25. 5.85	14 24 41	+3 49 49	25. 4.87	14 46 40	+1 36 59	25. 3.89	15 08 15	−0 44 23	23. 2.91	15 27 55	−3 02 38
5. 7.83	14 03 39	+5 40 51	4. 6.85	14 23 50	+3 50 26	5. 5.87	14 45 38	+1 41 42	4. 4.89	15 07 31	−0 38 08	5. 3.91	15 27 52	−2 57 46
15. 7.83	14 03 33	+5 35 08	14. 6.85	14 23 07	+3 49 36	15. 5.87	14 44 36	+1 45 22	14. 4.89	15 06 39	−0 32 09	15. 3.91	15 27 36	−2 52 22
25. 7.83	14 03 40	+5 28 15	24. 6.85	14 22 33	+3 47 18	25. 5.87	14 43 37	+1 47 48	24. 4.89	15 05 41	−0 26 41	25. 3.91	15 27 07	−2 46 39
4. 8.83	14 04 00	+5 20 21	4. 7.85	14 22 09	+3 43 35	4. 6.87	14 42 42	+1 48 55	4. 5.89	15 04 40	−0 21 57	4. 4.91	15 26 28	−2 40 53
14. 8.83	14 04 31	+5 11 36	14. 7.85	14 21 57	+3 38 32	14. 6.87	14 41 54	+1 48 38	14. 5.89	15 03 37	−0 18 09	14. 4.91	15 25 40	−2 35 16
24. 8.83	14 05 13	+5 02 14	24. 7.85	14 21 58	+3 32 17	24. 6.87	14 41 14	+1 46 58	24. 5.89	15 02 35	−0 15 25	24. 4.91	15 24 44	−2 30 03
3. 9.83	14 06 07	+4 52 26	3. 8.85	14 22 10	+3 24 57	4. 7.87	14 40 45	+1 43 54	3. 6.89	15 01 37	−0 13 55	4. 5.91	15 23 44	−2 25 25
13. 9.83	14 07 09	+4 42 26	13. 8.85	14 22 35	+3 16 45	14. 7.87	14 40 26	+1 39 32	13. 6.89	15 00 45	−0 13 42	14. 5.91	15 22 41	−2 21 35
23. 9.83	14 08 20	+4 32 28	23. 8.85	14 23 12	+3 07 50	24. 7.87	14 40 20	+1 33 57	23. 6.89	15 00 00	−0 14 48	24. 5.91	15 21 38	−2 18 42
3.10.83	14 09 38	+4 22 44	2. 9.85	14 24 00	+2 58 26	3. 8.87	14 40 26	+1 27 16	3. 7.89	14 59 25	−0 17 14	3. 6.91	15 20 37	−2 16 55
13.10.83	14 11 01	+4 13 28	12. 9.85	14 24 58	+2 48 44	13. 8.87	14 40 44	+1 19 40	13. 7.89	14 59 00	−0 20 57	13. 6.91	15 19 41	−2 16 18
23.10.83	14 12 27	+4 04 51	22. 9.85	14 26 06	+2 38 58	23. 8.87	14 41 15	+1 11 18	23. 7.89	14 58 47	−0 25 52	23. 6.91	15 18 52	−2 16 55
2.11.83	14 13 54	+3 57 06	2.10.85	14 27 20	+2 29 21	2. 9.87	14 41 58	+1 02 23	2. 8.89	14 58 47	−0 31 52	3. 7.91	15 18 11	−2 18 47
12.11.83	14 15 21	+3 50 22	12.10.85	14 28 41	+2 20 05	12. 9.87	14 42 51	+0 53 06	12. 8.89	14 58 59	−0 38 49	13. 7.91	15 17 41	−2 21 52
22.11.83	14 16 46	+3 44 50	22.10.85	14 30 07	+2 11 23	22. 9.87	14 43 54	+0 43 39	22. 8.89	14 59 23	−0 46 33	23. 7.91	15 17 21	−2 26 07
2.12.83	14 18 06	+3 40 37	1.11.85	14 31 34	+2 03 26	2.10.87	14 45 06	+0 34 16	1. 9.89	15 00 00	−0 54 54	2. 8.91	15 17 14	−2 31 26
12.12.83	14 19 19	+3 37 47	11.11.85	14 33 03	+1 56 25	12.10.87	14 46 24	+0 25 09	11. 9.89	15 00 48	−1 03 41	12. 8.91	15 17 20	−2 37 42
22.12.83	14 20 25	+3 36 26	21.11.85	14 34 29	+1 50 30	22.10.87	14 47 48	+0 16 29	21. 9.89	15 01 47	−1 12 40	22. 8.91	15 17 38	−2 44 46
1. 1.84	14 21 21	+3 36 32	1.12.85	14 35 53	+1 45 48	1.11.87	14 49 14	+0 08 29	1.10.89	15 02 55	−1 21 42	1. 9.91	15 18 08	−2 52 28
11. 1.84	14 22 05	+3 38 07	11.12.85	14 37 11	+1 42 25	11.11.87	14 50 45	+0 01 19	11.10.89	15 04 11	−1 30 34	11. 9.91	15 18 51	−3 00 39
21. 1.84	14 22 38	+3 41 03	21.12.85	14 38 21	+1 40 26	21.11.87	14 52 13	−0 04 53	21.10.89	15 05 33	−1 39 03	21. 9.91	15 19 45	−3 09 07
31. 1.84	14 22 57	+3 45 16	31.12.85	14 39 22	+1 39 52	1.12.87	14 53 39	−0 09 57	31.10.89	15 06 59	−1 46 59	1.10.91	15 20 48	−3 17 40
10. 2.84	14 23 04	+3 50 34	**10. 1.86**	14 40 13	+1 40 42	11.12.87	14 55 01	−0 13 47	10.11.89	15 08 28	−1 54 12	11.10.91	15 22 01	−3 26 08
20. 2.84	14 22 57	+3 56 46	20. 1.86	14 40 53	+1 42 55	21.12.87	14 56 16	−0 16 19	20.11.89	15 09 58	−2 00 31	21.10.91	15 23 21	−3 34 20
1. 3.84	14 22 38	+4 03 36	30. 1.86	14 41 19	+1 46 23	31.12.87	14 57 23	−0 17 30	30.11.89	15 11 26	−2 05 50	31.10.91	15 24 46	−3 42 03
11. 3.84	14 22 07	+4 10 51	9. 2.86	14 41 32	+1 50 58	**10. 1.88**	14 58 19	−0 17 19	10.12.89	15 12 51	−2 10 00	10.11.91	15 26 15	−3 49 10
21. 3.84	14 21 26	+4 18 11	19. 2.86	14 41 32	+1 56 30	20. 1.88	14 59 05	−0 15 50	20.12.89	15 14 10	−2 12 58	20.11.91	15 27 45	−3 55 29
31. 3.84	14 20 37	+4 25 20	1. 3.86	14 41 19	+2 02 45	30. 1.88	14 59 38	−0 13 05	30.12.89	15 15 22	−2 14 41	30.11.91	15 29 15	−4 00 55
10. 4.84	14 19 41	+4 32 02	11. 3.86	14 40 54	+2 09 29	9. 2.88	14 59 58	−0 09 14	**9. 1.90**	15 16 24	−2 15 06	10.12.91	15 30 42	−4 05 18
20. 4.84	14 18 41	+4 37 59	21. 3.86	14 40 18	+2 16 27	19. 2.88	15 00 05	−0 04 25	19. 1.90	15 17 16	−2 14 16	20.12.91	15 32 05	−4 08 35
30. 4.84	14 17 39	+4 42 59	31. 3.86	14 39 32	+2 23 21	29. 2.88	14 59 58	+0 01 11	29. 1.90	15 17 56	−2 12 14	30.12.91	15 33 21	−4 10 42
10. 5.84	14 16 39	+4 46 49	10. 4.86	14 38 39	+2 29 55	10. 3.88	14 59 39	+0 07 20	8. 2.90	15 18 23	−2 09 06	**9. 1.92**	15 34 29	−4 11 38
20. 5.84	14 15 41	+4 49 19	20. 4.86	14 37 40	+2 35 53	20. 3.88	14 59 08	+0 13 48	18. 2.90	15 18 36	−2 05 00	19. 1.92	15 35 27	−4 11 23
30. 5.84	14 14 49	+4 50 25	30. 4.86	14 36 39	+2 41 02	30. 3.88	14 58 27	+0 20 19	28. 2.90	15 18 36	−2 00 06	29. 1.92	15 36 13	−4 09 59
9. 6.84	14 14 04	+4 50 01	10. 5.86	14 35 37	+2 45 09	9. 4.88	14 57 37	+0 26 39	10. 3.90	15 18 23	−1 54 35	8. 2.92	15 36 46	−4 07 32
19. 6.84	14 13 28	+4 48 07	20. 5.86	14 34 37	+2 48 03	19. 4.88	14 56 40	+0 32 30	20. 3.90	15 17 58	−1 48 42	18. 2.92	15 37 07	−4 04 09
29. 6.84	14 13 02	+4 44 47	30. 5.86	14 33 41	+2 49 38	29. 4.88	14 55 40	+0 37 40	30. 3.90	15 17 21	−1 42 39	28. 2.92	15 37 14	−3 59 57
9. 7.84	14 12 47	+4 40 03	9. 6.86	14 32 51	+2 49 49	9. 5.88	14 54 37	+0 41 56	9. 4.90	15 16 35	−1 36 43	9. 3.92	15 37 07	−3 55 07
19. 7.84	14 12 45	+4 34 03	19. 6.86	14 32 10	+2 48 32	19. 5.88	14 53 35	+0 45 08	19. 4.90	15 15 41	−1 31 06	19. 3.92	15 36 48	−3 49 52
29. 7.84	14 12 55	+4 26 56	29. 6.86	14 31 38	+2 45 51	29. 5.88	14 52 37	+0 47 06	29. 4.90	15 14 42	−1 26 02	29. 3.92	15 36 16	−3 44 24
8. 8.84	14 13 17	+4 18 51	9. 7.86	14 31 17	+2 41 47	8. 6.88	14 51 43	+0 47 46	9. 5.90	15 13 40	−1 21 45	8. 4.92	15 35 34	−3 38 55
18. 8.84	14 13 51	+4 10 00	19. 7.86	14 31 08	+2 36 27	18. 6.88	14 50 56	+0 47 04	19. 5.90	15 12 37	−1 18 24	18. 4.92	15 34 44	−3 33 40
28. 8.84	14 14 36	+4 00 36	29. 7.86	14 31 11	+2 29 58	28. 6.88	14 50 19	+0 45 00	29. 5.90	15 11 36	−1 16 09	28. 4.92	15 33 47	−3 28 50
7. 9.84	14 15 32	+3 50 50	8. 8.86	14 31 27	+2 22 29	8. 7.88	14 49 52	+0 41 36	8. 6.90	15 10 39	−1 15 06	8. 5.92	15 32 45	−3 24 39
17. 9.84	14 16 37	+3 40 56	18. 8.86	14 31 55	+2 14 11	18. 7.88	14 49 36	+0 36 56	18. 6.90	15 09 48	−1 15 19	18. 5.92	15 31 42	−3 21 17
27. 9.84	14 17 50	+3 31 07	28. 8.86	14 32 34	+2 05 15	28. 7.88	14 49 33	+0 31 07	28. 6.90	15 09 05	−1 16 49	28. 5.92	15 30 39	−3 18 52
7.10.84	14 19 09	+3 21 36	7. 9.86	14 33 25	+1 55 58	7. 8.88	14 49 42	+0 24 18	8. 7.90	15 08 32	−1 19 35	7. 6.92	15 29 39	−3 17 32
17.10.84	14 20 33	+3 12 36	17. 9.86	14 34 26	+1 46 18	17. 8.88	14 50 03	+0 16 36	18. 7.90	15 08 10	−1 23 35	17. 6.92	15 28 45	−3 17 21
27.10.84	14 22 00	+3 04 18	27. 9.86	14 35 35	+1 36 42	27. 8.88	14 50 37	+0 08 13	28. 7.90	15 08 00	−1 28 43	27. 6.92	15 27 57	−3 18 21
6.11.84	14 23 28	+2 56 54	7.10.86	14 36 52	+1 27 19	6. 9.88	14 51 22	−0 00 39	7. 8.90	15 08 02	−1 34 52	7. 7.92	15 27 19	−3 20 34
16.11.84	14 24 55	+2 50 35	17.10.86	14 38 15	+1 18 20	16. 9.88	14 52 18	−0 09 48	17. 8.90	15 08 17	−1 41 53	17. 7.92	15 26 51	−3 23 56
26.11.84	14 26 19	+2 45 27	27.10.86	14 39 41	+1 09 58	26. 9.88	14 53 24	−0 19 04	27. 8.90	15 08 45	−1 49 38	27. 7.92	15 26 34	−3 28 23

索　引

ア　行

アダムス　43
アッシェン光　67
アポロ計画　56
アラン-ローランド彗星　31
アリエル　24
アリスタルコス　40
アントニアディ　46

イアペタス　68
一過性の現象　66
イメージング　15
隕　石　10,38
　　起　源　39
隕石クレーター　38
隕　鉄　38

ウィドマンシュテッテン模様　39
ヴェガ　35
ヴェネラ　60
ウォルフ　45
宇宙線検出装置　64
宇宙のスケール　6
ウンブリエル　24

エアグロー分光器　58
SI単位系　69
エンケ　43
掩　蔽　67
掩蔽分光器　58

尾　30
オベロン　24
オルバース　42
オングストローム　43

カ　行

海王星　26
　　位　置　78
　　衛　星　27
　　大　気　27
外　合　9
カイザー　43
カイパー　46
外部太陽系　17,20
外惑星　9
核　30
カークウッド　43
火山活動　13,16

火　星　16,18,67
　　位　置　72
　　衝　71
火星探査機　51
カッシーニ　41
カッシーニの空隙　67
荷電粒子検出器　58
ガリレオ衛星　67
ガリレオ・ガリレイ　40
カリントン　44
カロン　28
環境の地球化　19
干渉型赤外分光測光装置　64

軌道要素　70
吉林隕石　39
銀　河　6
金　星　16,19,67
　　合　71
　　離角　71
金星探査機　50

クェーサー　6
グランド・ツアー　15
クレーター　16
クレーター形成　12
クロメリン　45

月　食　71
月面実験装置群　56
月面車　57
ケプラー　40
ケプラーの法則　8,70
弦　9
原始太陽系星雲　10
原子番号　69
原始惑星説　11
元素記号　69
玄武岩　16

合　9
恒　星　7
光電偏光装置　64
光　年　6
国際単位系　69
黒　点　66
コペルニクス　40
コホーテク彗星　32
コ　マ　30
コマンド信号　15

サ　行

撮像科学装置　64
サーベイヤー　55

ジィオットー　35
ジェフリース　46
紫外分光装置　64
しし座流星群　36
磁場計測実験　64
磁力計　58
ジャンサン　44
シュヴァーベ　43
周期彗星　31
重　力　11
シュペーラー　44
シュミット　44
シュレーター　42
衝　9
浸　食　13
ジーンズ　46

水　星　16
　　最大離角　71
水星探査機　50
彗　星　30
　　起　源　31
　　軌　道　30
　　組　成　30
　　命名法　31
スウィフト　43
スカイラブ　52
スキアパレリ　44
スライファー　46

生命の探究　18
赤外放射計　58
石質隕石　38
石鉄隕石　38

ゾンド　54

タ　行

タイタニア　24
タイタン　68
大衝突期　12
太　陽　66
太陽活動極大期ミッション　52
太陽系
　　起　源　10
　　スケール　8
　　探　索　14
太陽探査機　48
太陽電波　66
ダーウィン　44
脱ガス過程　13

楯状火山　13
タレス　40
ダレスト　44
探査機
　　軌　道　14
　　通信系　15
炭素質コンドライト　38
単発型流星　36

地　球　16,18
地球外生命　18
地球型惑星　17

月　16,18,66
月探査機　49
月着陸船　57

低エネルギー荷電粒子計測実験　64
ディオーネ　68
ティコ・ブラーエ　40
テクタイト　39
テクトニクス　13
テティス　68
デニング　45
デランドル　45
テレビカメラ　58
天頂修正流星数　36
天王星　20
　　位　置　77
　　衛　星　24
　　構　造　20
　　衝　71
　　大　気　21
　　環　22
電波科学実験　65
テンペル　44
天文単位　6

投影法　66
ドウズ　43
土　星　17,67
　　位　置　76
　　衝　71
土星探査機　51
ドナティ　44
トムボー　47
トリトン　27

ナ　行

内　合　9
内惑星　9

日　食　71
ニュートン　41

ネイソン　45
ネレイド　27

ハ　行

パイオニア・ヴィーナス　60
バイキング　62
　　軌道船　63
　　着陸船　63
バキュベリー隕石　39
ハーシェル　42
バーデ　46
バーナード　45
バブコック　46
ハレー　41
ハレー彗星　32,34

ピィアツィ　42
比較惑星学　16
ピカリング　45
ビッグ・バン　10
ヒッパルコス　40
ビデオ信号　15
ピュソー　44
ヒューマソン彗星　32
微惑星説　11

ファブリチウス　41
輻射　10
フック　41
プトレマイオス　40

フラウンホーファー　42
プラズマ実験装置　64
プラズマ測定　58
プラズマ波動計測　64
プラネットA　35
フラマリオン　44
ブルーク彗星　31
プレート・テクトニクス　16

ベーア　43
ヘヴェリウス　41
ヘール　45
ヘンケ　43

ボイジャー　64
ホイヘンス　41
放射性同位元素　11
ボーデ　42
ホバ・ウェスト隕石　39
ホフマン軌道　14
ホール　44
ホロックス　41
ポンス　42
ボンド　43

マ　行

マッピング　15
マリナー9号　62
マリナー10号　58

ミランダ　24

ムルコス彗星　33

冥王星　28
　　位置　79
　　起源　29
　　軌道　28
　　組成　29
メシエ　42
メードラー　43

モアハウス彗星　30
木星　17,67
　　位置　73
　　System I 座標系　74,75
　　System II 座標系　74,75
　　衝　71
木星彗星族　31
木星探査機　51

ラ　行

ライト　42
ラインムース　46
ラッセル　43
ラプラス　42
ランプランド　46

リッチオリ　41
流星　36

放射点　36
流星群　36
流星嵐　37
リヨー　46

ルヴェリエ　43
ルナ　54
ルナ・オービター　55
ルノホート　55

レア　68
レクセル　42
レーマー　41
レンジャー　55

ローヴィ　44
ローウェル　45
ロッキャー　44
ロモノソフ　42

ワ　行

惑星　7
　　気候　17
　　軌道　8
　　進化　12
　　大気　13,16
　　配位　70
惑星X　29
惑星電波天文実験　64

写真出典

表紙　Dennis di Cicco Collection
　　　(the North America nebula)
p.6 (中)　US Naval Observatory
p.6 (右)　Hale Observatories
p.7 (上)　Hale Observatories
p.7 (下)　US Naval Observatory
p.20 (1, 2)　Patrick Moore Collection
p.20 (3)　Lunar and Planetary Laboratory/University of Arizona
p.22 (1)　Palomar Mountain Observatory/Courtesy of Keith Matthews
p.24 (1)　W.M. Sinton/Institute of Astronomy, University of Hawaii
p.24 (2A)　McDonald Observatory
p.24 (2B, C, D)　McDonald Observatory, University of Texas
p.26 (1)　Catalina Observatory/University of Arizona
p.27 (4)　McDonald Observatory
p.28 (1, 3A, B)　Hale Observatories
p.28 (2)　US Naval Observatory, Flagstaff
p.30 (3)　Yerkes Observatory
p.31 (4)　Armagh Observatory
p.31 (5)　Lick Observatory/University of California
p.32 (1)　Hale Observatories
p.32 (2)　US Naval Observatory
p.32 (4)　Science Photo Library/Hale Observatory
p.33 (3)　Patrick Moore Collection
p.33 (6A, B)　Space Frontiers Ltd/US Naval Research Laboratory
p.34 (1)　Mansell Collection
p.34 (2)　Scala/Firenze
p.34 (3, 4, 5)　Mansell Collection
p.35 (6)　Lowell Observatory
p.35 (7)　Helwan Observatory, Egypt
p.36 (1)　Patrick Moore Collection
p.36 (2)　Kitt Peak Observatory
p.36 (3)　Space Frontiers Ltd
p.37 (5)　Ondrejov Observatory, Prague
p.37 (6)　Lick Observatory
p.37 (7)　Cambridge Observatory
p.38 (1)　Mary Evans Picture Library
p.38 (2, 3)　Novisti Agency
p.39 (5, 7, 8B, D, 9)　Patrick Moore Collection
p.39 (8A, C)　Institute of Geological Sciences, London

訳者略歴

1951 年　東京に生まれる
1978 年　東京大学理学系大学院修了
現　在　東京大学大学院理学系研究科教授

図説 われらの太陽系
1　総論・外部太陽系　　　　　　　　定価はカバーに表示

1985 年 10 月 10 日　初版第 1 刷
2004 年 9 月 15 日　　第 3 刷（新装版）

訳　者　寺　沢　敏　夫
発行者　朝　倉　邦　造
発行所　株式会社　朝　倉　書　店
　　　　東京都新宿区新小川町6-29
　　　　郵 便 番 号　１６２-８７０７
　　　　電　話　０３（３２６０）０１４１
　　　　ＦＡＸ　０３（３２６０）０１８０
〈検印省略〉　　　　　　　　　　　　　http://www.asakura.co.jp

Ⓒ　1985〈無断複写・転載を禁ず〉　　　中央印刷・渡辺製本

ISBN 4-254-15511-5　C 3344　　　　　　Printed in Japan

図説 われらの太陽系

桜井邦朋 監修

このシリーズは，眼視研究時代，望遠鏡観測の時代，カメラとスペクトル分光器の時代を経て，今日の宇宙船時代に至るまでの歴史をふまえ，現在の最前線の知識を，多くの図と写真を用いてわかりやすく解説し，天文学に関心をもつすべての人々に贈るものである．英国ミッチェル・ビーズリー社'The Atlas of Solar System'の翻訳

1　総論・外部太陽系　　5　月のすべて
2　太陽のすべて　　　　6　小惑星・木星のすべて
3　水星のすべて　　　　7　土星のすべて
4　金星・地球・火星

NASA原著　竹内 均・関口 武・奈須紀幸訳
（普及版）われらの地球　人工衛星写真
10003-5　C3040　　A4変判 144頁　本体5800円

130葉の人工衛星オールカラー写真により宇宙からとらえた地球の全貌が描かれている。写真には各専門家が興味深い説明を加え，地球の新しい姿が楽しめる。〔内容〕地球を取り巻く惑星／休みなく動く大気／地球の水／地球の陸地／人間の手

大林辰蔵・江尻全機訳著　NASA協力
宇宙の実験室（普及版）
―スカイラブからスペースシャトルへ―
10005-1　C3040　　A4変判 168頁　本体5800円

延べ171日にわたるスカイラブでの実験結果を豊富なカラー写真を使ってやさしく解説。無重力宇宙空間での乗組員の生活の様子も興味深く記述。さらに宇宙開発の歴史，スペースシャトル，将来計画（スペースコロニーなど）もあわせて解説

R.ラーナー著　小尾信彌・森 暁雄・佐藤寿治訳
図説 天文学における 望遠鏡の歴史（普及版）
10035-3　C3040　　A4変判 224頁　本体9200円

貴重な写真と豊富なカラー図版でたどる他に例のない本格的な「望遠鏡史」の復刊。〔内容〕望遠鏡の発明と天文学史／望遠鏡の巨大化／レンズの革新／大反射望遠鏡の時代／電波望遠鏡／宇宙望遠鏡とX線天文学／多様な発展／アマチュアと望遠鏡

J.A.エディ著　神奈川大桜井邦朋訳
新しい太陽―科学衛星写真―（普及版）
15007-5　C3044　　A4変判 176頁　本体8800円

地上観測では知りえなかった太陽の新しい発見など，人工衛星搭載の望遠鏡が観測した成果をカラー写真と解説で綴る。〔内容〕太陽望遠鏡／紫外線でみた太陽／太陽のX線／コロナの穴／紅炎／コロナ外層部／光点／フレア／他

小尾信彌訳　NASA協力
火星　探査衛星写真（普及版）
15001-6　C3044　　A4変判 288頁　本体5800円

バイキング1，2号とマリナー9号から探査した火星の写真集。バイキング1，2号からの最新の写真と，マリナー9号から200枚の写真（カラー写真を含む）により，火星の姿を我々の身近なものに感じさせる本格的写真集。20数年を経て復刊

小尾信彌訳著　NASA協力
月　写真集（普及版）
15002-4　C3040　　A4変判 224頁　本体6800円

望遠鏡写真から，レインジャー，ルナ・オービターおよびアポロ8号から17号に至る宇宙船で得られた写真まで，月に関する多くの資料を用い，月のいろいろの姿や月面に存在するすべてのタイプの岩相や地形を克明に写し出す月面写真の決定版

赤祖父俊一著
オーロラ写真集（普及版）
―素晴らしい極光の世界―
16105-0　C3044　　A4変判 124頁　本体5500円

美しく天空をいろどる光のデモンストレーション――オーロラ。その神秘的な魅力を歴史的，原理的に明らかにした。さらに数々の貴重な写真により，その美しさを強調した。研究者から一般の人びとまでが驚嘆する極光の美。20数年を経て復刊

上記価格（税別）は2004年8月現在

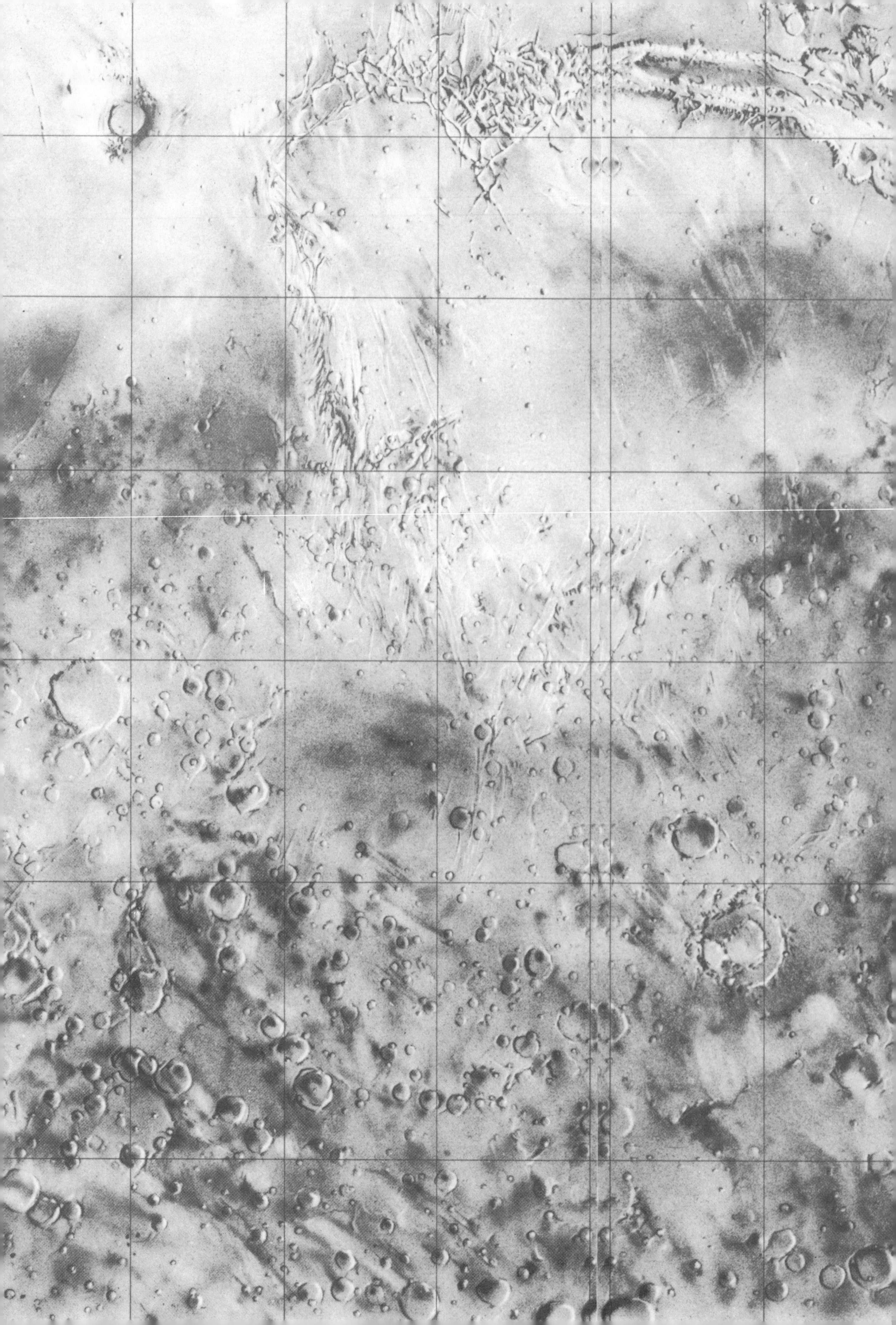